Otimização contínua
Aspectos teóricos e computacionais

Dados Internacionais de Catalogação na Publicação (CIP)
(Câmara Brasileira do Livro, SP, Brasil)

```
Ribeiro, Ademir Alves
    Otimização contínua : aspectos teóricos e
computacionais / Ademir Alves Ribeiro,
Elizabeth Wegner Karas. -- São Paulo : Cengage
Learning, 2022.

    1. reimpr. da 1. ed. de 2013.
    Bibliografia
    ISBN 978-85-221-1501-3


    1. Algoritmos 2. Matemática aplicada
3. Otimização I. Karas, Elizabeth Wegner.
II. Título.




13-06933                                    CDD-515
```

Índices para catálogo sistemático:
1. Otimização contínua : Matemática aplicada
515

Ademir Alves Ribeiro
Elizabeth Wegner Karas

Otimização contínua
Aspectos teóricos e computacionais

Austrália • Brasil • Canadá • México • Cingapura • Reino Unido • Estados Unidos

Otimização contínua : Aspectos teóricos e computacionais

Ademir Alves Ribeiro e Elizabeth Wegner Karas

Gerente editorial: Patricia La Rosa
Supervisora editorial: Noelma Brocanelli
Editora de desenvolvimento: Marileide Gomes
Supervisora de produção gráfica: Fabiana Alencar Albuquerque
Copidesque: Sirlaine Cabrine Fernandes
Revisão: Marise Goulart de Andrade
Diagramação: ERJ Composição Editorial
Editora de direitos de aquisição e iconografia: Vivian Rosa
Capa: MSDE / MANU SANTOS Design

Impresso no Brasil
Printed in Brazil
1. reimpr. – 2022

© 2014 Cengage Learning Edições Ltda.

Todos os direitos reservados. Nenhuma parte deste livro poderá ser reproduzida, sejam quais forem os meios empregados, sem a permissão, por escrito, da Editora. Aos infratores aplicam-se as sanções previstas nos artigos 102, 104, 106 e 107 da Lei no 9.610, de 19 de fevereiro de 1998.

Esta editora empenhou-se em contatar os responsáveis pelos direitos autorais de todas as imagens e de outros materiais utilizados neste livro. Se porventura for constatada a omissão involuntária na identificação de algum deles, dispomo-nos a efetuar, futuramente, os possíveis acertos.

A Editora não se responsabiliza pelo funcionamento dos sites contidos neste livro que possam estar suspensos.

Para informações sobre nossos produtos, entre em contato pelo telefone **+55 11 3665-9900**

Para permissão de uso de material desta obra, envie seu pedido para
direitosautorais@cengage.com

© 2014 Cengage Learning. Todos os direitos reservados.

ISBN 13: 978-85-221-1501-3
ISBN 10: 85-221-1501-X

Cengage
Condomínio E-Business Park
Rua Werner Siemens, 111 – Prédio 11 – Torre A
9º andar – Lapa de Baixo
CEP 05069-900 – São Paulo-SP
Tel.: (11) 3665-9900

Para suas soluções de curso e aprendizado, visite
www.cengage.com.br

Para Samira, Juliana e Gabriel

e

Para Edilton e Eduardo

Prefácio

O presente texto foi escrito com o propósito de servir como material didático para um curso de otimização. Procuramos abordar aspectos teóricos e computacionais. Interpretações geométricas são evocadas sempre que possível com o auxílio de diversas figuras para ilustrar conceitos, exemplos e teoremas. A teoria de otimização com restrições é apresentada com uma abordagem de cones que, além de ter um forte apelo geométrico, consideramos ser mais moderna.

Para um bom aproveitamento do livro, é desejável que o estudante tenha conhecimentos de Álgebra Linear e Análise no $\mathbb{R}^n$. Além disso, é importante dar especial atenção aos vários exercícios que aparecem no final de cada capítulo. Muitos exercícios para fixar os conceitos, outros para verificar se o leitor consegue identificar e aplicar certos conceitos para resolver um determinado problema e outros ainda para complementar a teoria. O estudante terá acesso também aos Apêndices A e B, que apresentam dicas, soluções ou respostas de alguns dos exercícios propostos. Esses Apêndices estão disponíveis também na página deste livro no site da Cengage. Entretanto, recomendamos fortemente que o estudante tente fazer os exercícios antes de ver a solução, pois é desta forma que o aprendizado será bem-sucedido. Slides, glossário, figuras, resumo e questões são outros recursos deste livro disponíveis para alunos e professores. *Otimização contínua: Aspectos teóricos e computacionais* pode ser usado tanto em cursos de graduação quanto na pós-graduação. Para alunos de graduação, que ainda não possuem uma certa maturidade matemática, algumas seções podem ser omitidas, pois apresentam argumentos mais elaborados.

Gostaríamos de manifestar nossa imensa gratidão ao professor Clóvis Caesar Gonzaga, com quem aprendemos muito. Estamos certos de que neste livro há muito dele e esperamos que estas páginas reflitam sua maneira de fazer matemática com simplicidade e elegância, de quem sempre busca uma forte motivação geométrica na abordagem dos conceitos.

Agradecemos à professora Sandra Augusta Santos, que tem nos apoiado em nossa trajetória acadêmica e que contribuiu muito para a melhoria deste trabalho; ao professor Marcelo Queiroz, pela leitura minuciosa e pelas diversas sugestões apresentadas; e aos colegas Lucas Garcia Pedroso e Mael Sachine, pelas discussões que ajudaram a enriquecer este texto.

Também somos gratos aos nossos alunos que acompanharam o desenvolvimento deste trabalho através de seminários e sugestões: Flavia Mescko Fernandes, Gislaine Aparecida Periçaro, Karla Cristiane Arsie, Leonardo Moreto Elias, Paulo Domingos Conejo, Priscila Savulski Ferreira, Rodrigo Garcia Eustáquio, Tatiane Cazarin da Silva, Tuanny Elyz Brandeleiro Brufati e Wagner Augusto Almeida de Moraes.

Ademir e Elizabeth
Curitiba, 30 de Junho de 2013.

INTRODUÇÃO

Otimização, direta ou indiretamente, faz parte do nosso dia a dia. Vários campos da ciência fazem uso das ferramentas apresentadas neste texto com o objetivo de ajudar na tomada de decisões. Dentre eles, podemos citar a confiabilidade estrutural, economia, informática, logística, medicina, processos sísmicos e transporte. Quase sempre o objetivo é minimizar ou maximizar certa variável, como o custo ou o lucro em determinado processo.

Mais formalmente, podemos dizer que otimização consiste em encontrar pontos de mínimo ou de máximo de uma função real sobre um conjunto $\Omega \subset \mathbb{R}^n$. Isto pode ser colocado na forma

$$\text{minimizar } f(x)$$
$$\text{sujeito a } x \in \Omega. \tag{P_Ω}$$

Em geral, o conjunto Ω é definido por restrições de igualdade e/ou desigualdade, ou seja,

$$\Omega = \{x \in \mathbb{R}^n \mid c_{\mathcal{E}}(x) = 0, c_{\mathcal{I}}(x) \le 0\},$$

onde $c_{\mathcal{E}} : \mathbb{R}^n \to \mathbb{R}^m$ e $c_{\mathcal{I}} : \mathbb{R}^n \to \mathbb{R}^p$ são funções quaisquer. O problema de otimização pode então ser reescrito como

$$\text{minimizar} \quad f(x)$$
$$\text{sujeito a} \quad c_{\mathcal{E}}(x) = 0 \tag{P}$$
$$c_{\mathcal{I}}(x) \le 0.$$

Conforme as características do conjunto Ω e as propriedades das funções objetivo, teremos os diferentes problemas de otimização. Por exemplo, as funções envolvidas no problema podem ser contínuas ou não, diferenciáveis ou não, lineares ou não. O caso particular em que a função objetivo e as funções que definem Ω são funções lineares é conhecido como um

Problema de Programação Linear (PPL) e é resolvido por métodos específicos [36], como o famoso *Método Simplex*. Esta abordagem não será tratada neste trabalho. Estudaremos aqui problemas onde todas as funções usadas para defini-los são continuamente diferenciáveis e, normalmente, não lineares, isto é, estudaremos o problema geral de *Programação Não Linear* (PNL).

Um caso particular é o problema irrestrito, quando $\Omega = \mathbb{R}^n$. O problema irrestrito pode ser considerado simples em comparação com o problema geral de PNL; e o estudo de suas propriedades, bem como dos métodos que o resolvem, é de fundamental importância em otimização, uma vez que muitos métodos para resolver o problema geral de PNL fazem uso dos métodos que resolvem o caso irrestrito.

É conhecido na literatura que se o conjunto viável Ω é formado apenas por restrições de igualdade e $x^* \in \Omega$ é um minimizador, então existe $\lambda^* \in \mathbb{R}^m$ tal que

$$\nabla f(x^*) + \sum_{i=1}^{m} \lambda_i^* \nabla c_i(x^*) = 0.$$

As componentes do vetor λ^* são chamadas de Multiplicadores de Lagrange e a condição acima é um resultado central na teoria de otimização.

Contudo, um pouco antes de 1950, foi observado que existiam aplicações importantes nos problemas em que eram envolvidas restrições representadas por desigualdades. Por esta razão, alguns matemáticos têm desenvolvido métodos para tratar de problemas com este tipo de restrição. As primeiras condições de otimalidade neste sentido foram estabelecidas por Fritz-John [24] em 1948 e depois por Kuhn e Tucker [26] em 1951. Mais tarde foi descoberto que as condições de Kuhn-Tucker já tinham sido estabelecidas em 1939 por William Karush, em sua dissertação de mestrado, que nunca foi publicada. Assim as condições de Kuhn-Tucker passaram a ser chamadas de condições de Karush-Kuhn-Tucker (KKT).

Este trabalho apresenta o desenvolvimento teórico das condições de otimalidade para o problema geral de otimização, bem como métodos iterativos para obter soluções.

SUMÁRIO

Prefácio VII

Introdução IX

Capítulo 1   Revisão de conceitos 1

1.1   Sequências 1

    1.1.1   Definições e resultados clássicos 1

    1.1.2   Ordem de convergência 5

1.2   Noções de topologia 10

1.3   Resultados de álgebra linear 13

1.4   Fórmula de Taylor e teorema da função implícita 21

1.5   Exercícios do capítulo 30

Capítulo 2   Introdução à otimização 35

2.1   O problema de otimização 35

2.2   Condições de otimalidade 39

2.3   Exercícios do capítulo 46

Capítulo 3   Convexidade 49

3.1   Conjuntos convexos 49

3.2   Funções convexas 55

3.3   Exercícios do capítulo 61

Capítulo 4 Algoritmos 65

4.1 Algoritmos de descida...66

4.2 Métodos de busca unidirecional...69

    4.2.1 Busca exata - método da seção áurea 70

    4.2.2 Busca inexata - condição de Armijo....................................77

4.3 Convergência global de algoritmos...81

    4.3.1 Convergência global de algoritmos de descida...................81

    4.3.2 Teorema de Polak..85

4.4 Exercícios do capítulo...87

Capítulo 5 Métodos de otimização irrestrita............................. 89

5.1 Método do gradiente 89

    5.1.1 Algoritmo 90

    5.1.2 Convergência global...91

    5.1.3 Velocidade de convergência 92

5.2 Método de Newton...95

    5.2.1 Motivação...96

    5.2.2 Algoritmo 97

    5.2.3 Convergência 99

    5.2.4 Região de convergência 104

5.3 Método de direções conjugadas..107

    5.3.1 Direções conjugadas..108

    5.3.2 Algoritmo de gradientes conjugados 113

    5.3.3 Extensão para funções não quadráticas.............................117

    5.3.4 Complexidade algorítmica...118

Sumário

5.4 Métodos quase-Newton 129

    5.4.1 O algoritmo básico 129

    5.4.2 O método DFP 132

    5.4.3 O método BFGS 135

5.5 Método de região de confiança 138

    5.5.1 Algoritmo 141

    5.5.2 O passo de Cauchy 142

    5.5.3 Convergência 146

    5.5.4 O método dogleg 151

    5.5.5 O método GC-Steihaug 155

5.6 Exercícios do capítulo 157

Capítulo 6 Implementação computacional 165

6.1 Banco de funções 165

6.2 Implementação dos algoritmos 172

    6.2.1 Métodos de busca unidirecional 172

    6.2.2 Métodos de otimização irrestrita 174

6.3 Comparação de diferentes algoritmos 179

6.4 Outras discussões 182

6.5 Exercícios do capítulo 185

Capítulo 7 Otimização com restrições 189

7.1 Cones 190

7.2 Condições de Karush-Kuhn-Tucker 201

    7.2.1 O cone viável linearizado 201

    7.2.2 O cone gerado pelos gradientes das restrições 203

	7.2.3	O cone tangente 205
	7.2.4	O teorema de Karush-Kuhn-Tucker..............................210
	7.2.5	Medidas de estacionariedade 213
7.3		Condições de qualificação..218
	7.3.1	Problemas com restrições lineares..............................220
	7.3.2	Condição de qualificação de Slater.............................221
	7.3.3	Condição de qualificação de independência linear...........222
	7.3.4	Condição de qualificação de Mangasarian-Fromovitz.........224
7.4		Condições de otimalidade de segunda ordem 230
	7.4.1	Problemas com restrições de igualdade........................230
	7.4.2	Problemas com restrições de igualdade e desigualdade......234
7.5		Exercícios do capítulo...241

Capítulo 8 Métodos para otimização com restrições 249

8.1		Programação quadrática sequencial....................................249
	8.1.1	Algoritmo 250
	8.1.2	Convergência local..252
8.2		Métodos de filtro...257
	8.2.1	O algoritmo geral de filtro......................................259
	8.2.2	Convergência global...262
8.3		Exercícios do capítulo...267

Referências bibliográficas 269

Apêndice A Dicas ou soluções dos exercícios.............................A1

Apêndice B Roteiro para o Capítulo 6.................................B1

Revisão de conceitos

Capítulo 1

Neste capítulo apresentamos algumas definições básicas e alguns resultados de Análise e Álgebra Linear relevantes para este trabalho. As principais referências deste capítulo são [21, 27, 28, 29].

1.1 Sequências

Uma sequência em $\mathbb{R}^n$ é uma aplicação $k \in \mathbb{N} \mapsto x^k \in \mathbb{R}^n$, definida no conjunto $\mathbb{N}$ dos números naturais. Denotaremos uma sequência por $(x^k)_{k \in \mathbb{N}}$, ou simplesmente por (x^k). Por conveniência, consideramos que $\mathbb{N} = \{0, 1, 2, 3, \ldots\}$.

1.1.1 Definições e resultados clássicos

Definição 1.1

Dizemos que o ponto $\bar{x} \in \mathbb{R}^n$ é o limite da sequência (x^k) quando, para todo $\varepsilon > 0$ dado, é possível obter $\bar{k} \in \mathbb{N}$ tal que

$$k \geq \bar{k} \Rightarrow \|x^k - \bar{x}\| < \varepsilon.$$

Neste caso, também dizemos que a sequência (x^k) converge para $\bar{x}$ e indicamos este fato por $x^k \to \bar{x}$ ou $\lim_{k \to \infty} x^k = \bar{x}$.

Vemos da Definição 1.1 que o ponto $\bar{x} \in \mathbb{R}^n$ é o limite da sequência (x^k) se para cada $\varepsilon > 0$, o conjunto $\mathbb{N}_1 = \{k \in \mathbb{N} \mid \|x^k - \bar{x}\| \geq \varepsilon\}$ é finito, ou seja, fora da bola $B(\bar{x}, \varepsilon) = \{x \in \mathbb{R}^n \mid \|x - \bar{x}\| < \varepsilon\}$ só poderão estar, no máximo, os termos $x^0, \ldots, x^{\bar{k}-1}$.

Uma subsequência de (x^k) é a restrição desta sequência a um subconjunto infinito $\mathbb{N}' = \{k_0 < k_1 < \ldots < k_i < \ldots\} \subset \mathbb{N}$. Equivalentemente, uma subsequência de (x^k) é uma sequência do tipo $(x^k)_{k \in \mathbb{N}'}$ ou $(x^{k_i})_{i \in \mathbb{N}}$, onde $(k_i)_{i \in \mathbb{N}}$ é uma sequência crescente de inteiros positivos. Note que $k_i \geq i$ para todo $i \in \mathbb{N}$.

▣ TEOREMA 1.2

Se uma sequência (x^k) converge para um limite $\bar{x}$, então toda subsequência $(x^{k_i})_{i \in \mathbb{N}}$ também converge para $\bar{x}$.

DEMONSTRAÇÃO. Dado $\varepsilon > 0$, existe um $\bar{k} \in \mathbb{N}$ tal que para todo $k \geq \bar{k}$ tem-se $\|x^k - \bar{x}\| < \varepsilon$. Assim, dado $i \geq \bar{k}$, temos $k_i \geq k_{\bar{k}} \geq \bar{k}$. Portanto, $\|x^{k_i} - \bar{x}\| < \varepsilon$. □

O limite de uma subsequência $(x^k)_{k \in \mathbb{N}'}$ é chamado valor de aderência ou ponto de acumulação da sequência (x^k).

◈ Exemplo 1.3

A sequência $x^k = (-1)^k + \dfrac{1}{k+1}$ tem dois pontos de acumulação e portanto não é convergente.

De fato, temos $x^{2i} \to 1$ e $x^{2i+1} \to -1$.

◈ Exemplo 1.4

A sequência $\left(1, \dfrac{1}{2}, 3, \dfrac{1}{4}, 5, \dfrac{1}{6}, \ldots\right)$ tem um único ponto de acumulação. Entretanto, não é convergente.

Revisão de conceitos

◈ Exemplo 1.5

Considere uma sequência $(t_k) \subset \mathbb{R}$ tal que $t_k \to \bar{t}$. Dado $\alpha < \bar{t}$, existe $\bar{k} \in \mathbb{N}$ tal que para $k \geq \bar{k}$ tem-se $t_k > \alpha$.

De fato, para $\varepsilon = \bar{t} - \alpha > 0$, existe $\bar{k} \in \mathbb{N}$ tal que para $k \geq \bar{k}$ tem-se $|t_k - \bar{t}| < \varepsilon$. Assim, $t_k > \alpha$.

DEFINIÇÃO 1.6

Uma sequência $(x^k) \subset \mathbb{R}^n$ é limitada quando o conjunto formado pelos seus elementos é limitado, ou seja, quando existe um número real $M > 0$ tal que $\|x^k\| \leq M$ para todo $k \in \mathbb{N}$.

A seguir enunciamos alguns resultados importantes. As demonstrações podem ser encontradas em [28, 29].

▣ TEOREMA 1.7

Toda sequência convergente é limitada.

▣ TEOREMA 1.8 (Bolzano-Weierstrass)

Toda sequência limitada em $\mathbb{R}^n$ possui uma subsequência convergente.

▣ TEOREMA 1.9

Uma sequência limitada em $\mathbb{R}^n$ é convergente se, e somente se, possui um único ponto de acumulação.

À luz do Teorema 1.9, reveja o Exemplo 1.4.

DEFINIÇÃO 1.10

Dizemos que a sequência (x^k) é não decrescente quando $x^{k+1} \geq x^k$ para todo $k \in \mathbb{N}$ e é não crescente quando $x^{k+1} \leq x^k$ para todo $k \in \mathbb{N}$. Se as desigualdades forem estritas, diremos que (x^k) é crescente no primeiro caso e decrescente no segundo. Em qualquer uma destas situações a sequência (x^k) é dita monótona.

▣ TEOREMA 1.11

Toda sequência $(x^k) \subset \mathbb{R}$ monótona limitada é convergente.

O próximo resultado será útil na análise da convergência de algoritmos, que trataremos no Capítulo 4.

▣ TEOREMA 1.12

Seja $(x^k) \subset \mathbb{R}$ uma sequência monótona que possui uma subsequência convergente, digamos $x^k \xrightarrow{\mathbb{N}'} \bar{x}$. Então $x^k \to \bar{x}$.

DEMONSTRAÇÃO. Suponha que (x^k) é não crescente (os demais casos são análogos). Afirmamos que $x^k \geq \bar{x}$, para todo $k \in \mathbb{N}$. De fato, do contrário existiria $\bar{k} \in \mathbb{N}$ tal que $x^k \leq x^{\bar{k}} < \bar{x}$, para todo $k \in \mathbb{N}$, $k \geq \bar{k}$. Assim nenhuma subsequência de (x^k) poderia convergir para $\bar{x}$. Provamos então que (x^k) é limitada, pois $\bar{x} \leq x^k \leq x^0$, para todo $k \in \mathbb{N}$. Pelo Teorema 1.11, temos que (x^k) é convergente e aplicando o Teorema 1.2 segue que $x^k \to \bar{x}$. $\square$

DEFINIÇÃO 1.13

Seja $(x^k) \subset \mathbb{R}$ uma sequência limitada. Definimos o limite inferior da sequência (x^k) como seu menor ponto de acumulação e denotamos por $\liminf x^k$. Analogamente definimos o limite superior da sequência como seu maior ponto de acumulação e denotamos por $\limsup x^k$.

◈ EXEMPLO 1.14

Determine $\liminf x^k$ e $\limsup x^k$, sendo $x^k = (-1)^k + \dfrac{1}{k+1}$.

Como vimos no Exemplo 1.3, a sequência (x^k) tem somente dois pontos de acumulação, $-1 = \liminf x^k$ e $1 = \limsup x^k$.

◈ EXEMPLO 1.15

Faça o mesmo para $(x^k) = (1, 2, 3, 1, 2, 3, \ldots)$.

Revisão de conceitos

Capítulo 1

Neste caso temos $\liminf x^k = 1$ e $\limsup x^k = 3$.

DEFINIÇÃO 1.16

Considere as sequências $(v^k) \subset \mathbb{R}^n$ e $(\lambda_k) \subset \mathbb{R} \setminus \{0\}$, com $\lambda_k \to 0$. Dizemos que $v^k = o(\lambda_k)$ quando $\dfrac{v^k}{\lambda_k} \to 0$. Mais geralmente, considere $g : I \subset \mathbb{R} \to \mathbb{R}^n$. Dizemos que $g(\lambda) = o(\lambda)$ quando $g(\lambda_k) = o(\lambda_k)$ para toda sequência $(\lambda_k) \subset I$ com $\lambda_k \to 0$.

1.1.2 Ordem de convergência

No contexto de otimização existe outro aspecto importante a ser analisado em uma sequência: a velocidade de convergência. Este conceito será discutido em seguida e denominado ordem de convergência. Para um estudo mais aprofundado, indicamos a referência [35], que apresenta uma ampla discussão sobre este assunto.

Considere as sequências

$$x^k = \frac{1}{k+6}, \quad y^k = \frac{1}{3^k}, \quad w^k = \frac{1}{2^{k^2}} \quad \text{e} \quad z^k = \frac{1}{2^{2^k}}.$$

Vemos que todas elas convergem para 0, mas não com a mesma rapidez, conforme sugere a Tabela 1.1.

TABELA 1.1 Termos iniciais de algumas sequências.

k	0	1	2	3	4	5	6
x^k	0,1667	0,1429	0,1250	0,1111	0,1000	0,0909	0,0833
y^k	1,0000	0,3333	0,1111	0,0370	0,0123	0,0041	0,0014
w^k	1,0000	0,5000	0,0625	0,0020	$1,5 \times 10^{-5}$	3×10^{-8}	$1,4 \times 10^{-11}$
z^k	0,5000	0,2500	0,0625	0,0039	$1,5 \times 10^{-5}$	$2,3 \times 10^{-10}$	$5,4 \times 10^{-20}$

Diante disto, é conveniente estabelecer uma maneira de medir a velocidade de sequências convergentes. Considere então uma sequência $(x^k) \subset \mathbb{R}^n$ convergente para $\overline{x} \in \mathbb{R}^n$. Assim, $e_k = \|x^k - \overline{x}\| \to 0$. O que faremos é avaliar como o erro e_k tende para 0. Na primeira forma o erro a cada iteração não supera uma fração do erro anterior.

DEFINIÇÃO 1.17

Dizemos que a sequência $(x^k) \subset \mathbb{R}^n$ converge linearmente para $\overline{x} \in \mathbb{R}^n$, com razão de convergência $r \in [0,1)$, quando

$$\limsup \frac{\|x^{k+1} - \overline{x}\|}{\|x^k - \overline{x}\|} = r. \tag{1.1}$$

Note que a condição (1.1) implica $x^k \to \overline{x}$. De fato, tomando $s \in (r,1)$, temos $\|x^{k+1} - \overline{x}\| > s\|x^k - \overline{x}\|$ para no máximo uma quantidade finita de índices. Assim, existe $\overline{k} \in \mathbb{N}$ tal que

$$\|x^{\overline{k}+p} - \overline{x}\| \le s^p \|x^{\overline{k}} - \overline{x}\|,$$

para todo $p \in \mathbb{N}$.

◈ **EXEMPLO 1.18**

A sequência $x^k = \dfrac{1}{k+6}$ converge para 0 mas não linearmente.

De fato, temos

$$\frac{\|x^{k+1}\|}{\|x^k\|} = \frac{k+6}{k+7} \to 1.$$

◈ **EXEMPLO 1.19**

A sequência $y^k = \dfrac{1}{3^k}$ converge linearmente para 0.

Revisão de conceitos

Basta notar que

$$\frac{\|y^{k+1}\|}{\|y^k\|} = \frac{1}{3}.$$

Vejamos agora uma forma mais veloz de convergência.

DEFINIÇÃO 1.20

A sequência $(x^k) \subset \mathbb{R}^n$ converge superlinearmente para $\bar{x} \in \mathbb{R}^n$ quando

$$\frac{\|x^{k+1} - \bar{x}\|}{\|x^k - \bar{x}\|} \to 0. \qquad \textbf{(1.2)}$$

Note que a condição (1.2) também implica $x^k \to \bar{x}$. Além disso, é imediato verificar que a convergência superlinear implica na convergência linear.

◈ EXEMPLO 1.21

A sequência $x^k = \dfrac{1}{2^{k^2}}$ converge superlinearmente para 0.

Temos

$$\frac{\|x^{k+1}\|}{\|x^k\|} = \frac{2^{k^2}}{2^{(k+1)^2}} = \frac{1}{2^{2k+1}} \to 0.$$

Outra forma de convergência, ainda mais rápida, é definida a seguir.

DEFINIÇÃO 1.22

A sequência $(x^k) \subset \mathbb{R}^n$ converge quadraticamente para $\bar{x} \in \mathbb{R}^n$ quando $x^k \to \bar{x}$ e existe uma constante $M > 0$ tal que

$$\frac{\left\|x^{k+1}-\overline{x}\right\|}{\left\|x^k-\overline{x}\right\|^2} \leq M. \qquad (1.3)$$

É importante observar que apenas a condição (1.3) não implica $x^k \to \overline{x}$, como podemos ver na sequência $x^k = 2^k$ com $\overline{x} = 0$.

◈ **Exemplo 1.23**

A sequência $x^k = \dfrac{1}{2^{2^k}}$ converge quadraticamente para 0.

Temos

$$\frac{\left\|x^{k+1}\right\|}{\left\|x^k\right\|^2} = \frac{(2^{2^k})^2}{2^{2^{k+1}}} = 1.$$

Não é difícil provar que a convergência quadrática implica na convergência superlinear (veja o Exercício 1.7). No entanto, a recíproca é falsa, conforme vemos no próximo exemplo.

◈ **Exemplo 1.24**

A sequência $x^k = \dfrac{1}{k!}$ converge superlinearmente mas não quadraticamente para 0.

Temos

$$\frac{\left\|x^{k+1}\right\|}{\left\|x^k\right\|} = \frac{k!}{(k+1)!} = \frac{1}{k+1} \to 0.$$

e

$$\frac{\left\|x^{k+1}\right\|}{\left\|x^k\right\|^2} = \frac{(k!)^2}{(k+1)!} = \frac{k!}{k+1} = \frac{k}{k+1}(k-1)! \to \infty.$$

Revisão de conceitos

Capítulo 1

◈ **Exemplo 1.25**

Considere a sequência (x^k) definida por $x^0 = \dfrac{1}{2}$ e $x^{k+1} = x^k\left(x^k + \dfrac{1}{10}\right)$. Mostre que (x^k) é convergente, calcule o seu limite e determine a ordem de convergência.

Podemos ver por indução que $0 \le x^k < \dfrac{9}{10}$, para todo $k \in \mathbb{N}$. Portanto,

$$x^{k+1} = x^k\left(x^k + \dfrac{1}{10}\right) < x^k\left(\dfrac{9}{10} + \dfrac{1}{10}\right) = x^k.$$

Como (x^k) é monótona e limitada, concluímos que é convergente, digamos $x^k \to \overline{x}$. Assim, como (x^{k+1}) é uma subsequência de (x^k), temos também $x^{k+1} \to \overline{x}$. Passando o limite nos dois membros da relação que define a sequência, obtemos

$$\overline{x} = \overline{x}\left(\overline{x} + \dfrac{1}{10}\right),$$

donde segue que $\overline{x} = 0$ ou $\overline{x} = \dfrac{9}{10}$. Como $x^0 = \dfrac{1}{2}$ e a sequência é decrescente, temos que $\overline{x} = 0$. A convergência é linear com razão $\dfrac{1}{10}$, pois

$$\dfrac{x^{k+1}}{x^k} = x^k + \dfrac{1}{10} \to \dfrac{1}{10}.$$

◈ **Exemplo 1.26**

Considere $0 < r < s < 1$ e a sequência (x^k) definida por $x^0 = 1$ e

$$x^{k+1} = \begin{cases} rx^k, & \text{se } k \text{ é par} \\ sx^k, & \text{se } k \text{ é ímpar.} \end{cases}$$

Mostre que (x^k) é convergente, calcule o seu limite e determine a ordem de convergência.

9

Otimização contínua: Aspectos teóricos e computacionais

Note que $x^{k+1} < x^k$, para todo $k \in \mathbb{N}$. Portanto, $0 \le x^k \le x^0$, para todo $k \in \mathbb{N}$. Sendo (x^k) decrescente e limitada, concluímos que é convergente, digamos $x^k \to \bar{x}$. Portanto, $\bar{x} = r\bar{x}$, donde segue que $\bar{x} = 0$. Como

$$\limsup \frac{x^{k+1}}{x^k} = s < 1,$$

temos que a convergência é linear com razão s.

1.2 Noções de topologia

DEFINIÇÃO 1.27

Um ponto $\bar{x} \in \mathbb{R}^n$ é dito ponto de fronteira de um conjunto $X \subset \mathbb{R}^n$ quando qualquer vizinhança de $\bar{x}$ contém algum elemento de X e algum elemento do complementar de X. O conjunto dos pontos fronteira de X é chamado de fronteira de X e será denotado por Fr X.

O fecho de um conjunto X é a união de X com a fronteira de X e será denotado por $\bar{X}$.

DEFINIÇÃO 1.28

Um conjunto X é fechado quando contém sua fronteira, ou seja, quando Fr $X \subset X$.

De forma equivalente, podemos dizer que $X \subset \mathbb{R}^n$ é fechado se, e somente se, toda sequência convergente formada por elementos de X tem seu limite em X (veja o Exercício 1.11).

DEFINIÇÃO 1.29

Um conjunto $X \subset \mathbb{R}^n$ é limitado quando existe $M > 0$ tal que $\|x\| \le M$, para todo $x \in X$.

Revisão de conceitos

Quando $X \subset \mathbb{R}^n$ for fechado e limitado, dizemos que ele é compacto. Também podemos caracterizar a compacidade de X em termos de sequências. O conjunto X é compacto se, e somente se, toda sequência de elementos de X possui uma subsequência que converge para algum elemento de X (veja o Exercício 1.12).

◈ Exemplo 1.30

Dados $X \subset \mathbb{R}^n$ e $\overline{x} \in \operatorname{Fr} X$, existem sequências $(x^k) \subset X$ e $(y^k) \subset \mathbb{R}^n \setminus X$ tais que $x^k \to \overline{x}$ e $y^k \to \overline{x}$.

Temos que $B\left(\overline{x}, \dfrac{1}{k}\right) \cap X \neq \varnothing$ e $B\left(\overline{x}, \dfrac{1}{k}\right) \cap (\mathbb{R}^n \setminus X) \neq \varnothing$, para todo $k \in \mathbb{N}$.

◈ Exemplo 1.31

Determine a fronteira dos conjuntos dados e verifique se são compactos.

1. $X = \{x \in \mathbb{R}^2 \mid x_1^4 + 8x_2^2 \leq 16\}$;

2. $B = \{x \in \mathbb{R}^n \mid \|x\| < 1\}$;

3. $S = \{x \in \mathbb{R}^n \mid \|x\| = 1\}$;

4. $\Omega = \{x \in \mathbb{R}^n \mid u^T x \leq b\}$, onde $u \in \mathbb{R}^n \setminus \{0\}$ e $b \in \mathbb{R}$ são dados.

Temos

$$\operatorname{Fr} X = \{x \in \mathbb{R}^2 \mid x_1^4 + 8x_2^2 \leq 16\}, \operatorname{Fr} B = \operatorname{Fr} S = S.$$

Quanto ao conjunto Ω, note que se $u^T x < b$, então a desigualdade é mantida em uma vizinhança de x. O mesmo ocorre se $u^T x > b$. Por outro lado, se $u^T x = b$, temos que $u^T(x + tu) = b + t\|u\|^2$, para todo $t \in \mathbb{R}$. Assim, qualquer vizinhança de x contém pontos de Ω e de $\mathbb{R}^n \setminus \Omega$. Portanto,

$$\operatorname{Fr} \Omega = \{x \in \mathbb{R}^n \mid u^T x = b\}.$$

Vejamos agora que X é compacto. Se $x \in X$, então $-2 \leq x_1 \leq 2$ e $-\sqrt{2} \leq x_2 \leq \sqrt{2}$. Assim, X é limitado. Além disso, se $x^k \in X$ e $x^k \to x$, então

$$x_1^k \to x_1 \quad , \quad x_2^k \to x_2 \quad \text{e} \quad (x_1^k)^4 + 8(x_2^k)^2 \leq 16.$$

Portanto, $x_1^4 + 8x_2^2 \leq 16$, donde segue que X é fechado. O conjunto B não é compacto pois não contém sua fronteira; S é compacto; Ω não é compacto, pois não é limitado (note que tomando um elemento $x \in \Omega$ e um vetor $v \perp u$, temos $x + tv \in \Omega$, para todo $t \in \mathbb{R}$). A Figura 1.1 ilustra o conjunto X e sua fronteira.

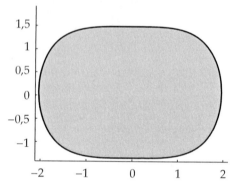

FIGURA 1.1 Ilustração do conjunto X do Exemplo 1.31.

Definição 1.32

Um ponto $\bar{x} \in X \subset \mathbb{R}^n$ é chamado um ponto interior de X quando é centro de alguma bola aberta contida em X, ou seja, quando existe $\delta > 0$ tal que $B(\bar{x}, \delta) \subset X$.

O interior de um conjunto X é formado pelos pontos interiores a X e denotado por int$X$.

Definição 1.33

Um conjunto $X \subset \mathbb{R}^n$ é aberto quando todos os seus pontos são interiores, ou seja, int$X = X$.

Revisão de conceitos

◈ Exemplo 1.34

Determine o interior dos conjuntos dados no Exemplo 1.31 e verifique se são abertos.

Podemos verificar que $\text{int} X = \{x \in \mathbb{R}^2 \mid x_1^4 + 8x_2^2 < 16\}$, $\text{int} B = B$, $\text{int} S = \varnothing$ e $\text{int}\Omega = \{x \in \mathbb{R}^n \mid u^T x < b\}$. Desta forma, apenas o conjunto B é aberto.

DEFINIÇÃO 1.35

Dado um conjunto $X \subset \mathbb{R}$, limitado inferiormente, existe um único $c \in \mathbb{R}$ tal que

(i) $c \leq x$, para todo $x \in X$;

(ii) Para todo $\varepsilon > 0$, existe $x \in X$ tal que $x < c + \varepsilon$.

Dizemos que c é o ínfimo do conjunto X e denotamos $c = \inf X$.

Podemos dizer que $\inf X$ é a maior das cotas inferiores do conjunto X. De modo análogo, definimos a menor das cotas superiores como o supremo do conjunto.

DEFINIÇÃO 1.36

Se $X \subset \mathbb{R}$ é limitado superiormente, então existe um único $s \in \mathbb{R}$ tal que

(i) $x \leq s$, para todo $x \in X$;

(ii) Para todo $\varepsilon > 0$, existe $x \in X$ tal que $x > s - \varepsilon$.

Dizemos que s é o supremo do conjunto X e denotamos $s = \sup X$.

1.3 Resultados de álgebra linear

As principais referências desta seção são [21, 27].

DEFINIÇÃO 1.37

O núcleo de uma matriz $A \in \mathbb{R}^{m \times n}$, denotado por $\mathcal{N}(A)$, é um subconjunto de $\mathbb{R}^n$ formado por todas as soluções do sistema homogêneo $Ax = 0$, ou seja,

$$\mathcal{N}(A) = \{x \in \mathbb{R}^n \,|\, Ax = 0\}.$$

Temos que $\mathcal{N}(A)$ é um subespaço vetorial de $\mathbb{R}^n$. O número $\dim(\mathcal{N}(A))$ é chamado nulidade de A.

LEMA 1.38

Considere $A \in \mathbb{R}^{m \times n}$. Então $\mathcal{N}(A^T A) = \mathcal{N}(A)$.

DEMONSTRAÇÃO. Seja $x \in \mathcal{N}(A^T A)$, isto é, $A^T Ax = 0$. Multiplicando por x^T, obtemos $0 = x^T A^T Ax = (Ax)^T Ax = \|Ax\|^2$. Assim, $Ax = 0$, logo $x \in \mathcal{N}(A)$. Reciprocamente, se $x \in \mathcal{N}(A)$, então $Ax = 0$. Multiplicando por A^T, obtemos $A^T Ax = A^T 0 = 0$, o que completa a prova. $\square$

DEFINIÇÃO 1.39

A imagem de uma matriz $A \in \mathbb{R}^{m \times n}$ é o conjunto

$$\mathrm{Im}(A) = \{y \in \mathbb{R}^m \,|\, y = Ax, \text{ para algum } x \in \mathbb{R}^n\}.$$

Note que $\mathrm{Im}(A)$ é o espaço vetorial gerado pelas colunas de A, chamado espaço coluna de A. O posto de A é definido por $\mathrm{posto}(A) = \dim(\mathrm{Im}(A))$.

Prova-se em álgebra linear que $\mathrm{posto}(A) = \mathrm{posto}(A^T)$, ou seja, o espaço-linha e o espaço-coluna de A tem a mesma dimensão. Portanto, $\mathrm{posto}(A) \leq \min\{m, n\}$. Quando ocorre a igualdade na expressão acima, dizemos que a matriz A tem posto cheio ou posto completo e em consequência disto, ou as colunas ou as linhas de A são linearmente independentes.

Outro fato clássico afirma que $\dim(\mathcal{N}(A)) + \dim(\mathrm{Im}(A)) = n$, o que equivale a

$$\dim(\mathcal{N}(A)) + \mathrm{posto}(A) = n. \tag{1.4}$$

Revisão de conceitos

◈ Exemplo 1.40

Dada uma matriz $A \in \mathbb{R}^{m \times n}$, temos $\text{posto}(A) = \text{posto}(A^T A)$.

Segue direto do Lema 1.38 e da relação (1.4).

◈ Exemplo 1.41

Dada a matriz $A = (1\ \ 1\ \ 0)$, determine $\mathcal{N}(A)$ e $\text{Im}(A^T)$. Qual é a representação geométrica destes subespaços?

Temos que $x \in \mathcal{N}(A)$ se, e somente se, $x_1 + x_2 = 0$. Assim,

$$\mathcal{N}(A) = \left[\begin{pmatrix} 1 \\ -1 \\ 0 \end{pmatrix}, \begin{pmatrix} 0 \\ 0 \\ 1 \end{pmatrix} \right].$$

Além disso, $\text{Im}(A^T) = \left[\begin{pmatrix} 1 \\ 1 \\ 0 \end{pmatrix} \right]$. Geometricamente, temos que $\mathcal{N}(A)$ é um plano e $\text{Im}(A^T)$ é uma reta perpendicular a este plano. Isto é generalizado no próximo exemplo.

◈ Exemplo 1.42

Considere uma matriz $A \in \mathbb{R}^{m \times n}$. Mostre que $\mathcal{N}(A) \perp \text{Im}(A^T)$.

Dados $x \in \mathcal{N}(A)$ e $z \in \text{Im}(A^T)$, temos $x^T z = x^T A^T y = (Ax)^T y = 0$.

Definição 1.43

Seja $Y \subset \mathbb{R}^n$. O complemento ortogonal de Y é o conjunto dado por

$$Y^\perp = \{ x \in \mathbb{R}^n \mid x^T y = 0 \quad \text{para todo} \quad y \in Y \}.$$

LEMA 1.44

Se $A \in \mathbb{R}^{m \times n}$, então $\mathcal{N}(A) = \mathrm{Im}(A^T)^{\perp}$.

DEMONSTRAÇÃO. Dado $x \in \mathrm{Im}(A^T)^{\perp}$, temos $(Ax)^T y = x^T A^T y = 0$, para todo y $\in \mathbb{R}^m$. Portanto, $Ax = 0$, o que implica $x \in \mathcal{N}(A)$. Reciprocamente, se $x \in \mathcal{N}(A)$, então $Ax = 0$. Logo $x^T(A^T y) = (Ax)^T y = 0$, para todo $y \in \mathbb{R}^m$, isto é, $x \in \mathrm{Im}(A^T)^{\perp}$. Portanto $\mathcal{N}(A) = \mathrm{Im}(A^T)^{\perp}$. $\square$

A definição que segue é de fundamental importância em otimização. Ela será usada mais adiante para estabelecer condições de otimalidade de um problema de otimização.

DEFINIÇÃO 1.45

Seja $A \in \mathbb{R}^{n \times n}$ uma matriz simétrica. Dizemos que A é definida positiva quando $x^T A x > 0$, para todo $x \in \mathbb{R}^n \backslash \{0\}$. Tal propriedade é denotada por $A > 0$. Se $x^T A x \geq 0$, para todo $x \in \mathbb{R}^n$, A é dita semidefinida positiva, fato este denotado por $A \geq 0$.

Cabe salientar que a definição geral de positividade de uma matriz não exige que ela seja simétrica. No entanto, no contexto deste livro vamos supor a simetria quando considerarmos matrizes positivas.

◈ Exemplo 1.46

Considere $A = \begin{pmatrix} a & b \\ b & c \end{pmatrix}$. Se $A > 0$, então $a > 0$ e $\det(A) > 0$.

De fato, dado $x = \begin{pmatrix} x_1 \\ x_2 \end{pmatrix} \neq \begin{pmatrix} 0 \\ 0 \end{pmatrix}$, temos

$$x^T A x = a x_1^2 + 2 b x_1 x_2 + c x_2^2 > 0.$$

Em particular, fazendo $x = \begin{pmatrix} 1 \\ 0 \end{pmatrix}$, obtemos $a > 0$. Além disso, tomando $x = \begin{pmatrix} t \\ 1 \end{pmatrix}$, obtemos $at^2 + 2bt + c > 0$, para todo $t \in \mathbb{R}$. Isto

Revisão de conceitos

Capítulo 1

implica que o discriminante $4b^2 - 4ac$ é negativo, donde segue que $\det(A) = ac - b^2 > 0$.

A recíproca do fato provado no exemplo anterior também é verdadeira. Mais ainda, o resultado vale em $\mathbb{R}^{n\times n}$. Veja o Exercício 1.16 no final do capítulo.

O próximo lema nos permite provar a positividade de uma matriz sem ter que verificar a desigualdade em todo o $\mathbb{R}^n$.

LEMA 1.47

Sejam $A \in \mathbb{R}^{n\times n}$ uma matriz simétrica e $\delta > 0$. Se $x^T A x \geq 0$, para todo $x \in \mathbb{R}^n$ tal que $\|x\| = \delta$, então $x^T A x \geq 0$, para todo $x \in \mathbb{R}^n$.

DEMONSTRAÇÃO. Considere $x \in \mathbb{R}^n\backslash\{0\}$. Tomando $y = \dfrac{\delta x}{\|x\|}$, temos que $\|y\| = \delta$.

Portanto, usando a hipótese, temos que $\dfrac{\delta^2}{\|x\|^2} x^T A x = y^T A y \geq 0$. Assim, $x^T A x \geq 0$. $\square$

Podemos inverter as desigualdades na Definição 1.45 para dizer o que é uma matriz definida negativa ou semidefinida negativa. Entretanto, existem matrizes que não são nem positivas nem negativas, o que motiva a seguinte definição.

DEFINIÇÃO 1.48

Seja $A \in \mathbb{R}^{n\times n}$ uma matriz simétrica. Dizemos que A é indefinida quando existem $x, y \in \mathbb{R}^n$ tais que $x^T A x < 0 < y^T A y$.

Sabemos que toda matriz simétrica $A \in \mathbb{R}^{n\times n}$ possui uma base ortonormal de autovetores, digamos $\{v^1, v^2, \ldots, v^n\}$. Indicando por $\lambda_1, \lambda_2, \ldots, \lambda_n$ os autovalores correspondentes, $P = (v^1\ v^2\ \ldots\ v^n)$ e $D = \mathrm{diag}(\lambda_1, \lambda_2, \ldots, \lambda_n)$, temos

$$AP = (Av^1\ Av^2\ \ldots\ Av^n) = (\lambda_1 v^1\ \lambda_2 v^2\ \ldots\ \lambda_n v^n) = PD.$$

Otimização contínua: Aspectos teóricos e computacionais

Além disso, $P^T P = I$ e, portanto,

$$A = PDP^T. \tag{1.5}$$

A relação (1.5) permite caracterizar a positividade de uma matriz em função dos seus autovalores. Basta notar que dado $x \in \mathbb{R}^n$, definindo $y = P^T x$, temos

$$x^T A x = y^T D y = \sum_{i=1}^{n} \lambda_i y_i^2. \tag{1.6}$$

Os detalhes são deixados para o Exercício 1.17, no final do capítulo.

Outros resultados importantes que decorrem de (1.5) são apresentados nos seguintes lemas.

Lema 1.49

Se $A \in \mathbb{R}^{n \times n}$ é uma matriz simétrica com λ_1 e λ_n sendo o menor e o maior autovalor, respectivamente, então

$$\lambda_1 \|x\|^2 \le x^T A x \le \lambda_n \|x\|^2,$$

para todo $x \in \mathbb{R}^n$.

Demonstração. Use a relação (1.6) e note que $\|y\|^2 = y^T y = x^T x = \|x\|^2$. $\square$

Lema 1.50

Seja $A \in \mathbb{R}^{n \times n}$ uma matriz definida positiva. Então existe $B \in \mathbb{R}^{n \times n}$ tal que $A = BB^T$. Além disso, dado $x \in \mathbb{R}^n$, temos

$$(x^T x)^2 \le (x^T A x)(x^T A^{-1} x).$$

Revisão de conceitos

Capítulo 1

DEMONSTRAÇÃO. No contexto da relação (1.5), definindo $\sqrt{D}=\mathrm{diag}(\sqrt{\lambda_1},\sqrt{\lambda_2},$ $\ldots,\sqrt{\lambda_n})$ e $B=P\sqrt{D}$, podemos escrever $A=BB^T$. Fazendo $u=B^T x$ e $v=B^{-1}x$, temos que $u^T v = x^T x$, $u^T u = x^T A x$ e $v^T v = x^T A^{-1} x$. Aplicando a desigualdade de Cauchy-Schwarz, obtemos a outra afirmação do lema. $\square$

Vamos agora relacionar os autovalores de um polinômio avaliado em uma matriz $A \in \mathbb{R}^{n\times n}$ com os autovalores de A. Para isto, se $q(t)=a_0+$ $+a_1 t+\cdots+a_k t^k$ usaremos a notação

$$q(A)=a_0 I + a_1 A + \cdots + a_k A^k.$$

LEMA 1.51

Seja $A \in \mathbb{R}^{n\times n}$ uma matriz simétrica com autovalores $\lambda_1,\lambda_2,\ldots,\lambda_n$. Se $q:\mathbb{R}\to\mathbb{R}$ é um polinômio, então $q(\lambda_1),q(\lambda_2),\ldots,q(\lambda_n)$ são os autovalores de $q(A)$.

DEMONSTRAÇÃO. Por (1.5), temos $A=PDP^T$, onde $P^T P=I$ e $D=\mathrm{diag}(\lambda_1,\lambda_2,$ $\ldots,\lambda_n)$. Se $q(t)=a_0 + a_1 t + \cdots + a_k t^k$, então

$$q(A)=a_0 I + a_1 PDP^T + \cdots + a_k (PDP^T)^k = P(a_0 I + a_1 D + \cdots + a_k D^k)P^T.$$

Notando que

$$a_0 I + a_1 D + \cdots + a_k D^k = \mathrm{diag}\big(q(\lambda_1),q(\lambda_2),\ldots,q(\lambda_n)\big)$$

concluímos a demonstração. $\square$

A norma de uma matriz $A \in \mathbb{R}^{m\times n}$ é definida por

$$\|A\|=\sup\{\|Ax\| \mid \|x\|=1\}. \qquad \textbf{(1.7)}$$

Segue desta definição que

19

$$\|A\| \geq \left\| A \frac{x}{\|x\|} \right\|,$$

para todo $x \in \mathbb{R}^n \setminus \{0\}$. Portanto, dado $x \in \mathbb{R}^n$,

$$\|Ax\| \leq \|A\| \|x\|,$$

o que generaliza a desigualdade de Cauchy-Schwarz.

Dependendo das normas utilizadas em $\mathbb{R}^n$ e $\mathbb{R}^m$ na relação (1.7), obtemos diferentes normas da matriz A. Em particular, se utilizamos a norma euclidiana, a norma de uma matriz simétrica coincide com o maior valor absoluto dos seus autovalores, como provado no próximo resultado.

LEMA 1.52

Seja $A \in \mathbb{R}^{n \times n}$ uma matriz simétrica com autovalores $\lambda_1, \lambda_2, \ldots, \lambda_n$. Se considerarmos a norma euclidiana em (1.7), então

$$\|A\| = \max\{|\lambda_1|, |\lambda_2|, \ldots, |\lambda_n|\}.$$

DEMONSTRAÇÃO. Considere $x \in \mathbb{R}^n$ tal que $\|x\| = 1$. Temos

$$\|Ax\|^2 = x^T A^2 x = x^T P D^2 P^T x.$$

Definindo $y = P^T x$ e $r = \operatorname{argmax} \{|\lambda_i| \mid i = 1, 2, \ldots, n\}$, podemos escrever

$$\|Ax\|^2 = y^T D^2 y = \sum_{i=1}^{n} \lambda_i^2 y_i^2 \leq \lambda_r^2 \|y\|^2.$$

Como $\|y\|^2 = x^T P P^T x = \|x\|^2 = 1$, temos $\|A\| \leq |\lambda_r|$. Além disso, existe $v \in \mathbb{R}^n$ tal que $\|v\| = 1$ e $Av = \lambda_r v$. Assim,

$$\|Av\|^2 = v^T A^2 v = \lambda_r^2 v^T v = \lambda_r^2.$$

Portanto, $\|A\| = |\lambda_r|$, o que completa a demonstração. □

1.4 Fórmula de Taylor e teorema da função implícita

As aproximações de Taylor para uma função constituem uma das mais importantes ferramentas em otimização, tanto no desenvolvimento da teoria quanto na construção de algoritmos. Aparecem, por exemplo, na demonstração das condições de otimalidade de segunda ordem, que veremos no próximo capítulo, bem como na ideia do Método de Newton. Também apresentaremos nesta seção o teorema da função implícita, um outro conceito de análise que será importante no desenvolvimento teórico na parte de otimização com restrições.

A Figura 1.2 ilustra as aproximações de Taylor de ordens 1 e 2 da função seno.

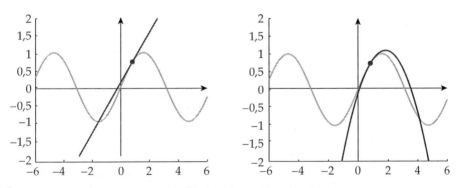

FIGURA 1.2 Aproximações de Taylor de ordens 1 e 2.

Trabalharemos aqui com aproximações de primeira e segunda ordem. As de ordem superior, apesar de serem mais precisas (veja Figura 1.3), deixam de ser convenientes pelo alto custo computacional para o cálculo das derivadas.

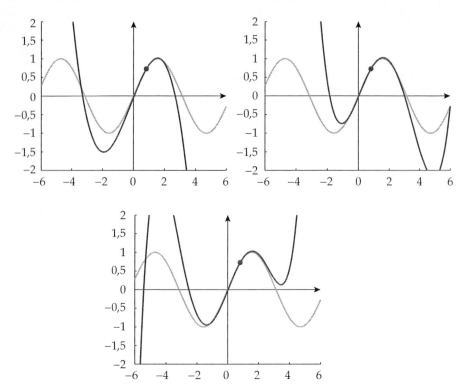

FIGURA 1.3 Aproximações de Taylor de ordens 3, 4 e 5.

Antes de apresentar as fórmulas de Taylor vamos trabalhar um pouco com derivadas em várias variáveis. Inicialmente, considere $f:\mathbb{R}^n \to \mathbb{R}$ uma função de classe C^2. Indicaremos o gradiente e a Hessiana de f, respectivamente, por

$$\nabla f = \begin{pmatrix} \dfrac{\partial f}{\partial x_1} \\ \vdots \\ \dfrac{\partial f}{\partial x_n} \end{pmatrix} \quad \text{e} \quad \nabla^2 f = \begin{pmatrix} \dfrac{\partial^2 f}{\partial x_1 \partial x_1} & \cdots & \dfrac{\partial^2 f}{\partial x_1 \partial x_n} \\ \vdots & \ddots & \vdots \\ \dfrac{\partial^2 f}{\partial x_n \partial x_1} & \cdots & \dfrac{\partial^2 f}{\partial x_n \partial x_n} \end{pmatrix}.$$

Agora considere uma função vetorial $f:\mathbb{R}^n \to \mathbb{R}^m$. Sua derivada, chamada de Jacobiana, é a matriz

Revisão de conceitos

$$J_f = f' = \begin{pmatrix} \dfrac{\partial f_1}{\partial x_1} & \cdots & \dfrac{\partial f_1}{\partial x_n} \\ \vdots & \ddots & \vdots \\ \dfrac{\partial f_m}{\partial x_1} & \cdots & \dfrac{\partial f_m}{\partial x_n} \end{pmatrix}.$$

Note que a linha i da Jacobiana de f é o gradiente transposto da componente f_i. Em particular, para $m = 1$, temos $f' = (\nabla f)^T$. Além disso, $\nabla^2 f = J_{\nabla f}^T$.

◈ **Exemplo 1.53**

Considere $f : \mathbb{R}^n \to \mathbb{R}$ dada por $f(x) = \|x\|^2 = x^T x$. Calcule $\nabla f(x)$ e $\nabla^2 f(x)$. Generalizando, faça o mesmo para $g : \mathbb{R}^n \to \mathbb{R}$ dada por $g(x) = x^T A x$, onde $A \in \mathbb{R}^{n \times n}$ é uma matriz arbitrária.

Temos $\nabla f(x) = 2x$ e $\nabla^2 f(x) = 2I$, onde $I \in \mathbb{R}^{n \times n}$ é a matriz identidade. Para o caso geral, note que

$$\frac{g(x + t e_i) - g(x)}{t} = e_i^T (A + A^T) x + t e_i^T A e_i.$$

Portanto, $\nabla g(x) = (A + A^T) x$ e $\nabla^2 g(x) = A + A^T$.

O gradiente de uma função tem propriedades muito interessantes, tanto algébricas quanto geométricas. Destacamos algumas delas.

1. O gradiente é uma direção de crescimento da função;
2. é a direção de crescimento mais rápido e
3. o gradiente é perpendicular à curva de nível da função.

As justificativas dessas afirmações podem ser encontradas no Capítulo 3 de [29]. A Figura 1.4 ilustra as propriedades citadas.

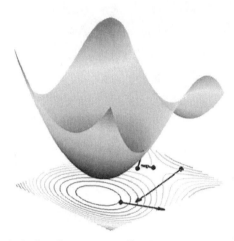

FIGURA 1.4 Propriedades do vetor gradiente.

Outra relação importante surge quando restringimos uma função definida em $\mathbb{R}^n$ aos pontos de um segmento de reta. Mais formalmente, dados $\bar{x}, d \in \mathbb{R}^n$ e $f : \mathbb{R}^n \to \mathbb{R}$, definimos $\varphi : I \subset \mathbb{R} \to \mathbb{R}$ por $\varphi(t) = f(\bar{x} + td)$. Vamos calcular as derivadas de φ. Temos

$$\varphi'(t) = \lim_{s \to 0} \frac{\varphi(t+s) - \varphi(t)}{s} = \frac{\partial f}{\partial d}(\bar{x} + td) = \nabla f(\bar{x} + td)^T d.$$

Para calcular φ'', note que $\varphi'(t) = \sum_{j=1}^{n} d_j \frac{\partial f}{\partial x_j}(\bar{x} + td)$. Assim, lembrando que $\nabla^2 f(x)$ é simétrica, temos

$$\varphi''(t) = \sum_{j=1}^{n} d_j \nabla \frac{\partial f}{\partial x_j}(\bar{x} + td)^T d = d^T \nabla^2 f(\bar{x} + td) d.$$

Na Figura 1.5 temos uma superfície ilustrando o gráfico de f, um segmento de reta representando os pontos $\bar{x} + td$ e uma curva sendo o gráfico de φ. Uma generalização da discussão anterior é proposta no Exercício 1.28, onde trocamos o segmento $\bar{x} + td$ por uma curva diferenciável.

Revisão de conceitos

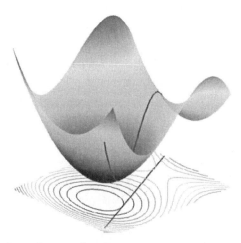

FIGURA 1.5 Restrição de uma função a um segmento.

Finalmente vamos apresentar as Fórmulas de Taylor. As demonstrações podem ser encontradas em[29].

▣ TEOREMA 1.54 (Taylor de Primeira Ordem)

Considere $f:\mathbb{R}^n \to \mathbb{R}$ uma função diferenciável e $\bar{x} \in \mathbb{R}^n$. Então podemos escrever

$$f(x) = f(\bar{x}) + \nabla f(\bar{x})^T(x-\bar{x}) + r(x),$$

com $\lim\limits_{x \to \bar{x}} \dfrac{r(x)}{\|x-\bar{x}\|} = 0$.

O polinômio $p_1(x) = f(\bar{x}) + \nabla f(\bar{x})^T(x-\bar{x})$ é uma aproximação linear para f em torno do ponto $\bar{x}$ e é chamado polinômio de Taylor de ordem 1 da função. Dentre todos os polinômios de grau menor ou igual a 1, ele é o único que satisfaz

$$p(\bar{x}) = f(\bar{x}) \quad \text{e} \quad \nabla p(\bar{x}) = \nabla f(\bar{x}).$$

Na Figura 1.6 ilustramos o erro cometido ao se aproximar f por p_1.

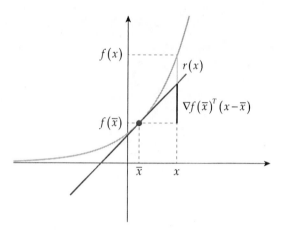

FIGURA 1.6 Resto de Taylor de ordem 1.

O limite nulo no Teorema 1.54 significa que para x próximo de $\bar{x}$ o resto $r(x)$ é muito pequeno e vai para zero mais rápido que $\|x-\bar{x}\|$.

Também é conveniente observar que, fazendo uma mudança de variável e utilizando a Definição 1.16, podemos reescrever o Teorema 1.54. Definindo $d = x - \bar{x}$, temos

$$f(\bar{x}+d) = f(\bar{x}) + \nabla f(\bar{x})^T d + o(\|d\|).$$

Agora vamos ver uma função quadrática que aproxima uma dada função na vizinhança de um ponto.

TEOREMA 1.55 (Taylor de Segunda Ordem)

Se $f : \mathbb{R}^n \to \mathbb{R}$ é uma função duas vezes diferenciável e $\bar{x} \in \mathbb{R}^n$, então

$$f(x) = f(\bar{x}) + \nabla f(\bar{x})^T (x-\bar{x}) + \frac{1}{2}(x-\bar{x})^T \nabla^2 f(\bar{x})(x-\bar{x}) + r(x),$$

com $\displaystyle\lim_{x \to \bar{x}} \frac{r(x)}{\|x-\bar{x}\|^2} = 0$.

Analogamente ao que vimos anteriormente, o polinômio

$$p_2(x) = f(\bar{x}) + \nabla f(\bar{x})^T(x-\bar{x}) + \frac{1}{2}(x-\bar{x})^T \nabla^2 f(\bar{x})(x-\bar{x})$$

é uma aproximação quadrática para f em torno do ponto $\bar{x}$ e é chamado polinômio de Taylor de ordem 2 da função. Dentre todos os polinômios de grau menor ou igual a 2, ele é o único que satisfaz

$$p(\bar{x}) = f(\bar{x}), \quad \nabla p(\bar{x}) = \nabla f(\bar{x}) \quad \text{e} \quad \nabla^2 p(\bar{x}) = \nabla^2 f(\bar{x}).$$

Na Figura 1.7 ilustramos o erro cometido ao se aproximar f por p_2.

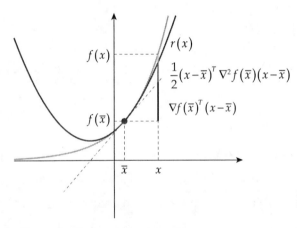

FIGURA 1.7 Resto de Taylor de ordem 2.

O limite nulo no Teorema 1.55 significa que para x próximo de $\bar{x}$, o resto $r(x)$ é muito pequeno e vai para zero muito mais rápido que $\|x-\bar{x}\|^2$.

Aqui também podemos reescrever o Teorema 1.55 como

$$f(\bar{x}+d) = f(\bar{x}) + \nabla f(\bar{x})^T d + \frac{1}{2}d^T \nabla^2 f(\bar{x})d + o(\|d\|^2).$$

◈ Exemplo 1.56

Considere a função $f:\mathbb{R}^2 \to \mathbb{R}$ dada por $f(x)=x_1\cos x_2 + x_2\operatorname{sen} x_1$. Determine as aproximações de Taylor de ordens 1 e 2 para f em torno de 0. Estime o erro da aproximação linear na região $[-1,1]\times[-1,1]$.

Temos

$$\nabla f(x)=\begin{pmatrix} \cos x_2 + x_2\cos x_1 \\ \operatorname{sen} x_1 - x_1\operatorname{sen} x_2 \end{pmatrix} \text{ e } \nabla^2 f(x)=\begin{pmatrix} -x_2\operatorname{sen} x_1 & \cos x_1 - \operatorname{sen} x_2 \\ \cos x_1 - \operatorname{sen} x_2 & -x_1\cos x_2 \end{pmatrix}.$$

Assim, $p_1(x)=x_1$ e $p_2(x)=x_1 + x_1 x_2$. Para estimar o erro, note que se $|z|\le 1$, então $\cos z > \dfrac{1}{2}$ e $|\operatorname{sen} z| < \dfrac{\sqrt{3}}{2}$. Portanto,

$$|f(x)-p_1(x)|=|f(x)-x_1|\le|x_1|\,|\cos x_2 - 1|+|x_2\operatorname{sen} x_1|<1,367.$$

Esta estimativa é razoável pois $\left|f(1,-1)-1\right|\approx 1,3$.

Veremos agora outra fórmula de Taylor, na qual não supomos $d \to 0$ para estimar a diferença $f(\overline{x}+d)-f(\overline{x})$. Para ordem 1, ela é exatamente o Teorema do Valor Médio. De modo geral a chamamos de Taylor com resto de Lagrange.

▣ TEOREMA 1.57 (Teorema do Valor Médio)

Considere $f:\mathbb{R}^n \to \mathbb{R}$ contínua e $\overline{x},d\in\mathbb{R}^n$. Se f é diferenciável no segmento $(\overline{x},\overline{x}+d)$, então existe $t\in(0,1)$ tal que

$$f(\overline{x}+d)=f(\overline{x})+\nabla f(\overline{x}+td)^T d.$$

Revisão de conceitos

A Figura 1.8 ilustra o teorema do valor médio (TVM).

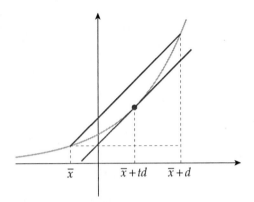

FIGURA 1.8 Teorema do Valor Médio.

◨ TEOREMA 1.58 (Taylor com resto de Lagrange)

Considere $f: \mathbb{R}^n \to \mathbb{R}$ uma função de classe C^1 e $\bar{x}, d \in \mathbb{R}^n$. Se f é duas vezes diferenciável no segmento $(\bar{x}, \bar{x}+d)$, então existe $t \in (0,1)$ tal que

$$f(\bar{x}+d) = f(\bar{x}) + \nabla f(\bar{x})^T d + \frac{1}{2} d^T \nabla^2 f(\bar{x}+td) d.$$

Para funções $f: \mathbb{R}^n \to \mathbb{R}^m$, com $m > 1$, não podemos garantir uma igualdade, como no Teorema 1.57. No entanto, ainda podemos obter informação da variação da função a partir de uma estimativa da limitação da sua derivada. Isto é formalizado no seguinte teorema.

◨ TEOREMA 1.59 (Desigualdade do Valor Médio)

Considere $f: \mathbb{R}^n \to \mathbb{R}^m$ contínua e $\bar{x}, d \in \mathbb{R}^n$. Se f é diferenciável no segmento $(\bar{x}, \bar{x}+d)$ e $\|J_f(x)\| \leq M$, para todo $x \in (\bar{x}, \bar{x}+d)$, então

$$\|f(\bar{x}+d) - f(\bar{x})\| \leq M \|d\|.$$

Otimização contínua: Aspectos teóricos e computacionais

O próximo teorema garante que, sob certas hipóteses, podemos definir implicitamente uma variável como função de outra em uma equação. A prova deste resultado também pode ser encontrada em[29].

▣ **TEOREMA 1.60 (Teorema da Função Implícita)**

Seja $\varphi: \mathbb{R}^{n+1} \to \mathbb{R}^n$ uma função de classe $\mathcal{C}^1$. Considere o sistema de n equações e $n+1$ variáveis definido por

$$\varphi\begin{pmatrix} x \\ t \end{pmatrix} = 0, \tag{1.8}$$

onde $x \in \mathbb{R}^n$ e $t \in \mathbb{R}$. Se o ponto $\begin{pmatrix} \bar{x} \\ 0 \end{pmatrix}$ é uma solução de (1.8), na qual a Jacobiana de φ em relação a x tem posto n, então existe uma curva diferenciável $\gamma: (-\varepsilon, \varepsilon) \to \mathbb{R}^n$ tal que $\gamma(0) = \bar{x}$ e $\varphi\begin{pmatrix} \gamma(t) \\ t \end{pmatrix} = 0$, para todo $t \in (-\varepsilon, \varepsilon)$.

1.5 Exercícios do capítulo

1.1. Considere a sequência definida por $x^0 = 1$, $x^{k+1} = \sqrt{1 + x^k}$. Mostre que:

    (a) $1 \le x^k \le 2$ para todo $k \in \mathbb{N}$;

    (b) (x^k) é crescente;

    (c) (x^k) é convergente e calcule seu limite.

1.2. Considere a sequência definida por $y^0 = 0$, $y^{k+1} = \dfrac{1}{1 + 2y^k}$. Mostre que:

    (a) $0 \le y^k \le 1$ para todo $k \in \mathbb{N}$;

    (b) $(y^{2k})_{k \in \mathbb{N}}$ é crescente e $(y^{2k+1})_{k \in \mathbb{N}}$ é decrescente;

    (c) $y^k \to \dfrac{1}{2}$.

Revisão de conceitos

Capítulo 1

1.3. Considere as sequências definidas por $a_0 = 0$, $a_1 = 1$, $a_{k+1} = \dfrac{a_k + a_{k-1}}{2}$ e $x^0 = 0$, $x^1 = 1$, $x^{k+1} = x^k + 2x^{k-1}$. Mostre que:

(a) $a_k = \dfrac{x^k}{2^{k-1}}$ para todo $k \in \mathbb{N}$;

(b) $x^{k+1} + x^k = 2^k$ para todo $k \in \mathbb{N}$;

(c) $\dfrac{x^k}{x^{k+1}} \to \dfrac{1}{2}$;

(d) $a_k \to \dfrac{2}{3}$.

1.4. Generalize o exercício anterior. Considere a sequência definida por $a_0 = \alpha$, $a_1 = \beta$, $a_{k+1} = \dfrac{a_k + a_{k-1}}{2}$, com $\alpha < \beta$ e mostre que $a_k \to \alpha + \dfrac{2}{3}(\beta - \alpha)$.

1.5. Seja $(x^k) \subset \mathbb{R}$ uma sequência limitada. Defina uma subsequência de (x^k) como segue.

(i) Considere $[a_0, b_0]$ um intervalo que contém a sequência toda e escolha um elemento x^{k_0} qualquer;

(ii) Dividindo o intervalo $[a_0, b_0]$ ao meio, sabemos que em pelo menos um dos dois intervalos resultantes há uma infinidade de termos da sequência. Indique este intervalo por $[a_1, b_1]$ e escolha um elemento $x^{k_1} \in [a_1, b_1]$, com $k_1 > k_0$;

(iii) Indutivamente, repetindo o procedimento anterior, escolha $x^{k_i} \in [a_i, b_i]$, com $k_i > k_{i-1}$.

Mostre que:

(a) (a_k) e (b_k) convergem para o mesmo valor, digamos $c \in [a_0, b_0]$;

(b) $\lim\limits_{i \to \infty} x^{k_i} = c$.

Note que obtemos deste exercício uma demonstração do teorema de Bolzano-Weierstrass.

1.6. Considere as sequências $a_k = \cos \dfrac{k\pi}{3}$ e $b_k = \mathrm{sen}\ \dfrac{k\pi}{3}$. Estude a convergência das sequências $x^k = \dfrac{1}{k+1}\begin{pmatrix} a_k \\ b_k \end{pmatrix}$ e $y^k = \dfrac{k}{k+1}\begin{pmatrix} a_k \\ b_k \end{pmatrix}$.

1.7. Mostre que a convergência quadrática implica na superlinear.

1.8. Seja $x^k = \dfrac{2^k}{k!}$, $k \in \mathbb{N}$. Mostre que (x^k) converge para zero com ordem superlinear mas não quadrática. Faça o mesmo para $x^k = \dfrac{1}{k^k}$ e $x^k = e^{-k^2}$.

1.9. Considere a sequência definida por $x^0 = \sqrt{2}$, $x^{k+1} = \sqrt{2 + x^k}$. Mostre que:

(a) $1 \le x^k \le 2$ para todo $k \in \mathbb{N}$;

(b) (x^k) é crescente;

(c) $x^k \to 2$ linearmente com taxa $\dfrac{1}{4}$.

1.10. Sejam $A \in \mathbb{R}^{m \times n}$ uma matriz de posto n e $x^k \to \bar{x}$. Defina $y^k = Ax^k$ e $\bar{y} = A\bar{x}$. Mostre que se a convergência de (x^k) é superlinear, então o mesmo vale para (y^k). Isto continua válido se trocarmos superlinear por linear?

1.11. Mostre que $X \subset \mathbb{R}^n$ é fechado se, e somente se, dada $(x^k) \subset X$ tal que $x^k \to \bar{x}$, temos $\bar{x} \in X$.

1.12. Mostre que $X \subset \mathbb{R}^n$ é compacto se, e somente se, toda sequência $(x^k) \subset X$ possui uma subsequência que converge para algum elemento de X.

1.13. Considere $X \subset \mathbb{R}^n$ e $(z^k) \subset \mathrm{Fr}\, X$, tal que $z^k \to \bar{x}$. Mostre que $\bar{x} \in \mathrm{Fr}\, X$.

1.14. Se V é um subespaço vetorial de $\mathbb{R}^n$, então vale a decomposição em soma direta $\mathbb{R}^n = V \oplus V^\perp$.

Revisão de conceitos

1.15. Seja $A \in \mathbb{R}^{n \times n}$ uma matriz simétrica. Sendo $\{v^1, v^2, \ldots, v^n\}$ uma base ortonormal de autovetores, $\{\lambda_1, \lambda_2, \ldots, \lambda_n\}$ os autovalores associados e supondo que nenhum autovalor é nulo, obtenha uma expressão para a inversa A^{-1}.

1.16. A matriz simétrica $A \in \mathbb{R}^{n \times n}$ é definida positiva se, e somente se, os determinantes principais são positivos.

1.17. A matriz simétrica $A \in \mathbb{R}^{n \times n}$ é definida positiva se, e somente se, todos os seus autovalores são positivos.

1.18. Seja $A \in \mathbb{R}^{m \times n}$ uma matriz de posto n. Mostre que $A^T A$ é definida positiva.

1.19. Suponha que as matrizes $A, B \in \mathbb{R}^{n \times n}$ são definidas positivas e que $A^2 = B^2$. Mostre que $A = B$.

1.20. Sejam $A \in \mathbb{R}^{m \times n}$ e $B \in \mathbb{R}^{n \times n}$ tais que $\text{posto}(A) = m$ e B é definida positiva no núcleo de A, isto é, $d^T B d > 0$ para todo $d \neq 0, d \in \mathcal{N}(A)$. Mostre que a matriz $\begin{pmatrix} B & A^T \\ A & 0 \end{pmatrix}$ é inversível.

1.21. Considere $A \in \mathbb{R}^{n \times n}$ simétrica singular e $\{v^1, \ldots, v^n\}$ uma base ortonormal de autovetores de A tal que $v^1, \ldots, v^{\ell-1}$ são os autovetores associados ao autovalor nulo e $v^\ell, \ldots, v^n$ os autovetores associados aos autovalores não nulos. Mostre que

$$[v^1, \ldots, v^{\ell-1}] = \mathcal{N}(A) \quad \text{e} \quad [v^\ell, \ldots, v^n] = \text{Im}(A).$$

1.22. Considere $A \in \mathbb{R}^{n \times n}$ semidefinida positiva singular e $b \in \text{Im}(A)$. Mostre existe um único $x^* \in \text{Im}(A)$ satisfazendo $Ax^* + b = 0$. Além disso, se λ_ℓ é o menor autovalor positivo de A, então $\|Ax^*\| \geq \lambda_\ell \|x^*\|$.

1.23. Considere $A \in \mathbb{R}^{m \times n}$ com $\text{posto}(A) = n$. Mostre existe $c > 0$ tal que $\|Ax\| \geq c\|x\|$, para todo $x \in \mathbb{R}^n$.

Otimização contínua: Aspectos teóricos e computacionais

1.24. **[Sherman-Morrison]** Considere uma matriz inversível $Q \in \mathbb{R}^{n \times n}$ e dois vetores arbitrários $u, v \in \mathbb{R}^n$. Mostre que $Q + uv^T$ é inversível se, e somente se, $1 + v^T Q^{-1} u \neq 0$. Além disso, verifique a igualdade

$$(Q + uv^T)^{-1} = Q^{-1} - \frac{Q^{-1} uv^T Q^{-1}}{1 + v^T Q^{-1} u}.$$

1.25. Considere $g : \mathbb{R}^n \to \mathbb{R}^m$ diferenciável e defina $f(x) = \|g(x)\|_2^2$. Calcule $\nabla f(x)$ e $\nabla^2 f(x)$.

1.26. Considere $f : \mathbb{R}^n \to \mathbb{R}$ dada por $f(x) = \|Ax - b\|_2^2$, onde $A \in \mathbb{R}^{m \times n}$ e $b \in \mathbb{R}^m$. Calcule $\nabla f(x)$.

1.27. Dada $f : \mathbb{R}^n \to \mathbb{R}$ diferenciável, defina $f^+(x) = \max\{0, f(x)\}$ e $g(x) = f^+(x)^2$. Mostre que $\nabla g(x) = 2 f^+(x) \nabla f(x)$.

1.28. Considere uma função $f : \mathbb{R}^n \to \mathbb{R}$ e uma curva $\gamma : I \subset \mathbb{R} \to \mathbb{R}^n$, ambas duas vezes diferenciáveis. Defina $\varphi : I \to \mathbb{R}$ por $\varphi(t) = f(\gamma(t))$. Obtenha expressões para as derivadas $\varphi'(t)$ e $\varphi''(t)$.

1.29. Obtenha os polinômios de Taylor de ordens 1 e 2 das funções dadas em torno do ponto $0 \in \mathbb{R}^2$.

(a) $f(x) = \dfrac{x_1}{1 + x_2}$;

(b) $f(x) = e^{x_1} \sqrt{1 + x_2^2}$.

1.30. Aproxime $f(x) = e^x$ em $\overline{x} = 0$ pelos polinômios de Taylor de ordens 3 e 4. A seguir, calcule os valores dessas aproximações em $x = 0,2$ e $x = 1$ e compare com os valores corretos.

1.31. Calcule os polinômios de Taylor de ordens 1, 2 e 3 das funções $f(x) = \sqrt{x + 1}$ e $g(x) = \ln(x + 1)$ em $\overline{x} = 0$. A seguir, calcule os valores dessas aproximações em $x = 0,2$ e $x = 1$ e compare com os valores corretos.

Introdução à otimização

Capítulo 2

Estudaremos neste capítulo os conceitos básicos de otimização. Começamos com algumas situações que garantem a existência de um minimizador e em seguida discutimos as condições de otimalidade para o problema de minimização irrestrita. Algumas referências para este assunto são [13, 14, 22, 33].

2.1 O problema de otimização

Vamos considerar aqui o problema

$$\begin{array}{ll} \text{minimizar} & f(x) \\ \text{sujeito a} & x \in \Omega, \end{array} \qquad (2.1)$$

onde $f : \mathbb{R}^n \to \mathbb{R}$ é uma função arbitrária e $\Omega \subset \mathbb{R}^n$ é um conjunto qualquer.

Definição 2.1

Considere uma função $f : \mathbb{R}^n \to \mathbb{R}$ e $x^* \in \Omega \subset \mathbb{R}^n$. Dizemos que x^* é um minimizador local de f em Ω quando existe $\delta > 0$, tal que $f(x^*) \leq f(x)$ para todo $x \in B(x^*, \delta) \cap \Omega$. Caso $f(x^*) \leq f(x)$, para todo $x \in \Omega$, x^* é dito minimizador global de f em Ω.

Quando as desigualdades na Definição 2.1 forem estritas para $x \neq x^*$, diremos que x^* é minimizador estrito. Se não for mencionado o conjunto Ω, significa que $\Omega = \mathbb{R}^n$ e portanto estamos trabalhando com um problema irrestrito.

Veremos em seguida condições que garantem a existência de minimizadores. Na Seção 2.2 discutiremos critérios de otimalidade.

▣ TEOREMA 2.2 (Weierstrass)

Sejam $f:\mathbb{R}^n \to \mathbb{R}$ contínua e $\Omega \subset \mathbb{R}^n$ compacto não vazio. Então existe minimizador global de f em Ω.

Demonstração. Vejamos primeiro que o conjunto $f(\Omega)=\{f(x)|x\in\Omega\}$ é limitado inferiormente. Suponha por absurdo que não. Então, para todo $k \in \mathbb{N}$, existe $x^k \in \Omega$ tal que $f(x^k)\leq -k$. Como a sequência (x^k) está no compacto Ω, ela possui uma subsequência convergente para um ponto de Ω, digamos $x^k \overset{N'}{\to} \overline{x} \in \Omega$. Pela continuidade de f, temos $f(x^k) \overset{N'}{\to} f(\overline{x})$, uma contradição. Portanto, $f(\Omega)$ é limitado inferiormente. Considere $f^* = \inf\{f(x)|x\in\Omega\}$. Então, para todo $k \in \mathbb{N}$, existe $x^k \in \Omega$ tal que

$$f^* \leq f(x^k) \leq f^* + \frac{1}{k},$$

o que implica $f(x^k) \to f^*$. Repetindo o argumento acima, obtemos $f(x^k) \overset{N'}{\to} f(x^*)$, com $x^k \in \Omega$. Pela unicidade do limite, temos $f(x^*)=f^* \leq f(x)$, para todo $x \in \Omega$, o que completa a demonstração. □

O Teorema 2.2 tem uma consequência interessante, que pode garantir a existência de minimizador global em $\mathbb{R}^n$.

Corolário 2.3

Seja $f:\mathbb{R}^n \to \mathbb{R}$ contínua e suponha que existe $c \in \mathbb{R}$ tal que o conjunto $L=\{x\in\mathbb{R}^n|f(x)\leq c\}$ é compacto não vazio. Então f tem um minimizador global.

Introdução à otimização

Capítulo 2

DEMONSTRAÇÃO. Pelo Teorema 2.2, existe $x^* \in L$ tal que $f(x^*) \le f(x)$, para todo $x \in L$. Por outro lado, se $x \notin L$, temos $f(x) > c \ge f(x^*)$. Assim, $f(x^*) \le f(x)$, para todo $x \in \mathbb{R}^n$. $\square$

◈ Exemplo 2.4

Seja $f : \mathbb{R}^n \to \mathbb{R}$ dada por $f(x) = x^T A x$, onde $A \in \mathbb{R}^{n \times n}$ é uma matriz simétrica. Mostre que f tem um minimizador global x^* em $S = \{x \in \mathbb{R}^n \mid \|x\| = 1\}$. Mostre também que existe $\lambda \in \mathbb{R}$ tal que $x^T A x \ge \lambda \|x\|^2$, para todo $x \in \mathbb{R}^n$.

Como f é contínua e S é compacto, a primeira afirmação segue do Teorema 2.2. Além disso, dado $x \in \mathbb{R}^n \setminus \{0\}$, temos que $\dfrac{x}{\|x\|} \in S$. Portanto, definindo $\lambda = (x^*)^T A x^*$, temos $x^T A x \ge \lambda \|x\|^2$, para todo $x \in \mathbb{R}^n$.

Veremos agora outro resultado que garante a existência de minimizador global em $\mathbb{R}^n$, sem supor compacidade. Em contrapartida, fazemos uma hipótese a mais sobre a função.

DEFINIÇÃO 2.5

Dizemos que a função $f : \mathbb{R}^n \to \mathbb{R}$ é coerciva quando $\lim\limits_{\|x\| \to \infty} f(x) = \infty$, ou seja, quando para todo $M > 0$ existe $r > 0$ tal que $f(x) > M$ sempre que $\|x\| > r$.

▣ TEOREMA 2.6

Seja $f : \mathbb{R}^n \to \mathbb{R}$ uma função contínua e coerciva. Então, f tem um minimizador global.

DEMONSTRAÇÃO. Considere $a \in \mathbb{R}^n$ e $b = f(a)$. Pela coercividade de f, existe $r > 0$ tal que $f(x) > b$ sempre que $\|x\| > r$. Como o conjunto $B = \{x \in \mathbb{R}^n \mid \|x\| \le r\}$ é compacto, o Teorema 2.2 garante que existe $x^* \in B$ tal que $f(x^*) \le f(x)$, para todo $x \in B$. Além disso, $a \in B$, pois $f(a) = b$. Para $x \notin B$, temos $f(x) > b = f(a) \ge f(x^*)$. Isto prova que x^* é minimizador de f. $\square$

Observação: o Exercício 2.12 no final do capítulo fornece outra demonstração para o Teorema 2.6.

◈ Exemplo 2.7

Sejam $A \in \mathbb{R}^{n \times n}$ uma matriz simétrica, $b \in \mathbb{R}^n$ e $c \in \mathbb{R}$. Suponha que a função $f : \mathbb{R}^n \to \mathbb{R}$ dada por

$$f(x) = \frac{1}{2} x^T A x + b^T x + c$$

tem um minimizador local x^*. Mostre que $Ax^* + b = 0$. Mostre também que x^* é minimizador global.

Dado $d \in \mathbb{R}^n$, temos

$$f(x^* + td) - f(x^*) = \frac{1}{2} t^2 d^T A d + t(Ax^* + b)^T d.$$

Como x^* é minimizador local, temos que $\frac{1}{2} td^T A d + (Ax^* + b)^T d \geq 0$ para t suficientemente pequeno e positivo. Portanto, $Ax^* + b = 0$. Para ver que x^* é global, note que

$$\frac{1}{2} d^T A d = f(x^* + d) - f(x^*) \geq 0.$$

para d próximo de 0, donde segue que $d^T A d \geq 0$ para todo $d \in \mathbb{R}^n$, tendo em vista o Lema 1.47.

◈ Exemplo 2.8

Considere a quadrática definida no Exemplo 2.7 e suponha que A é definida positiva. Mostre que f é coerciva.

Se λ é o menor autovalor de A, temos $f(x) \geq \dfrac{\lambda}{2} \|x\|^2 - \|b\| \|x\| + c$.

Introdução à otimização

Capítulo 2

2.2 Condições de otimalidade

Veremos agora as condições necessárias e suficientes para caracterizar um minimizador de um problema irrestrito.

▣ **TEOREMA 2.9** (CONDIÇÃO NECESSÁRIA DE 1ª ORDEM)

Seja $f:\mathbb{R}^n \to \mathbb{R}$ diferenciável no ponto $x^* \in \mathbb{R}^n$. Se x^* é um minimizador local de f, então

$$\nabla f(x^*) = 0. \qquad (2.2)$$

DEMONSTRAÇÃO. Considere $d \in \mathbb{R}^n \setminus \{0\}$ arbitrário. Como x^* é minimizador local, existe $\delta > 0$ tal que

$$f(x^*) \leq f(x^* + td), \qquad (2.3)$$

para todo $t \in (0, \delta)$. Pela expansão de Taylor,

$$f(x^* + td) = f(x^*) + t\nabla f(x^*)^T d + r(t),$$

com $\lim_{t \to 0} \dfrac{r(t)}{t} = 0$. Usando (2.3) e dividindo por t, obtemos $0 \leq \nabla f(x^*)^T d + \dfrac{r(t)}{t}$.

Passando o limite quando $t \to 0$, obtemos $\nabla f(x^*)^T d \geq 0$. Se $\nabla f(x^*)$ não fosse nulo, poderíamos escolher $d = -\nabla f(x^*)$, resultando em

$$\left\| \nabla f(x^*) \right\|^2 = -\nabla f(x^*)^T d \leq 0,$$

o que é uma contradição. Logo $\nabla f(x^*) = 0$. □

DEFINIÇÃO 2.10

Um ponto $x^* \in \mathbb{R}^n$ que cumpre a condição (2.2) é dito ponto crítico ou estacionário da função f.

◈ **Exemplo 2.11**

Seja $f : \mathbb{R}^3 \to \mathbb{R}$ dada por $f(x) = \operatorname{sen}(3x_1^2 + x_2^2) + \cos(x_1^2 - x_2^2) + 5x_3$. Verifique se f tem minimizadores em $\mathbb{R}^3$. E no conjunto $B = \left\{ x \in \mathbb{R}^3 \mid x_1^2 + \dfrac{x_2^2}{4} + \dfrac{x_3^2}{9} \leq 1 \right\}$?

Note que $\nabla f(x) \neq 0$, para todo $x \in \mathbb{R}^3$, pois $\dfrac{\partial f}{\partial x_3}(x) = 5$. Portanto, pelo Teorema 2.9, não existe minimizador de f em $\mathbb{R}^3$. Por outro lado, como B é compacto, o Teorema 2.2 garante que existe minimizador de f em B.

▣ **TEOREMA 2.12 (Condição necessária de 2ª ordem)**

Seja $f : \mathbb{R}^n \to \mathbb{R}$ duas vezes diferenciável no ponto $x^* \in \mathbb{R}^n$. Se x^* é um minimizador local de f, então a matriz Hessiana de f no ponto x^* é semidefinida positiva, isto é,

$$d^T \nabla^2 f(x^*) d \geq 0, \tag{2.4}$$

para todo $d \in \mathbb{R}^n$.

─────

Demonstração. Considere $d \in \mathbb{R}^n \setminus \{0\}$ arbitrário. Por Taylor,

$$f(x^* + td) = f(x^*) + t\nabla f(x^*)^T d + \frac{t^2}{2} d^T \nabla^2 f(x^*) d + r(t),$$

com $\lim\limits_{t \to 0} \dfrac{r(t)}{t^2} = 0$. Como x^* é minimizador local, o Teorema 2.9 garante que $\nabla f(x^*) = 0$. Portanto, para t suficientemente pequeno,

$$0 \leq f(x^* + td) - f(x^*) = \frac{t^2}{2} d^T \nabla^2 f(x^*) d + r(t).$$

Dividindo por t^2 e passando o limite quando $t \to 0$, obtemos $d^T \nabla^2 f(x^*) d \geq 0$. □

◈ Exemplo 2.13

[13, Exerc. 2.6] Seja $f:\mathbb{R}^2 \to \mathbb{R}$ dada por $f(x)=(x_1-x_2^2)(x_1-\frac{1}{2}x_2^2)$. Verifique que $\bar{x}=0$ é o único ponto estacionário de f e não é minimizador. No entanto, fixada qualquer direção $d \in \mathbb{R}^2 \setminus \{0\}$, $\bar{x}$ minimiza localmente f ao longo de d.

Temos $\nabla f(x) = \begin{pmatrix} 2x_1 - \frac{3}{2}x_2^2 \\ -3x_1 x_2 + 2x_2^3 \end{pmatrix}$. Assim, se $\nabla f(x)=0$, então $x=0$. Além disso, $f\left(\frac{2}{3}x_2^2, x_2\right) = -\frac{x_2^4}{18} < 0$, o que significa que $\bar{x}=0$ não é minimizador local de f. Porém, dado $d \in \mathbb{R}^2 \setminus \{0\}$, temos

$$f(\bar{x}+td) = t^2\left(d_1 - td_2^2\right)\left(d_1 - \frac{1}{2}td_2^2\right).$$

Se $d_1 = 0$, então $f(\bar{x}+td) = \frac{1}{2}t^4 d_2^4 \geq 0$. Caso $d_1 \neq 0$, a expressão $(d_1 - td_2^2)(d_1 - \frac{1}{2}td_2^2)$ é positiva em $t=0$ e, por continuidade, também para t próximo de 0. A Figura 2.1 ilustra este exemplo.

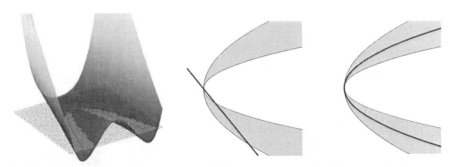

FIGURA 2.1 Ilustração do Exemplo 2.13.

Convém observar aqui que se x^* é minimizador local de f, então dado $d \in \mathbb{R}^n \setminus \{0\}$, existe $\delta > 0$ tal que

$$f(x^*) \leq f(x^* + td),$$

para todo $t \in (-\delta, \delta)$. Este argumento foi usado, por exemplo, na demonstração do Teorema 2.9. Entretanto, o Exemplo 2.13 mostra que a recíproca não é verdadeira.

▣ TEOREMA 2.14 (Condição suficiente de 2ª ordem)

Seja $f : \mathbb{R}^n \to \mathbb{R}$ duas vezes diferenciável no ponto $x^* \in \mathbb{R}^n$. Se x^* é um ponto estacionário da função f e $\nabla^2 f(x^*)$ é definida positiva, então x^* é minimizador local estrito de f.

DEMONSTRAÇÃO. Seja λ o menor autovalor de $\nabla^2 f(x^*)$. Como esta matriz é definida positiva, temos $\lambda > 0$. Além disso, pelo Lema 1.49 (veja também o Exemplo 2.4), $d^T \nabla^2 f(x^*) d \geq \lambda \|d\|^2$, para todo $d \in \mathbb{R}^n$. Por Taylor, já usando o fato de x^* ser estacionário, temos

$$f(x^* + d) = f(x^*) + \frac{1}{2} d^T \nabla^2 f(x^*) d + r(d) \geq f(x^*) + \frac{1}{2} \lambda \|d\|^2 + r(d),$$

onde $\lim\limits_{d \to 0} \dfrac{r(d)}{\|d\|^2} = 0$. Podemos então escrever

$$\frac{f(x^* + d) - f(x^*)}{\|d\|^2} \geq \frac{\lambda}{2} + \frac{r(d)}{\|d\|^2}.$$

Como $\lim\limits_{d \to 0} \left(\dfrac{\lambda}{2} + \dfrac{r(d)}{\|d\|^2} \right) > 0$, existe $\delta > 0$ tal que $\dfrac{\lambda}{2} + \dfrac{r(d)}{\|d\|^2} > 0$, para todo $d \in B(0, \delta) \setminus \{0\}$, donde segue que $f(x^* + d) - f(x^*) > 0$, para todo $d \in B(0, \delta) \setminus \{0\}$, ou, equivalentemente,

$$f(x^*) < f(x),$$

para todo $x \in B(x^*, \delta) \setminus \{x^*\}$. $\square$

Introdução à otimização

Capítulo 2

Salientamos que as definições e os resultados envolvendo minimizadores podem ser reformulados para maximizadores de forma inteiramente análoga. No entanto, convém estudar com mais detalhes alguns pontos que não são nem minimizadores nem maximizadores.

DEFINIÇÃO 2.15

Considere uma função diferenciável $f : \mathbb{R}^n \to \mathbb{R}$ e $\bar{x} \in \mathbb{R}^n$ um ponto estacionário de f. Dizemos que $\bar{x}$ é um ponto de sela da função f quando para todo $\varepsilon > 0$ existem $x, y \in B(\bar{x}, \varepsilon)$ tais que

$$f(x) < f(\bar{x}) < f(y).$$

O próximo teorema nos fornece uma condição suficiente (mas não necessária) para que um ponto seja sela.

TEOREMA 2.16

Seja $f : \mathbb{R}^n \to \mathbb{R}$ duas vezes diferenciável no ponto estacionário $\bar{x} \in \mathbb{R}^n$. Se $\nabla^2 f(\bar{x})$ é indefinida, então $\bar{x}$ é ponto de sela de f.

DEMONSTRAÇÃO. Considere $d \in \mathbb{R}^n$ tal que $d^T \nabla^2 f(\bar{x})d < 0$. Por Taylor, já usando o fato de $\bar{x}$ ser estacionário, temos

$$\frac{f(\bar{x} + td) - f(\bar{x})}{t^2} = \frac{1}{2}d^T \nabla^2 f(\bar{x})d + \frac{r(t)}{t^2},$$

com $\lim\limits_{t \to 0} \dfrac{r(t)}{t^2} = 0$. Portanto,

$$f(\bar{x} + td) < f(\bar{x}),$$

para todo t suficientemente pequeno. Considere agora $v \in \mathbb{R}^n$ tal que $v^T \nabla^2 f(\bar{x})v > 0$. Analogamente, podemos concluir que $f(\bar{x} + tv) > f(\bar{x})$, para t suficientemente pequeno. Isto prova que $\bar{x}$ é ponto de sela. $\square$

43

◈ Exemplo 2.17

[13, Exerc. 2.5] Seja $f : \mathbb{R}^2 \to \mathbb{R}$ dada por

$$f(x) = 2x_1^3 - 3x_1^2 - 6x_1 x_2 (x_1 - x_2 - 1).$$

Descreva os pontos estacionários da função f.

Temos $\nabla f(x) = \begin{pmatrix} 6x_1^2 - 12x_1 x_2 - 6x_1 + 6x_2^2 + 6x_2 \\ -6x_1^2 + 12x_1 x_2 + 6x_1 \end{pmatrix}$. Logo, os pontos estacionários são soluções do sistema

$$\begin{cases} 6x_2^2 + 6x_2 = 0 \\ 6x_1^2 - 12x_1 x_2 - 6x_1 = 0 \end{cases},$$

que podemos verificar que são $x^1 = \begin{pmatrix} 0 \\ 0 \end{pmatrix}$, $x^2 = \begin{pmatrix} 1 \\ 0 \end{pmatrix}$, $x^3 = \begin{pmatrix} 0 \\ -1 \end{pmatrix}$ e $x^4 = \begin{pmatrix} -1 \\ -1 \end{pmatrix}$. Além disso,

$$\nabla^2 f(x) = \begin{pmatrix} 12x_1 - 12x_2 - 6 & -12x_1 + 12x_2 + 6 \\ -12x_1 + 12x_2 + 6 & 12x_1 \end{pmatrix}.$$

Fazendo $A_j = \frac{1}{6} \nabla^2 f(x^j)$, temos $A_1 = \begin{pmatrix} -1 & 1 \\ 1 & 0 \end{pmatrix}$, $A_2 = \begin{pmatrix} 1 & -1 \\ -1 & 2 \end{pmatrix}$, $A_3 = \begin{pmatrix} 1 & -1 \\ -1 & 0 \end{pmatrix}$ e $A_4 = \begin{pmatrix} -1 & 1 \\ 1 & -2 \end{pmatrix}$. Note que A_1 é indefinida, pois $u = \begin{pmatrix} 1 \\ 0 \end{pmatrix}$ e $v = \begin{pmatrix} 1 \\ 1 \end{pmatrix}$ fornecem $u^T A_1 u < 0$ e $v^T A_1 v > 0$. Portanto x^1 é ponto de sela. Já o ponto x^2 é minimizador local, pois $A_2 > 0$. Além disso, $A_3 = -A_1$ também é indefinida, sendo então x^3 ponto de sela. Finalmente, $A_4 = -A_2 < 0$, o que implica que x^4 é maximizador local. A Figura 2.2 ilustra este exemplo.

Introdução à otimização

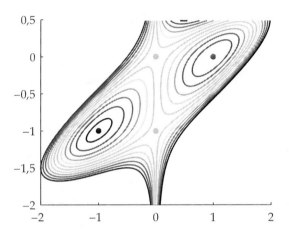

FIGURA 2.2 Ilustração do Exemplo 2.17.

◈ **Exemplo 2.18**

[22, Exerc. 1.3.5] Dado $\sigma > 1$, mostre que o sistema

$$\begin{cases} \sigma\cos x_1 \operatorname{sen} x_2 + x_1 e^{x_1^2 + x_2^2} = 0 \\ \sigma\operatorname{sen} x_1 \cos x_2 + x_2 e^{x_1^2 + x_2^2} = 0 \end{cases}$$

tem uma solução $\bar{x} \neq 0$.

Considere $f : \mathbb{R}^2 \to \mathbb{R}$ dada por $f(x) = \sigma\operatorname{sen} x_1 \operatorname{sen} x_2 + \frac{1}{2} e^{x_1^2 + x_2^2}$. Fazendo $u = x_1^2 + x_2^2$, temos que $\nabla f(x) = \begin{pmatrix} \sigma\cos x_1 \operatorname{sen} x_2 + x_1 e^u \\ \sigma\operatorname{sen} x_1 \cos x_2 + x_2 e^u \end{pmatrix}$ e

$$\nabla^2 f(x) = \begin{pmatrix} -\sigma\operatorname{sen} x_1 \operatorname{sen} x_2 + e^u + 2x_1^2 e^u & \sigma\cos x_1 \cos x_2 + 2x_1 x_2 e^u \\ \sigma\cos x_1 \cos x_2 + 2x_1 x_2 e^u & -\sigma\operatorname{sen} x_1 \operatorname{sen} x_2 + e^u + 2x_2^2 e^u \end{pmatrix}.$$

Portanto, $\nabla^2 f(0) = \begin{pmatrix} 1 & \sigma \\ \sigma & 1 \end{pmatrix}$. Como $\sigma > 1$, $\nabla^2 f(0)$ não é semidefinida positiva e assim, $x = 0$ não pode ser minimizador local de f. Mas f é coerciva e portanto tem um minimizador local $\bar{x} \neq 0$.

2.3 Exercícios do capítulo

Alguns dos exercícios propostos abaixo foram tirados ou reformulados a partir daqueles apresentados em [13, Capítulo 2]. Indicaremos, quando for o caso, o exercício correspondente desta referência.

2.1. [13, Exerc. 2.1] Sejam $g:\mathbb{R}\to\mathbb{R}$ uma função estritamente crescente e $f:\mathbb{R}^n\to\mathbb{R}$. Prove que minimizar $f(x)$ é equivalente a minimizar $g(f(x))$.

2.2. [13, Exerc. 2.3(a)] Considere números reais $a < b < c$ e as funções $f,g:\mathbb{R}\to\mathbb{R}$, definidas por

$$f(x)=|x-a|+|x-b| \quad \text{e} \quad g(x)=|x-a|+|x-b|+|x-c|.$$

Determine os minimizadores destas funções.

2.3. [13, Exerc. 2.4] Sejam $a, b \in \mathbb{R}$ dois números reais positivos. Considere a função de Rosenbrock $f(x)=a(x_2-x_1^2)^2+b(1-x_1)^2$. Encontre o (único) ponto estacionário de f e verifique se é minimizador local. Prove que $\nabla^2 f(x)$ é singular se e somente se $x_2-x_1^2=\dfrac{b}{2a}$.

2.4. Sejam $f:\mathbb{R}^n\to\mathbb{R}$ contínua, $x^*\in\mathbb{R}^n$ e $f^*=f(x^*)$. Suponha que todo x, tal que $f(x)=f^*$, é um minimizador local de f. Mostre que x^* é um minimizador global de f.

2.5. Seja $f:\mathbb{R}^2\to\mathbb{R}$ dada por $f(x)=\text{sen } x_1\text{sen } x_2+e^{x_1^2+x_2^2}$. Mostre que $\bar{x}=0$ é ponto estacionário de f. Diga se é minimizador, maximizador ou sela.

2.6. Verifique se a função $f(x)=(x_1+x_2)^2+x_1^3$ tem algum ponto estacionário. Caso afirmativo diga se é minimizador, maximizador ou sela.

2.7. Seja $f:\mathbb{R}^2\to\mathbb{R}$ dada por $f(x)=\dfrac{x_1^2+x_2^2}{e^{x_1^2+x_2^2}}$. Encontre todos os pontos estacionários de f e mostre que tais pontos são extremos globais.

Introdução à otimização

Capítulo 2

2.8. Seja $f:\mathbb{R}^2 \to \mathbb{R}$ dada por $f(x)=x_1^2 + x_2^2 - x_1 x_2^2$. Determine e faça um esboço do conjunto $\{x \in \mathbb{R}^2 \,|\, \nabla^2 f(x) > 0\}$.

2.9. Seja $f:\mathbb{R}^2 \to \mathbb{R}$ dada por $f(x)=x_1^2 - x_1 x_2 + 2x_2^2 - 2x_1 + \dfrac{2}{3}x_2 + e^{x_1+x_2}$.

(a) Mostre que $\bar{x} = \dfrac{1}{3}\begin{pmatrix} 1 \\ -1 \end{pmatrix}$ é um ponto estacionário de f;

(b) Calcule $\nabla^2 f(\bar{x})$ e diga se $\bar{x}$ é minimizador local.

2.10. [13, Exerc. 2.10] Considere o problema irrestrito

$$\begin{aligned} \text{minimizar} \quad & f(x)=x_1^2 - x_1 x_2 + 2x_2^2 - 2x_1 + e^{x_1+x_2} \\ \text{sujeito a} \quad & x \in \mathbb{R}^2. \end{aligned}$$

(a) Verifique que o ponto $\bar{x}=0$ não é ótimo;

(b) Minimize a função a partir de $\bar{x}$ na direção $d = -\nabla f(\bar{x})$.

2.11. [13, Exerc. 2.17] Se for possível, determine a e b de modo que $f(x)=x^3 + ax^2 + bx$ tenha um máximo local em $x = 0$ e um mínimo local em $x = 1$.

2.12. Seja $f:\mathbb{R}^n \to \mathbb{R}$ uma função contínua e coerciva. Dado $a \in \mathbb{R}^n$, mostre que o conjunto $L = \{x \in \mathbb{R}^n \,|\, f(x) \le f(a)\}$ é compacto não vazio.

2.13. Sejam $f:\mathbb{R}^n \to \mathbb{R}$ contínua e $\bar{x} \in \mathbb{R}^n$ tal que $\{x \in \mathbb{R}^n \,|\, f(x) \le f(\bar{x})\}$ é limitado. Mostre que f tem minimizador global.

2.14. Resolva o Exercício 1.23 usando a continuidade da função $x \mapsto \|Ax\|$ na esfera unitária.

2.15. Considere $f:\mathbb{R}^n \to \mathbb{R}$ dada por $f(x)=x^T A x + b^T x$, onde $A \in \mathbb{R}^{n \times n}$ é uma matriz simétrica e $b \in \mathbb{R}^n \setminus \mathrm{Im}(A)$. Prove que f não possui minimizador.

47

Convexidade

Capítulo 3

Dentre as várias classes de funções estudadas em matemática, existe uma que se destaca pelas excelentes propriedades que possui: a classe das funções convexas. Em otimização, a convexidade permite por exemplo concluir que minimizadores locais são globais, ou ainda que pontos estacionários são minimizadores. Algumas referências para este assunto são [3, 19, 38].

3.1 Conjuntos convexos

Os conjuntos convexos constituem o domínio natural para as funções convexas, conforme veremos agora.

Definição 3.1

Um conjunto $C \subset \mathbb{R}^n$ é dito convexo quando dados $x, y \in C$, o segmento $[x,y] = \{(1-t)x + ty \mid t \in [0,1]\}$ estiver inteiramente contido em C.

Na Figura 3.1 ilustramos 2 conjuntos, um convexo e outro não.

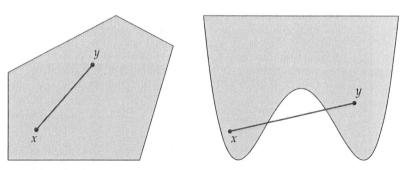

FIGURA 3.1 Conjuntos convexo e não convexo.

◈ Exemplo 3.2

Sejam C_i, $i = 1,\ldots,m$ conjuntos convexos. Então o conjunto $C = \bigcap_{i=1}^{m} C_i$ também é convexo. Por outro lado, a união de convexos não é convexa.

◈ Exemplo 3.3

Mostre que o conjunto solução de um sistema de equações lineares é convexo.

Seja $C = \{x \in \mathbb{R}^n \mid Ax = b\}$. Se $Ax = b$ e $Ay = b$, então $A\big((1-t)x + ty\big) = b$.

Veremos agora alguns resultados que, além de sua importância em análise convexa, podem também ser usados para provar o clássico Lema de Farkas, fundamental para a obtenção das condições de Karush-Kuhn--Tucker para problemas com restrições.

LEMA 3.4

Sejam $u, v \in \mathbb{R}^n$ com $u \neq v$. Se $\|u\|_2 = \|v\|_2 = r$, então $\|(1-t)u + tv\|_2 < r$, para todo $t \in (0,1)$.

DEMONSTRAÇÃO. Pela desigualdade triangular, temos

$$\|(1-t)u + tv\|_2 \leq (1-t)\|u\|_2 + t\|v\|_2 = r.$$

Suponha, por absurdo, que $\|(1-t)u + tv\|_2 = r$. Então

$$(1-t)^2 u^T u + 2t(1-t)u^T v + t^2 v^T v = \|(1-t)u + tv\|_2^2 = r^2.$$

Como $u^T u = v^T v = r^2$ e $t \in (0,1)$, obtemos $u^T v = r^2$. Portanto,

$$\|u - v\|^2 = u^T u - 2u^T v + v^T v = 0,$$

o que é uma contradição. Isto nos permite concluir que $\|(1-t)u + tv\|_2 < r$, completando a demonstração. $\square$

Convexidade

Considere agora um conjunto $S \subset \mathbb{R}^n$, um ponto $z \in \mathbb{R}^n$ e o problema de encontrar um ponto de S mais próximo de z. Este problema pode não ter solução e, quando tem, não garantimos unicidade. No entanto, conforme provaremos a seguir, se S é fechado, então existe solução. Se além de fechado, for convexo, a solução é única e será chamada de projeção de z sobre S, denotada por $\text{proj}_S(z)$. Veja ilustração na Figura 3.2.

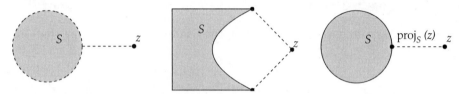

FIGURA 3.2 Minimização da distância de um ponto a um conjunto.

LEMA 3.5

Seja $S \subset \mathbb{R}^n$ um conjunto fechado não vazio. Dado $z \in \mathbb{R}^n$, existe $\bar{z} \in S$ tal que

$$\|z - \bar{z}\| \leq \|z - x\|,$$

para todo $x \in S$.

DEMONSTRAÇÃO. Seja $\alpha = \inf\{\|z - x\| \mid x \in S\}$. Então, para todo $k \in \mathbb{N}$, existe $x^k \in S$ tal que

$$\alpha \leq \|z - x^k\| \leq \alpha + \frac{1}{k}. \qquad (3.1)$$

Em particular, $\|z - x^k\| \leq \alpha + 1$, para todo $k \in \mathbb{N}$. Logo, existe uma subsequência convergente, digamos, $x^k \xrightarrow{\mathbb{N}'} \bar{z}$. Sendo S fechado, temos que $\bar{z} \in S$. Além disso,

$$\|z - x^k\| \xrightarrow{\mathbb{N}'} \|z - \bar{z}\|.$$

Mas por (3.1), $\|z-x^k\| \to \alpha$, donde segue que $\|z-\overline{z}\| = \alpha$, completando a prova. $\square$

Ao contrário do lema anterior, o próximo resultado depende da norma e será estabelecido usando a norma euclidiana.

LEMA 3.6

Seja $S \subset \mathbb{R}^n$ um conjunto não vazio, convexo e fechado. Dado $z \in \mathbb{R}^n$, existe um único $\overline{z} \in S$ tal que

$$\|z-\overline{z}\|_2 \leq \|z-x\|_2$$

para todo $x \in S$.

DEMONSTRAÇÃO. A existência é garantida pelo Lema 3.5. Para provar a unicidade, suponha que existam $\overline{z} \neq \tilde{z}$ em S tais que

$$\|z-\overline{z}\|_2 \leq \|z-x\|_2 \quad \text{e} \quad \|z-\tilde{z}\|_2 \leq \|z-x\|_2, \tag{3.2}$$

para todo $x \in S$. Tomando $x = \tilde{z}$ na primeira desigualdade e $x = \overline{z}$ na segunda, obtemos

$$\|z-\overline{z}\|_2 = \|z-\tilde{z}\|_2.$$

Por outro lado, o ponto $z^* = \dfrac{1}{2}(\overline{z}+\tilde{z})$ está no convexo S. Além disso, pelo Lema 3.4, com $r = \|z-\overline{z}\|_2 = \|z-\tilde{z}\|_2$ e $t = \dfrac{1}{2}$, temos

$$\|z-z^*\|_2 = \|(1-t)(z-\overline{z})+t(z-\tilde{z})\|_2 < r,$$

contradizendo (3.2). $\square$

No contexto do Lema 3.6, denotaremos $\overline{z} = \text{proj}_S(z)$.

Convexidade

Veja a terceira situação na Figura 3.2.

Vejamos agora um dos principais resultados desta seção. Por simplicidade vamos indicar a norma euclidiana por $\|\cdot\|$.

▣ TEOREMA 3.7

Sejam $S \subset \mathbb{R}^n$ um conjunto não vazio, convexo e fechado, $z \in \mathbb{R}^n$ e $\bar{z} = \operatorname{proj}_S(z)$. Então

$$(z-\bar{z})^T(x-\bar{z}) \leq 0,$$

para todo $x \in S$.

DEMONSTRAÇÃO. Considere um ponto arbitrário $x \in S$. Dado $t \in (0,1)$, pela convexidade de S, temos que $(1-t)\bar{z} + tx \in S$. Portanto,

$$\|z-\bar{z}\| \leq \|z-(1-t)\bar{z}-tx\| = \|z-\bar{z}+t(\bar{z}-x)\|.$$

Assim,

$$\|z-\bar{z}\|^2 \leq \|z-\bar{z}+t(\bar{z}-x)\|^2 = \|z-\bar{z}\|^2 + 2t(z-\bar{z})^T(\bar{z}-x) + t^2\|\bar{z}-x\|^2.$$

Como $t > 0$, temos que $2(z-\bar{z})^T(x-\bar{z}) \leq t\|\bar{z}-x\|^2$. Passando o limite quando $t \to 0$, obtemos

$$(z-\bar{z})^T(x-\bar{z}) \leq 0,$$

completando a demonstração (veja ilustração na Figura 3.3). □

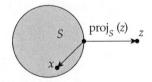

FIGURA 3.3 Ilustração do Teorema 3.7.

A condição dada no Teorema 3.7, além de necessária, é também suficiente para caracterizar a projeção. Isto é provado no seguinte resultado.

LEMA 3.8

Sejam $S \subset \mathbb{R}^n$ um conjunto não vazio, convexo e fechado e $z \in \mathbb{R}^n$. Se $\overline{z} \in S$ satisfaz

$$(z - \overline{z})^T (x - \overline{z}) \leq 0,$$

para todo $x \in S$, então $\overline{z} = \text{proj}_S(z)$.

DEMONSTRAÇÃO. Dado $x \in S$, temos

$$\begin{aligned}
\|z - \overline{z}\|^2 - \|z - x\|^2 \quad &= -2z^T \overline{z} + \overline{z}^T \overline{z} + 2z^T x - x^T x \\
&= (x - \overline{z})^T (2z - x - \overline{z}) \\
&= (x - \overline{z})^T \left(2(z - \overline{z}) - (x - \overline{z})\right) \leq 0.
\end{aligned}$$

Isto prova que $\overline{z} = \text{proj}_S(z)$. $\square$

O Lema 3.8 pode ser usado para se obter uma condição necessária de otimalidade quando se deseja minimizar uma função em um conjunto convexo fechado.

▣ TEOREMA 3.9

Sejam $f : \mathbb{R}^n \to \mathbb{R}$ uma função diferenciável e $C \subset \mathbb{R}^n$ convexo e fechado. Se $x^* \in C$ é minimizador local de f em C, então

$$\text{proj}_C \left(x^* - \alpha \nabla f(x^*)\right) = x^*,$$

para todo $\alpha \geq 0$.

Convexidade

DEMONSTRAÇÃO. Fixado $x \in C$, temos $f(x^*) \leq f((1-t)x^* + tx)$, para todo $t \geq 0$, suficientemente pequeno. Portanto,

$$0 \leq f(x^* + t(x - x^*)) - f(x^*) = t\nabla f(x^*)^T(x - x^*) + r(t),$$

onde $\lim_{t \to 0} \dfrac{r(t)}{t} = 0$. Dividindo por t e passando o limite, obtemos $\nabla f(x^*)^T(x - x^*) \geq 0$. Assim, dado $\alpha \geq 0$, temos

$$\left(x^* - \alpha\nabla f(x^*) - x^*\right)^T (x - x^*) \leq 0.$$

Pelo Lema 3.8, temos o resultado desejado (veja a Figura 3.4). □

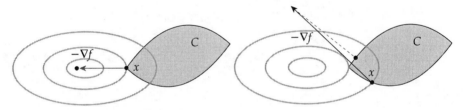

FIGURA 3.4 Ilustração do Teorema 3.9.

A recíproca da afirmação feita no Teorema 3.9 também é verdadeira para uma classe especial de funções, conforme veremos no Teorema 3.15 da próxima seção.

3.2 Funções convexas

As funções que trataremos agora tem ótimas propriedades, particularmente no contexto de otimização.

Definição 3.10

Seja $C \subset \mathbb{R}^n$ um conjunto convexo. Dizemos que a função $f: \mathbb{R}^n \to \mathbb{R}$ é convexa em C quando

$$f\big((1-t)x+ty\big) \leq (1-t)f(x)+tf(y),$$

para todos $x, y \in C$ e $t \in [0,1]$.

Geometricamente, podemos dizer que qualquer arco no gráfico de uma função convexa está sempre abaixo do segmento que liga as extremidades. Veja na Figura 3.5 uma função convexa e outra não convexa.

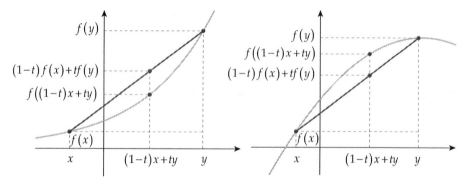

FIGURA 3.5 Funções convexa e não convexa.

Apesar deste conceito ser muito simples, pode não ser tão fácil provar diretamente da definição que uma função é convexa, mesmo ela sendo elementar.

◈ Exemplo 3.11

Mostre, pela definição, que as funções $f, g: \mathbb{R} \to \mathbb{R}$ dadas por $f(x) = x^2$ e $g(x) = e^x$ são convexas.

A convexidade de f decorre de

$$\big(x+t(y-x)\big)^2 = x^2 + 2tx(y-x) + t^2(y-x)^2$$

$$\le x^2 + 2tx(y-x) + t(y-x)^2$$

$$= x^2 + t(y^2 - x^2).$$

Para ver que g é convexa, considere $z = (1-t)x + ty$. Como $e^d \ge 1 + d$, para todo $d \in \mathbb{R}$, fazendo $d = x - z$ e depois $d = y - z$, obtemos

$$e^x \ge e^z + e^z(x-z) \quad \text{e} \quad e^y \ge e^z + e^z(y-z).$$

Multiplicando a primeira desigualdade por $(1-t)$ e a segunda por t, podemos concluir que $e^z \le (1-t)e^x + te^y$.

O teorema seguinte justifica o fato de funções convexas serem muito bem vistas em otimização.

▣ TEOREMA 3.12

Sejam $C \subset \mathbb{R}^n$ convexo e $f : C \to \mathbb{R}$ uma função convexa. Se $x^* \in C$ é minimizador local de f, então x^* é minimizador global de f.

DEMONSTRAÇÃO. Seja $\delta > 0$ tal que $f(x^*) \le f(x)$, para todo $x \in B(x^*, \delta) \cap C$. Dado $y \in C$, $y \notin B(x^*, \delta)$, tome $t > 0$ de modo que $t\|y - x^*\| < \delta$. Assim, o ponto $x = (1-t)x^* + ty$ satisfaz

$$\|x - x^*\| = t\|y - x^*\| < \delta$$

e portanto, $x \in B(x^*, \delta) \cap C$ (veja a Figura 3.6). Deste modo temos

$$f(x^*) \le f(x) \le (1-t)f(x^*) + tf(y),$$

donde segue que $f(x^*) \le f(y)$. $\square$

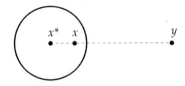

FIGURA 3.6 Ilustração auxiliar para o Teorema 3.12.

Quando temos diferenciabilidade, podemos caracterizar a convexidade de forma mais simples. Apresentamos a seguir dois resultados importantes.

TEOREMA 3.13

Sejam $f : \mathbb{R}^n \to \mathbb{R}$ uma função diferenciável e $C \subset \mathbb{R}^n$ convexo. A função f é convexa em C se, e somente se,

$$f(y) \geq f(x) + \nabla f(x)^T (y - x)$$

para todos $x, y \in C$.

DEMONSTRAÇÃO. Seja f convexa. Para $x, y \in C$ e $t \in (0,1]$ quaisquer, definindo $d = y - x$, temos $x + td \in C$ e

$$f(x+td) = f\big((1-t)x + ty\big) \leq (1-t)f(x) + tf(y).$$

Portanto,

$$f(y) - f(x) \geq \lim_{t \to 0^+} \frac{f(x+td) - f(x)}{t} = \nabla f(x)^T d = \nabla f(x)^T (y - x).$$

Para provar a recíproca, considere $z = (1-t)x + ty$ e observe que

$$f(x) \geq f(z) + \nabla f(z)^T (x - z) \text{ e } f(y) \geq f(z) + \nabla f(z)^T (y - z).$$

Multiplicando a primeira por $(1-t)$ e a segunda por t obtemos

$$(1-t)f(x)+tf(y) \geq f\big((1-t)x+ty\big),$$

completando a demonstração. □

Podemos interpretar geometricamente este resultado dizendo que uma função convexa está sempre acima da sua aproximação linear. Veja a Figura 3.7.

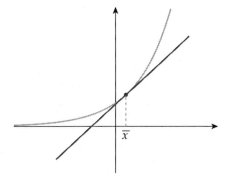

FIGURA 3.7 Aproximação linear de f.

O Teorema 3.13 também tem uma consequência forte em otimização, dada no seguinte resultado.

Corolário 3.14

Sejam $f : \mathbb{R}^n \to \mathbb{R}$ uma função convexa, diferenciável e $C \subset \mathbb{R}^n$ convexo. Se $\nabla f(x^*)^T (y-x^*) \geq 0$, para todo $y \in C$, então x^* é um minimizador global de f em C. Em particular, todo ponto estacionário é minimizador global.

A Figura 3.8 ilustra uma situação que satisfaz as condições do Corolário 3.14 e outra onde isto não se verifica.

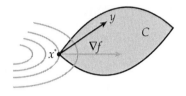 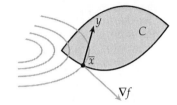

FIGURA 3.8 Ilustração do Corolário 3.14.

Utilizando o resultado anterior podemos provar a recíproca do Teorema 3.9 no caso de f ser convexa.

TEOREMA 3.15

Sejam $f:\mathbb{R}^n \to \mathbb{R}$ uma função convexa diferenciável e $C \subset \mathbb{R}^n$ convexo e fechado. Se

$$\operatorname{proj}_C \left(x^* - \nabla f(x^*)\right) = x^*,$$

então $x^* \in C$ é minimizador global de f em C.

DEMONSTRAÇÃO. Pelo Teorema 3.7, temos

$$-\nabla f(x^*)^T (x - x^*) = \left(x^* - \nabla f(x^*) - x^*\right)^T (x - x^*) \leq 0.$$

Portanto, o Corolário 3.14 garante que $x^* \in C$ é minimizador global de f em C. $\square$

O próximo teorema nos fornece outro critério para caracterizar convexidade.

TEOREMA 3.16

Sejam $f:\mathbb{R}^n \to \mathbb{R}$ uma função de classe $\mathcal{C}^2$ e $C \subset \mathbb{R}^n$ convexo.
  (i) Se $\nabla^2 f(x) \geq 0$, para todo $x \in C$, então f é convexa em C.
  (ii) Se f é convexa em C e $\operatorname{int} C \neq \emptyset$, então $\nabla^2 f(x) \geq 0$, para todo $x \in C$.

Convexidade

Capítulo 3

Demonstração. (i) Dados $x \in C$ e $d \in \mathbb{R}^n$ tal que $x+d \in C$, pelo Teorema 1.58,

$$f(x+d) = f(x) + \nabla f(x)^T d + \frac{1}{2} d^T \nabla^2 f(x+td) d$$

para algum $t \in (0,1)$. Como $\nabla^2 f(x+td) \geq 0$, concluímos que

$$f(x+d) \geq f(x) + \nabla f(x)^T d.$$

Pelo Teorema 3.13, f é convexa.

(ii) Considere primeiro $x \in \text{int} C$. Dado $d \in \mathbb{R}^n$, temos que $x+td \in C$, para t suficientemente pequeno. Portanto, pela convexidade de f, Teorema 3.13 e Teorema 1.55, obtemos

$$0 \leq f(x+td) - f(x) - t\nabla f(x)^T d = \frac{t^2}{2} d^T \nabla^2 f(x) d + r(t),$$

onde $\lim_{t \to 0} \frac{r(t)}{t^2} = 0$. Dividindo por t^2 e passando o limite, obtemos $d^T \nabla^2 f(x) d \geq 0$. Agora considere $x \in C$, arbitrário. Como existe $y \in \text{int} C$, o Exercício 3.1 garante que todos os pontos do segmento $(x,y]$ estão em $\text{int} C$. Pelo que já provamos, dados $d \in \mathbb{R}^n$ e $t \in (0,1]$, vale $d^T \nabla^2 f((1-t)x+ty) d \geq 0$. Fazendo $t \to 0^+$ e usando a continuidade de $\nabla^2 f$, obtemos $d^T \nabla^2 f(x) d \geq 0$, completando a demonstração. $\square$

3.3 Exercícios do capítulo

3.1. Sejam $C \subset \mathbb{R}^n$ convexo, $x \in \bar{C}$ e $y \in \text{int} C$. Mostre que $(x,y] \subset \text{int} C$.

3.2. Mostre que o interior de um conjunto convexo é convexo.

3.3. Sejam $T : \mathbb{R}^n \to \mathbb{R}^m$ linear e $C \subset \mathbb{R}^n$ convexo. Mostre que $T(C)$ é convexo.

3.4. Seja $S \subset \mathbb{R}^n$ convexo. Mostre que o fecho $\overline{S}$ é convexo.

3.5. Seja $S \subset \mathbb{R}^n$ convexo fechado. Mostre que dados $x, y \in \mathbb{R}^n$, temos

$$\|\text{proj}_S(x) - \text{proj}_S(y)\| \le \|x - y\|.$$

3.6. Sejam $a, \overline{x} \in \mathbb{R}^n$, $S \subset \mathbb{R}^n$ convexo fechado e $L = \overline{x} + S = \{\overline{x} + d \mid d \in S\}$. Mostre que L é convexo fechado e que $\text{proj}_L(a) = \overline{x} + \text{proj}_S(a - \overline{x})$.

3.7. Seja $S \subset \mathbb{R}^n$ um subespaço vetorial. Mostre que se $\overline{z} = \text{proj}_S(z)$, então $z - \overline{z} \in S^\perp$.

3.8. Seja $L = \{x \in \mathbb{R}^n \mid Ax + b = 0\}$, onde $A \in \mathbb{R}^{m \times n}$ é tal que $\text{posto}(A) = m$ e $b \in \mathbb{R}^m$. Dado $a \in \mathbb{R}^n$, mostre que $\text{proj}_L(a) = a - A^T(AA^T)^{-1}(Aa + b)$.

3.9. Sejam $C \subset \mathbb{R}^n$ convexo e $f : C \to \mathbb{R}$ convexa. Mostre que o conjunto $\Gamma \subset C$ onde f atinge seu valor mínimo é convexo.

3.10. Sejam $A \in \mathbb{R}^{m \times n}$ e $C = \{x \in \mathbb{R}^n \mid Ax \le 0\}$. Mostre que C é um conjunto convexo.

3.11. Mostre que $\left(\dfrac{x_1}{2} + \dfrac{x_2}{3} + \dfrac{x_3}{12} + \dfrac{x_4}{12} \right)^4 \le \dfrac{x_1^4}{2} + \dfrac{x_2^4}{3} + \dfrac{x_3^4}{12} + \dfrac{x_4^4}{12}$.

3.12. Considere $f : \mathbb{R}^n \to \mathbb{R}$ uma função convexa. Mostre que o conjunto de nível $L = \{x \in \mathbb{R}^n \mid f(x) \le 0\}$ é convexo.

3.13. Seja $C \subset \mathbb{R}^n$ convexo. A função $f : C \to \mathbb{R}$ é convexa se, e somente se, o seu epigrafo $\text{epi}(f) = \left\{ \begin{pmatrix} x \\ y \end{pmatrix} \in \mathbb{R}^{n+1} \mid x \in C, y \ge f(x) \right\}$ é convexo.

3.14. Considere C um conjunto convexo e $f, g : C \to \mathbb{R}$ funções convexas.

(a) Mostre que $f + g$ é convexa;

(b) A diferença $f - g$ é uma função convexa? Justifique;

(c) Que condição sobre $a \in \mathbb{R}$, garante que a função af é convexa?

Convexidade

3.15. Seja $f:\mathbb{R}^2 \to \mathbb{R}$ dada por $f(x)=x_1^2 - x_1 x_2 + 2x_2^2 - 2x_1 + \dfrac{2}{3}x_2 + e^{x_1+x_2}$. Mostre que f é convexa.

3.16. Mostre que $f:(0,\infty)\times\mathbb{R} \to \mathbb{R}$ dada por $f(x)=\dfrac{x_2^2}{x_1}$ é convexa.

3.17. Considere a função quadrática

$$f(x)=\frac{1}{2}x^T A x + b^T x,$$

com $A \in \mathbb{R}^{n\times n}$ simétrica e $b \in \mathbb{R}^n$. Mostre que se f é limitada inferiormente, então A é semidefinida positiva e f possui minimizador global.

3.18. Dentre todos os minimizadores da função f do Exercício 3.17, mostre que existe um único que pertence a $\text{Im}(A)$.

3.19. Refazer o Exemplo 3.11 da Seção 3.2 usando o Teorema 3.13 e também usando o Teorema 3.16.

Algoritmos

Capítulo 4

Em um problema de otimização, dificilmente conseguimos resolver, de forma direta, o sistema (normalmente não linear) de n equações e n incógnitas dado por $\nabla f(x) = 0$. Normalmente, a solução é obtida por meio de um processo iterativo. Consideramos um ponto inicial x^0, obtemos um ponto melhor x^1 e repetimos o processo gerando uma sequência $(x^k) \subset \mathbb{R}^n$ na qual a função objetivo decresce.

Basicamente temos três aspectos concernentes aos métodos de otimização. O primeiro consiste na criação do algoritmo propriamente dito, que deve levar em conta a estrutura do problema e as propriedades satisfeitas pelas soluções, entre outras coisas.

O segundo aspecto se refere às sequências geradas pelo algoritmo, onde a principal questão é se tais sequências realmente convergem para uma solução do problema. Um algoritmo é dito globalmente convergente quando para qualquer sequência (x^k) gerada pelo algoritmo e qualquer ponto de acumulação $\bar{x}$ de (x^k), temos que $\bar{x}$ é estacionário. Apresentamos na Seção 4.3 uma discussão mais detalhada deste conceito.

O terceiro ponto a ser considerado é a velocidade com que a sequência converge para uma solução, o que é conhecido como convergência local (reveja a Seção 1.1.2). Naturalmente, para fins práticos, não basta que uma sequência seja convergente. É preciso que uma aproximação do limite possa ser obtida em um tempo razoável. Deste modo, bons algoritmos são os que geram sequências que convergem rapidamente para uma solução.

Vamos agora descrever um modelo geral de algoritmo para minimizar uma função em $\mathbb{R}^n$. No Capítulo 5, estudaremos algoritmos específicos, analisando os aspectos mencionados acima. Algumas referências para este assunto são [13, 14, 30, 37].

4.1 Algoritmos de descida

Uma forma geral de construir um algoritmo consiste em escolher, a partir de cada ponto obtido, uma direção para dar o próximo passo. Uma possibilidade razoável é determinar uma direção segundo a qual f decresce.

DEFINIÇÃO 4.1

Considere uma função $f : \mathbb{R}^n \to \mathbb{R}$, um ponto $\overline{x} \in \mathbb{R}^n$ e uma direção $d \in \mathbb{R}^n \setminus \{0\}$. Dizemos que d é uma direção de descida para f, a partir de $\overline{x}$, quando existe $\delta > 0$ tal que $f(\overline{x} + td) < f(\overline{x})$, para todo $t \in (0, \delta)$.

Apresentamos abaixo uma condição suficiente para uma direção ser de descida.

▣ TEOREMA 4.2

Se $\nabla f(\overline{x})^T d < 0$, então d é uma direção de descida para f, a partir de $\overline{x}$.

DEMONSTRAÇÃO. Sabemos que

$$\nabla f(\overline{x})^T d = \frac{\partial f}{\partial d}(\overline{x}) = \lim_{t \to 0} \frac{f(\overline{x} + td) - f(\overline{x})}{t}.$$

Pela hipótese e pela preservação do sinal, existe $\delta > 0$ tal que

$$\frac{f(\overline{x} + td) - f(\overline{x})}{t} < 0,$$

para todo $t \in (-\delta, \delta)$, $t \neq 0$. Portanto, $f(\overline{x} + td) < f(\overline{x})$, para todo $t \in (0, \delta)$, o que completa a demonstração. $\square$

Quando $n = 2$ ou $n = 3$, podemos interpretar geometricamente o Teorema 4.2, dizendo que as direções que formam um ângulo obtuso com $\nabla f(\overline{x})$ são de descida. Veja a Figura 4.1.

Algoritmos

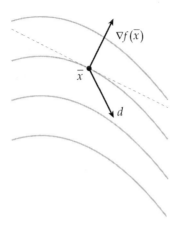

FIGURA 4.1 Ilustração do Teorema 4.2.

◈ **Exemplo 4.3**

Sejam $f:\mathbb{R}^2 \to \mathbb{R}$ dada por $f(x)=\frac{1}{2}(x_1^2-x_2^2)$ e $\bar{x}=\begin{pmatrix}1\\0\end{pmatrix}$. Se $d=\begin{pmatrix}d_1\\d_2\end{pmatrix}$ é tal que $d_1 \leq 0$, então d é uma direção de descida para f, a partir de $\bar{x}$.

Temos $\nabla f(\bar{x})^T d = d_1$. Caso $d_1 < 0$, podemos aplicar o Teorema 4.2 para concluir o que se pede. Entretanto, se $d_1 = 0$, não podemos usar o teorema, mas basta notar que $f(\bar{x}+td)=f(1,td_2)=f(\bar{x})-\frac{(td_2)^2}{2}$. A Figura 4.2 ilustra este caso.

◈ **Exemplo 4.4**

Considere a mesma função do Exemplo 4.3 e $\bar{x}=\begin{pmatrix}0\\-1\end{pmatrix}$. O que podemos dizer sobre $d=\begin{pmatrix}1\\0\end{pmatrix}$?

Não podemos aplicar o Teorema 4.2, pois $\nabla f(\bar{x})^T d = 0$. Procedendo de modo análogo ao exemplo anterior, obtemos $f(\bar{x}+td)=f(t,-1)=f(\bar{x})+\frac{t^2}{2}$. Portanto, a função cresce ao longo de d. A Figura 4.2 ilustra este exemplo.

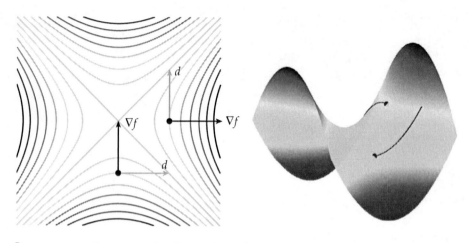

FIGURA 4.2 Ilustração dos Exemplos 4.3 e 4.4.

Os dois exemplos anteriores mostram que nada se pode afirmar, a princípio, quando $\nabla f(\bar{x})^T d = 0$.

Vamos agora apresentar um algoritmo básico para minimizar f e discutir a sua convergência.

ALGORITMO 4.1 ALGORITMO BÁSICO

Dado: $x^0 \in \mathbb{R}^n$

$k = 0$

REPITA enquanto $\nabla f(x^k) \neq 0$

    Calcule d^k tal que $\nabla f(x^k)^T d^k < 0$

    Escolha $t_k > 0$ tal que $f(x^k + t_k d^k) < f(x^k)$

    Faça $x^{k+1} = x^k + t_k d^k$

    $k = k + 1$

O Algoritmo 4.1 ou encontra um ponto estacionário em um número finito de iterações ou gera uma sequência ao longo da qual f decresce. A questão agora é saber se esta sequência tem algum ponto de acumulação e, caso afirmativo, se este ponto é estacionário. Infelizmente, não podemos tirar conclusões boas. Considere $f:\mathbb{R}\to\mathbb{R}$ dada por $f(x)=x^2$ e as sequências $x^k = 1+\dfrac{1}{k+1}$ e $y^k = (-1)^k + \dfrac{(-1)^k}{k+1}$. Ambas podem ser obtidas pelo algoritmo, $x^k \to 1$ e (y^k) têm dois pontos de acumulação, 1 e –1. Entretanto, nenhum desses pontos é estacionário. Veja a Figura 4.3.

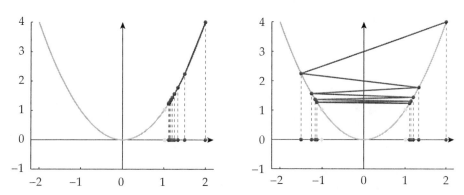

FIGURA 4.3 O Algoritmo 4.1 pode não encontrar um ponto estacionário.

Deste modo, se quisermos garantir convergência, a escolha da direção d^k e do tamanho do passo t_k, no Algoritmo 4.1, não pode ser arbitrária. Discutiremos na próxima seção como obter t_k, tendo uma determinada direção. A determinação de uma direção de busca será tratada no Capítulo 5.

4.2 Métodos de busca unidirecional

Dada uma função $f:\mathbb{R}^n \to \mathbb{R}$, um ponto $\bar{x} \in \mathbb{R}^n$ e uma direção de descida $d \in \mathbb{R}^n$, queremos encontrar $\bar{t} > 0$ tal que

$$f(\bar{x}+\bar{t}d) < f(\bar{x}).$$

Como vimos anteriormente precisamos balancear o tamanho do passo t com o decréscimo promovido em f. Veremos duas abordagens para este problema. A primeira consiste em fazer uma busca exata a partir do ponto $\bar{x}$ segundo a direção d. A segunda procura uma redução suficiente de f que seja de certo modo proporcional ao tamanho do passo.

4.2.1 Busca exata - método da seção áurea

Nosso objetivo neste caso é ambicioso e consiste em minimizar f a partir do ponto $\bar{x}$ na direção d (veja a Figura 4.4). Mais precisamente, temos que resolver o problema

$$\text{minimizar} \quad f(\bar{x}+td) \tag{4.1}$$

$$\text{sujeito a} \quad t>0.$$

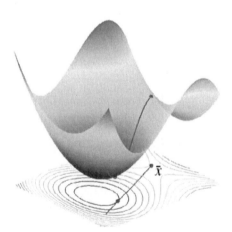

FIGURA 4.4 Busca unidirecional exata.

Este problema é, em geral, difícil de se resolver. Entretanto, para certas funções especiais, existem algoritmos para resolvê-lo. Veremos adiante tais funções, bem como um algoritmo. Antes porém vamos fazer um exemplo que pode ser resolvido de forma direta.

◈ Exemplo 4.5

Considere $f:\mathbb{R}^2 \to \mathbb{R}$ dada por $f(x)=\dfrac{1}{2}(x_1-2)^2+(x_2-1)^2$, $\bar{x}=\begin{pmatrix}1\\0\end{pmatrix}$ e $d=\begin{pmatrix}3\\1\end{pmatrix}$.
Faça a busca exata a partir de $\bar{x}$, na direção d.

Note primeiro que d é de fato uma direção de descida, pois

$$\nabla f(\bar{x})^T d = \begin{pmatrix}-1 & -2\end{pmatrix}\begin{pmatrix}3\\1\end{pmatrix} = -5 < 0.$$

Para fazer a busca, considere

$$\varphi(t) = f(\bar{x}+td) = f(1+3t,t) = \frac{11t^2}{2} - 5t + \frac{3}{2},$$

cujo minimizador satisfaz $\varphi'(t) = 11t - 5 = 0$. Assim,

$$\bar{t} = \frac{5}{11} \quad \text{e} \quad \bar{x}+\bar{t}d = \frac{1}{11}\begin{pmatrix}26\\5\end{pmatrix} \approx \begin{pmatrix}2,36\\0,45\end{pmatrix}.$$

A Figura 4.5 ilustra este exemplo.

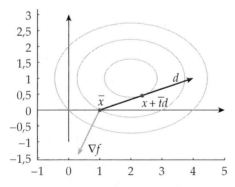

FIGURA 4.5 Ilustração do Exemplo 4.5.

Otimização contínua: Aspectos teóricos e computacionais

Na prática é claro que os problemas são bem mais complexos que o Exemplo 4.5 e só podem ser resolvidos por meio de algoritmos. Vamos agora definir função unimodal, para a qual existem algoritmos para minimizá-la. Em seguida veremos o algoritmo da seção áurea, que encontra um ponto próximo de um minimizador com a precisão que se queira. Este algoritmo será então aplicado para a função $\varphi:[0,\infty) \to \mathbb{R}$ definida por

$$\varphi(t) = f(\bar{x} + td).$$

Definição 4.6

Uma função contínua $\varphi:[0,\infty) \to \mathbb{R}$ é dita unimodal quando admite um conjunto de minimizadores $[t_1, t_2]$, é estritamente decrescente em $[0, t_1]$ e estritamente crescente em $[t_2, \infty)$.

Na Figura 4.6 temos duas funções unimodais. Na segunda o intervalo de minimizadores é degenerado.

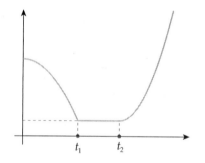 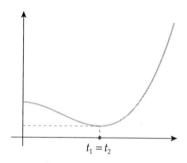

FIGURA 4.6 Exemplos de funções unimodais.

Para facilitar a descrição do algoritmo, vamos considerar a Figura 4.7. Suponha que um minimizador de φ pertence ao intervalo $[a,b]$.

(i) Considere $a < u < v < b$ em $[0, \infty)$;

(ii) Se $\varphi(u) < \varphi(v)$ então o trecho $[v,b]$ não pode conter um minimizador e pode ser descartado;

(iii) Se $\varphi(u) \geq \varphi(v)$ então o trecho $[a,u]$ pode ser descartado;

(iv) Particione o intervalo que ficou e repita o processo.

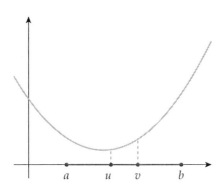

FIGURA 4.7 Seção áurea.

Vamos discutir agora como particionar o intervalo $[a,b]$. A obtenção deste intervalo, que deve conter um minimizador de φ, será tratada adiante.

Uma estratégia que parece natural é dividir o intervalo em três partes iguais, ou seja, definir

$$u = a + \frac{1}{3}(b-a) \quad \text{e} \quad v = a + \frac{2}{3}(b-a).$$

Assim, descartamos $\frac{1}{3}$ do intervalo corrente a cada etapa. Entretanto, esta forma de particionar o intevalo tem uma desvantagem. Precisamos fazer duas novas avaliações de função por etapa, pois o ponto que sobrou, u ou v, não pode ser aproveitado. Veja a Figura 4.8.

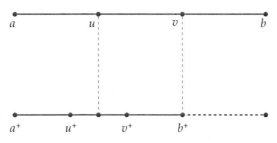

FIGURA 4.8 Partição do intervalo $[a,b]$.

Uma estratégia que veremos ser mais inteligente consiste em escolher os pontos u e v que dividem o segmento $[a,b]$ na razão áurea, de acordo com a seguinte definição.

DEFINIÇÃO 4.7

Um ponto c divide o segmento $[a,b]$ na razão áurea quando a razão entre o maior segmento e o segmento todo é igual à razão entre o menor e o maior dos segmentos. Tal razão é conhecida como o número de ouro e vale $\dfrac{\sqrt{5}-1}{2} \approx 0,618$.

Desta forma, temos que u e v devem satisfazer

$$\frac{b-u}{b-a}=\frac{u-a}{b-u} \quad \text{e} \quad \frac{v-a}{b-a}=\frac{b-v}{v-a}.$$

Considerando θ_1 e θ_2 tais que

$$u=a+\theta_1(b-a) \quad \text{e} \quad v=a+\theta_2(b-a), \tag{4.2}$$

obtemos $1-\theta_1=\dfrac{\theta_1}{1-\theta_1}$ e $\theta_2=\dfrac{1-\theta_2}{\theta_2}$. Portanto,

$$\theta_1=\frac{3-\sqrt{5}}{2}\approx 0,382 \quad \text{e} \quad \theta_2=\frac{\sqrt{5}-1}{2}\approx 0,618.$$

Note que

$$\theta_1+\theta_2=1 \quad \text{e} \quad \theta_2^2=\theta_1. \tag{4.3}$$

Uma das vantagens da divisão na razão áurea em relação à divisão em três partes iguais é que descartamos mais de 38% do intervalo ao invés de 33,33%. Outra vantagem se refere a economia em avaliação de função como veremos a seguir.

No processo iterativo, a cada etapa descartamos o intervalo $[a,u]$ ou $[v,b]$, obtendo um novo segmento que deverá ser particionado novamente. Indicamos por $[a^+,b^+]$ o novo intervalo que será particionado pelos pontos u^+ e v^+.

Conforme veremos no próximo resultado, o ponto u é aproveitado na próxima etapa e passa a ser v^+ quando descartamos $[v,b]$. Assim, o valor da função $\varphi(u)$ é aproveitado para a próxima etapa.

LEMA 4.8

No método da seção áurea, se $[v,b]$ é descartado então $v^+ = u$. Analogamente, se $[a,u]$ é descartado então $u^+ = v$.

DEMONSTRAÇÃO. Como $[v,b]$ foi descartado $b^+ = v$ e $a^+ = a$. Portanto, usando (4.2), temos que

$$v^+ = a^+ + \theta_2(b^+ - a^+) = a + \theta_2(v - a).$$

Usando (4.2) novamente e a relação (4.3), obtemos

$$v^+ = a + \theta_2^2(b - a) = a + \theta_1(b - a) = u,$$

provando a primeira afirmação. A outra afirmação se prova de forma análoga. □

A Figura 4.9 ilustra esta propriedade.

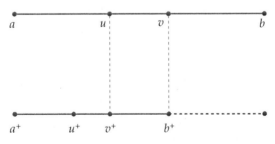

FIGURA 4.9 Partição do intervalo $[a,b]$.

Apresentamos agora o algoritmo da seção áurea, que tem duas fases. Na primeira, obtemos um intervalo $[a,b]$ que contém um minimizador de φ. A ideia desta etapa é considerar um intervalo inicial $[0,2\rho]$, com $\rho>0$, e ampliá-lo, deslocando para a direita, até que um crescimento de φ seja detectado.

Na segunda fase, o intervalo $[a,b]$ é reduzido, por meio do descarte de subintervalos, até que reste um intervalo de tamanho suficiente para que uma precisão ε seja alcançada.

ALGORITMO 4.2 SEÇÃO ÁUREA

Dados: $\varepsilon>0$, $\rho>0$, $\theta_1=\dfrac{3-\sqrt{5}}{2}$, $\theta_2=1-\theta_1$

Fase 1: Obtenção do intervalo $[a,b]$

$a=0$, $s=\rho$ e $b=2\rho$

REPITA enquanto $\varphi(b)<\varphi(s)$

$\quad a=s, s=b$ e $b=2b$

Fase 2: Obtenção de $\bar{t}\in[a,b]$

$u=a+\theta_1(b-a), v=a+\theta_2(b-a)$

REPITA enquanto $(b-a)>\varepsilon$

$\quad$ SE $\varphi(u)<\varphi(v)$

$\qquad b=v, v=u, u=a+\theta_1(b-a)$

$\quad$ SENÃO

$\qquad a=u, u=v, v=a+\theta_2(b-a)$

Defina $\bar{t}=\dfrac{u+v}{2}$

Caso φ seja unimodal, o Algoritmo 4.2 funciona perfeitamente e encontra uma aproximação para um minimizador dentro de uma tolerância dada. Caso a função não seja unimodal, o algoritmo pode não ser eficaz.

Algoritmos

Capítulo 4

Um estudo mais detalhado sobre o método da seção áurea pode ser encontrado em [9].

4.2.2 Busca inexata - condição de Armijo

Em muitas situações não convém aplicar a busca exata, ou porque φ não é unimodal, ou pelo alto custo computacional de se fazer uma busca exata a cada iteração do Algoritmo 4.1. O método de Armijo procura uma boa redução da função ao longo da direção, sem tentar minimizá-la.

Considere então um ponto $\overline{x} \in \mathbb{R}^n$, uma direção de descida $d \in \mathbb{R}^n$ e $\eta \in (0,1)$. Basicamente, a regra de Armijo encontra $\overline{t} > 0$ tal que

$$f(\overline{x} + \overline{t}d) \leq f(\overline{x}) + \eta \overline{t} \nabla f(\overline{x})^T d. \tag{4.4}$$

A condição acima significa que queremos mais que uma simples redução em f. Esta redução deve ser proporcional ao tamanho do passo. O próximo resultado garante que isto pode ser de fato obtido.

▣ TEOREMA 4.9

Considere uma função diferenciável $f : \mathbb{R}^n \to \mathbb{R}$, um ponto $\overline{x} \in \mathbb{R}^n$, uma direção de descida $d \in \mathbb{R}^n$ e $\eta \in (0,1)$. Então existe $\delta > 0$ tal que

$$f(\overline{x} + td) \leq f(\overline{x}) + \eta t \nabla f(\overline{x})^T d,$$

para todo $t \in [0, \delta)$.

DEMONSTRAÇÃO. Caso $\nabla f(\overline{x})^T d = 0$, o resultado segue da definição de direção de descida. Suponha então que $\nabla f(\overline{x})^T d < 0$. Assim, como $\eta < 1$, temos

$$\lim_{t \to 0} \frac{f(\overline{x} + td) - f(\overline{x})}{t} = \nabla f(\overline{x})^T d < \eta \nabla f(\overline{x})^T d.$$

77

Portanto, existe $\delta > 0$ tal que

$$\frac{f(\overline{x}+td)-f(\overline{x})}{t} < \eta \nabla f(\overline{x})^T d,$$

para todo $t \in (0,\delta)$. Isto implica

$$f(\overline{x}+td) \le f(\overline{x}) + \eta t \nabla f(\overline{x})^T d,$$

o que completa a demonstração. $\square$

A condição de Armijo pode parecer artificial mas na realidade pode ser interpretada de forma bem interessante. Considere a função $\varphi : [0,\infty) \to \mathbb{R}$ dada por

$$\varphi(t) = f(\overline{x}+td).$$

A aproximação de primeira ordem de φ em torno de $t = 0$, também chamada de modelo linear, é

$$p(t) = \varphi(0) + t\varphi'(0) = f(\overline{x}) + t\nabla f(\overline{x})^T d.$$

Assim, podemos reescrever a relação (4.4) como

$$\varphi(0) - \varphi(\overline{t}) = f(\overline{x}) - f(\overline{x}+\overline{t}d) \ge \eta\big(p(0)-p(\overline{t})\big).$$

Isto significa que procuramos um passo cuja redução na função objetivo seja pelo menos uma fração η da redução obtida no modelo linear. Veja uma ilustração na Figura 4.10. Note também nesta figura a reta dada por

$$q(t) = f(\overline{x}) + \eta t \nabla f(\overline{x})^T d.$$

Algoritmos

A condição de Armijo é satisfeita para os pontos tais que φ está abaixo de q.

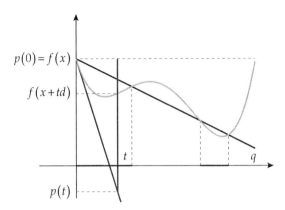

FIGURA 4.10 Interpretação da condição de Armijo.

Tanto do ponto de vista computacional quanto teórico, é importante que o tamanho de passo $\bar{t}$, satisfazendo (4.4), não seja muito pequeno. Uma maneira de garantir tal propriedade consiste em iniciar com $t = 1$ e, se necessário, reduzir t até que (4.4) seja satisfeita. Sintetizamos isto no seguinte algoritmo.

Algoritmo 4.3 Busca de Armijo

Dados: $\bar{x} \in \mathbb{R}^n$, $d \in \mathbb{R}^n$ (direção de descida), $\gamma, \eta \in (0,1)$

$t = 1$

REPITA enquanto $f(\bar{x} + td) > f(\bar{x}) + \eta t \nabla f(\bar{x})^T d$

  $t = \gamma t$

O método de Armijo não encontra um ponto próximo a um minimizador unidirecional, mas é muito eficiente. Para algoritmos bem projetados, faz um número muito pequeno de cálculos de função, sendo portanto muito rápido.

◈ **Exemplo 4.10**

Considere $f : \mathbb{R}^2 \to \mathbb{R}$ dada por $f(x) = \dfrac{1}{2}(x_1 - 2)^2 + (x_2 - 1)^2$, $\bar{x} = \begin{pmatrix} 1 \\ 0 \end{pmatrix}$ e

$d = \begin{pmatrix} 3 \\ 1 \end{pmatrix}$. Faça uma busca de Armijo a partir de $\bar{x}$, na direção d. Utilize

$\eta = \dfrac{1}{4}$ e $\gamma = 0{,}8$.

Temos que d é uma direção de descida, pois

$$\nabla f(\bar{x})^T d = \begin{pmatrix} -1 & -2 \end{pmatrix} \begin{pmatrix} 3 \\ 1 \end{pmatrix} = -5 < 0.$$

Começando com $t = 1$, teremos o passo recusado, pois

$$f(\bar{x} + td) > f(\bar{x}) + \eta t \nabla f(\bar{x})^T d.$$

Então, fazemos $t = 0{,}8 \times 1$, que também é recusado. Enfim, fazendo $t = 0{,}8 \times 0{,}8 = 0{,}64$, teremos o passo aceito. Assim,

$$\bar{t} = 0{,}64 \quad \text{e} \quad \bar{x} + \bar{t}d = \begin{pmatrix} 2{,}92 \\ 0{,}64 \end{pmatrix}.$$

Veja a Figura 4.11, onde também representamos o ponto obtido pela busca exata, x_{ex}. Note que neste caso podemos escrever a relação de Armijo como

$$f(1 + 3t, t) \le f(1, 0) - \dfrac{5}{4}t,$$

o que equivale a $t \le \dfrac{15}{22} \approx 0{,}6818$.

Algoritmos

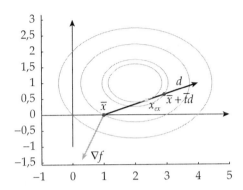

FIGURA 4.11 Ilustração do Exemplo 4.10.

4.3 Convergência global de algoritmos

Nesta seção discutiremos a convergência global de algoritmos de descida. Primeiro, vamos considerar o Algoritmo 4.1 com a direção definida por uma transformação do gradiente via matrizes definidas positivas. Em seguida, apresentaremos uma discussão mais geral sobre convergência de algoritmos, sintetizada no Teorema de Polak [41].

4.3.1 Convergência global de algoritmos de descida

Seja $H : \mathbb{R}^n \to \mathbb{R}^{n \times n}$ uma função contínua que associa a cada $x \in \mathbb{R}^n$ uma matriz definida positiva $H(x) \in \mathbb{R}^{n \times n}$. Assim, se $\nabla f(x) \neq 0$, temos que $d = -H(x)\nabla f(x)$ é uma direção de descida. De fato, $\nabla f(x)^T d = -\nabla f(x)^T H(x) \nabla f(x) < 0$.

Temos assim uma maneira de obter direções de descida para o Algoritmo 4.1. Para facilitar, vamos reescrever o algoritmo com esta escolha da direção de busca. A determinação do tamanho do passo pode ser feita pela busca exata ou de acordo com o critério de Armijo, pelo Algoritmo 4.3.

ALGORITMO 4.4 ALGORITMO DE DESCIDA

Dado: $x^0 \in \mathbb{R}^n$

$$k = 0$$

REPITA enquanto $\nabla f(x^k) \neq 0$

Defina $d^k = -H(x^k)\nabla f(x^k)$

Obtenha $t_k > 0$ tal que $f(x^k + t_k d^k) < f(x^k)$

Faça $x^{k+1} = x^k + t_k d^k$

$k = k + 1$

Vamos analisar a convergência global do Algoritmo 4.4 de acordo com a seguinte definição.

DEFINIÇÃO 4.11

Um algoritmo é dito globalmente convergente quando para qualquer sequência (x^k) gerada pelo algoritmo e qualquer ponto de acumulação $\bar{x}$ de (x^k), temos que $\bar{x}$ é estacionário.

Nos dois teoremas que seguem, vamos supor que a função f, a ser minimizada, é de classe $\mathcal{C}^1$.

TEOREMA 4.12

O Algoritmo 4.4, com o tamanho do passo calculado pela busca exata, é globalmente convergente.

Demonstração. Sejam (x^k) uma sequência gerada pelo algoritmo e $\bar{x}$ um ponto de acumulação de (x^k), digamos $x^k \xrightarrow{N'} \bar{x}$. Suponha por absurdo que $\bar{x}$ não seja estacionário, isto é, $\nabla f(\bar{x}) \neq 0$. Assim, $\bar{d} = -H(\bar{x})\nabla f(\bar{x})$ é uma direção de descida, o que garante a existência de $\bar{t} > 0$ tal que $\beta = f(\bar{x}) - f(\bar{x} + \bar{t}\bar{d}) > 0$. Considere $h : \mathbb{R}^n \to \mathbb{R}$ dada por $h(x) = f(x) - f\left(x - \bar{t}H(x)\nabla f(x)\right)$. Como h é contínua, temos que $h(x^k) \xrightarrow{N'} h(\bar{x}) = \beta$. Portanto,

$$f(x^k) - f(x^k + \bar{t}d^k) = h(x^k) \geq \frac{\beta}{2},$$

Algoritmos

Capítulo 4

para todo $k \in \mathbb{N}'$, suficientemente grande. Deste modo, como t_k foi obtido pela busca exata, podemos concluir que

$$f(x^{k+1}) = f(x^k + t_k d^k) \le f(x^k + \bar{t} d^k) \le f(x^k) - \frac{\beta}{2},$$

ou seja,

$$f(x^k) - f(x^{k+1}) \ge \frac{\beta}{2}, \tag{4.5}$$

para todo $k \in \mathbb{N}'$, suficientemente grande. Por outro lado, pela continuidade de f, temos $f(x^k) \overset{\mathbb{N}'}{\to} f(\bar{x})$. Como a sequência $\left(f(x^k)\right)_{k \in \mathbb{N}}$ é decrescente, o Teorema 1.12 garante que $f(x^k) \to f(\bar{x})$, contradizendo (4.5). $\square$

Se utilizarmos a busca de Armijo para calcular t_k, também podemos garantir a convergência.

▣ TEOREMA 4.13

O Algoritmo 4.4, com o tamanho do passo calculado pela condição de Armijo (Algoritmo 4.3), é globalmente convergente.

DEMONSTRAÇÃO. Sejam (x^k) uma sequência gerada pelo algoritmo e $\bar{x}$ um ponto de acumulação de (x^k), digamos $x^k \overset{\mathbb{N}'}{\to} \bar{x}$. Suponha por absurdo que $\bar{x}$ não seja estacionário, isto é, $\nabla f(\bar{x}) \ne 0$. Pela continuidade de f, temos $f(x^k) \overset{\mathbb{N}'}{\to} f(\bar{x})$. Como a sequência $\left(f(x^k)\right)$ é decrescente, podemos aplicar o Teorema 1.12 para concluir que $f(x^k) \to f(\bar{x})$. Por outro lado, pela condição de Armijo, temos

$$f(x^{k+1}) = f(x^k + t_k d^k) \le f(x^k) + \eta t_k \nabla f(x^k)^T d^k.$$

83

Usando a definição de d^k e a positividade de $H(x^k)$, obtemos

$$f(x^k) - f(x^{k+1}) \geq \eta t_k \nabla f(x^k)^T H(x^k) \nabla f(x^k) \geq 0.$$

Portanto, $t_k \nabla f(x^k)^T H(x^k) \nabla f(x^k) \to 0$. Mas

$$\nabla f(x^k)^T H(x^k) \nabla f(x^k) \xrightarrow{\mathbb{N}'} \nabla f(\bar{x})^T H(\bar{x}) \nabla f(\bar{x}) \neq 0,$$

donde segue que $t_k \xrightarrow{\mathbb{N}'} 0$. Então, $t_k < 1$, para todo $k \in \mathbb{N}'$, suficientemente grande. Pelo Algoritmo 4.3, o passo $\dfrac{t_k}{\gamma}$ existiu e foi recusado. Assim,

$$f(x^k + t_k d^k) \leq f(x^k) + \eta t_k \nabla f(x^k)^T d^k \quad \text{e} \quad f\left(x^k + \frac{t_k}{\gamma} d^k\right) > f(x^k) + \eta \frac{t_k}{\gamma} \nabla f(x^k)^T d^k.$$

Como a função $\xi(t) = f(x^k + t d^k) - f(x^k) - \eta t \nabla f(x^k)^T d^k$ é contínua, o teorema do valor intermediário garante a existência de $s_k \in \left[t_k, \dfrac{t_k}{\gamma} \right]$ tal que $\xi(s_k) = 0$, isto é,

$$f(x^k + s_k d^k) - f(x^k) = \eta s_k \nabla f(x^k)^T d^k.$$

Aplicando agora o teorema do valor médio (Teorema 1.57), obtemos

$$\nabla f(x^k + \theta_k s_k d^k)^T (s_k d^k) = f(x^k + s_k d^k) - f(x^k) = \eta s_k \nabla f(x^k)^T d^k,$$

com $\theta_k \in (0,1)$. Portanto,

$$\nabla f(x^k + \theta_k s_k d^k)^T H(x^k) \nabla f(x^k) = \eta \nabla f(x^k)^T H(x^k) \nabla f(x^k).$$

Como $s_k \xrightarrow{\mathbb{N}'} 0$, pois $s_k \in \left[t_k, \dfrac{t_k}{\gamma} \right]$ e $t_k \xrightarrow{\mathbb{N}'} 0$, podemos concluir que

Algoritmos

Capítulo 4

$$\nabla f(\overline{x})^T H(\overline{x})\nabla f(\overline{x}) = \eta \nabla f(\overline{x})^T H(\overline{x})\nabla f(\overline{x}),$$

o que é uma contradição. $\square$

4.3.2 Teorema de Polak

Apresentamos aqui alguns conceitos gerais sobre convergência de algoritmos. Basicamente, se o passo for eficiente, no sentido de que, perto de um ponto não desejável a função objetivo ``decresce bastante'', então o algoritmo não erra. Esta condição, que será formalizada a seguir, é conhecida como critério de Polak [41] para convergência global de algoritmos.

Definição 4.14

Seja $\Omega \subset \mathbb{R}^n$ e $\mathcal{P}$ uma propriedade qualquer. Dizemos que $\overline{x} \in \Omega$ é desejável quando satisfaz a propriedade $\mathcal{P}$.

Dado um conjunto fechado $\Omega \subset \mathbb{R}^n$ e uma propriedade $\mathcal{P}$, considere o seguinte problema geral

(P) Encontrar um ponto desejável $\overline{x} \in \Omega$.

Definição 4.15

Um algoritmo é dito globalmente convergente quando para qualquer sequência (x^k) gerada pelo algoritmo e qualquer ponto de acumulação $\overline{x}$ de (x^k), temos que $\overline{x}$ é desejável.

Um algoritmo que gera apenas sequências que não têm pontos de acumulação é um algoritmo globalmente convergente. De fato, não podemos encontrar uma sequência gerada pelo algoritmo com um ponto de acumulação não desejável. Veja o Exemplo 4.16.

◈ Exemplo 4.16

O algoritmo

Dado: $x^0 \in \mathbb{R}$

$$k = 0$$

REPITA

$$x^{k+1} = x^k - 1$$

$$k = k + 1$$

gera sequências sem pontos de acumulação, pois $|x^m - x^n| \geq 1$ para todos $m, n \in \mathbb{N}$.

DEFINIÇÃO 4.17

Considere uma função $\varphi : \Omega \to \mathbb{R}$. Dizemos que um algoritmo é de descida para o problema (P), com relação a φ, quando para qualquer sequência (x^k) gerada pelo algoritmo temos $\varphi(x^{k+1}) \leq \varphi(x^k)$, para todo $k \in \mathbb{N}$. Tal função é chamada função de mérito.

▣ TEOREMA 4.18 (Polak)

Considere o problema (P) e suponha que existe uma função de mérito contínua $\varphi : \Omega \to \mathbb{R}$ tal que para toda sequência (x^k) gerada pelo algoritmo e todo ponto $\overline{x} \in \Omega$ não desejável existe uma vizinhança V de $\overline{x}$ e uma constante $\beta > 0$ tais que se $x^k \in V$, então $\varphi(x^{k+1}) \leq \varphi(x^k) - \beta$. Então todo ponto de acumulação de (x^k) é desejável.

DEMONSTRAÇÃO. Sejam (x^k) uma sequência gerada pelo algoritmo e $\overline{x}$ um ponto de acumulação de (x^k), digamos $x^k \overset{N'}{\to} \overline{x}$. Suponha por absurdo que $\overline{x}$ não seja desejável. Então existe uma vizinhança V de $\overline{x}$ e uma constante $\beta > 0$ tais que

$$\varphi(x^{k+1}) \leq \varphi(x^k) - \beta,$$

Algoritmos

Capítulo 4

se $x^k \in V$. Como $x^k \xrightarrow{\mathbb{N}'} \overline{x}$, podemos redefinir $\mathbb{N}'$, se necessário, de modo que $x^k \in V$, para todo $k \in \mathbb{N}'$. Assim,

$$\varphi(x^k) - \varphi(x^{k+1}) \geq \beta, \tag{4.6}$$

para todo $k \in \mathbb{N}'$. Por outro lado, utilizando a continuidade de φ, temos $\varphi(x^k) \xrightarrow{\mathbb{N}'} \varphi(\overline{x})$. Como a sequência $(\varphi(x^k))_{k \in \mathbb{N}}$ é monótona não crescente, podemos aplicar o Teorema 1.12 para concluir que $\varphi(x^k) \to \varphi(\overline{x})$, o que contradiz (4.6). Portanto, $\overline{x}$ é desejável. $\square$

4.4 Exercícios do capítulo

4.1. Considere $f : \mathbb{R}^2 \to \mathbb{R}$ dada por $f(x) = \dfrac{1}{2}(x_1 - 2)^2 + (x_2 - 1)^2$ e $\overline{x} = \begin{pmatrix} 1 \\ 0 \end{pmatrix}$. Mostre que $d = \begin{pmatrix} 0 \\ 1 \end{pmatrix}$ é uma direção de descida para f e faça a busca exata a partir de $\overline{x}$, na direção d.

4.2. Sejam $f : \mathbb{R}^2 \to \mathbb{R}$ dada por $f(x) = \dfrac{1}{2}(x_1^2 + x_2^2)$, $\overline{x} = \begin{pmatrix} 1 \\ 0 \end{pmatrix}$ e $d = \begin{pmatrix} d_1 \\ d_2 \end{pmatrix}$. Mostre que se $d_1 < 0$, então d é uma direção de descida para f, a partir de $\overline{x}$. Estude o caso $d_1 = 0$.

4.3. [13, Exerc. 4.6 e 4.7] Considere $f : \mathbb{R}^n \to \mathbb{R}$ dada por $f(x) = \dfrac{1}{2}x^T A x + b^T x + c$, onde $A \in \mathbb{R}^{n \times n}$ é uma matriz definida positiva, $b \in \mathbb{R}^n$ e $c \in \mathbb{R}$.

(a) Mostre que se $\nabla f(x)^T d = 0$, então a função cresce a partir de x ao longo de d;

(b) Suponha que d é uma direção de descida a partir de x. Mostre que a busca exata fornece $t^* = -\dfrac{\nabla f(x)^T d}{d^T A d}$;

Otimização contínua: Aspectos teóricos e computacionais

(c) Mostre que se t^* satisfaz a condição de Armijo

$$f(x+t^*d) \le f(x) + \eta t^* \nabla f(x)^T d,$$

então $\eta \le \dfrac{1}{2}$.

4.4. [13, Exerc. 6.7] Considere $f : \mathbb{R}^n \to \mathbb{R}$ dada por $f(x) = \dfrac{1}{2} x^T A x + b^T x + c$, onde $A \in \mathbb{R}^{n \times n}$ é uma matriz definida positiva, $b \in \mathbb{R}^n$ e $c \in \mathbb{R}$. Sejam x^* o minimizador de f e $v \in \mathbb{R}^n$ um autovetor de A. Faça uma busca exata a partir do ponto $x = x^* + v$, na direção $d = -\nabla f(x)$. Que ponto é obtido? Qual é a interpretação geométrica deste exercício?

4.5. [13, Exerc. 4.9] Sejam $f : \mathbb{R}^n \to \mathbb{R}$, $f \in C^2$ e $\bar{x} \in \mathbb{R}^n$ tal que $\nabla f(\bar{x}) = 0$ e $\nabla^2 f(\bar{x})$ não é semidefinida positiva. Prove que existe uma direção de descida d em $\bar{x}$.

4.6. Prove que se $[a, u]$ é descartado no algoritmo da seção áurea, então $u^+ = v$.

Métodos de otimização irrestrita

Capítulo 5

No Capítulo 4 vimos modelos gerais de algoritmos com o propósito de resolver o problema irrestrito

$$\text{minimizar} \quad f(x) \tag{5.1}$$
$$\text{sujeito a} \quad x \in \mathbb{R}^n.$$

Vamos agora estudar alguns métodos específicos de minimização para o problema (5.1). Abordaremos aspectos de convergência global, bem como a velocidade de convergência de tais métodos. Para o desenvolvimento dos conceitos neste capítulo suporemos que f é uma função de classe C^2. Algumas referências para este assunto são [13, 14, 23, 30, 37].

5.1 Método do gradiente

Uma das estratégias mais conhecidas para minimizar uma função é o método clássico do gradiente, também chamado método de Cauchy. É um processo iterativo que a cada etapa faz uma busca na direção oposta ao vetor gradiente da função objetivo no ponto corrente. A justificativa desta escolha se baseia no fato de que, dentre as direções ao longo das quais f decresce, a direção oposta ao gradiente é a de decrescimento mais acentuado. De fato, se $d = -\nabla f(x)$ e $v \in \mathbb{R}^n$ é tal que $\|v\| = \|d\|$, então

$$\frac{\partial f}{\partial d}(x) = \nabla f(x)^T d = -\|\nabla f(x)\|^2 = -\|\nabla f(x)\|\|v\| \leq \nabla f(x)^T v = \frac{\partial f}{\partial v}(x).$$

5.1.1 Algoritmo

No algoritmo apresentado a seguir, deixamos em aberto a determinação do tamanho do passo. Dentre as diversas formas de busca existentes, podemos utilizar a busca exata (algoritmo da seção áurea) ou inexata (busca de Armijo) já discutidas anteriormente.

ALGORITMO 5.1 MÉTODO DO GRADIENTE

Dado: $x^0 \in \mathbb{R}^n$

$k = 0$

REPITA enquanto $\nabla f(x^k) \neq 0$

   Defina $d^k = -\nabla f(x^k)$

   Obtenha $t_k > 0$ tal que $f(x^k + t_k d^k) < f(x^k)$

   Faça $x^{k+1} = x^k + t_k d^k$

   $k = k + 1$

Cabe salientar que este algoritmo é exatamente o Algoritmo 4.4, onde consideramos $H(x^k) = I \in \mathbb{R}^{n \times n}$, para todo $k \in \mathbb{N}$. Isto nos permite aplicar aqui a análise de convergência feita no Capítulo 4, conforme veremos no Teorema 5.2.

A Figura 5.1 mostra 4 iterações do algoritmo com a busca exata aplicado para minimizar uma função quadrática convexa. Esta figura sugere duas propriedades do algoritmo. Uma delas, formalizada no Lema 5.1, é o fato de duas direções consecutivas serem ortogonais. A outra propriedade se refere à convergência, que será discutida na próxima seção.

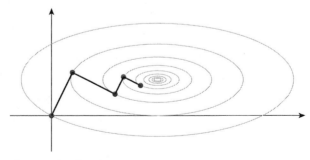

FIGURA 5.1 Passos do algoritmo do gradiente.

Métodos de otimização irrestrita

Capítulo 5

LEMA 5.1

No Algoritmo 5.1, se t_k é obtido por uma minimização local de $f(x^k + td^k)$, então $(d^{k+1})^T d^k = 0$.

DEMONSTRAÇÃO. Definindo $\varphi : \mathbb{R} \to \mathbb{R}$ por $\varphi(t) = f(x^k + td^k)$, temos

$$\varphi'(t_k) = \nabla f(x^k + t_k d^k)^T d^k = \nabla f(x^{k+1})^T d^k.$$

Portanto, como a busca é feita por uma minimização local, concluímos que

$$(d^{k+1})^T d^k = -\nabla f(x^{k+1})^T d^k = -\varphi'(t_k) = 0,$$

o que prova a afirmação. □

5.1.2 Convergência global

A convergência global do algoritmo do gradiente é uma consequência imediata do que foi estabelecido no Capítulo 4.

▣ TEOREMA 5.2

O Algoritmo 5.1, com o tamanho do passo t_k calculado pela busca exata, é globalmente convergente, segundo a Definição 4.11. O mesmo resultado vale se utilizarmos a busca de Armijo para calcular t_k.

DEMONSTRAÇÃO. As afirmações seguem diretamente dos Teoremas 4.12 e 4.13, considerando $H(x) = I \in \mathbb{R}^{n \times n}$. □

Salientamos que a convergência no caso da busca de Armijo é assegurada se utilizarmos o Algoritmo 4.3 para calcular t_k. Caso o tamanho do passo seja escolhido apenas pela relação (4.4), ele pode ficar arbitrariamente pequeno e o algoritmo pode não convergir. Veja o Exercício 5.3 no final do capítulo.

5.1.3 Velocidade de convergência

Os resultados mais importantes sobre a velocidade de convergência do algoritmo do gradiente são revelados quando a função objetivo é quadrática. Vamos então considerar

$$f(x) = \frac{1}{2} x^T A x + b^T x + c,$$ **(5.2)**

com $A \in \mathbb{R}^{n \times n}$ definida positiva, $b \in \mathbb{R}^n$ e $c \in \mathbb{R}$. Assim, f é convexa e tem um único minimizador x^*, que é global e satisfaz

$$A x^* + b = \nabla f(x^*) = 0.$$ **(5.3)**

Mostraremos agora que, usando a norma euclidiana, a sequência gerada pelo Algoritmo 5.1 com busca exata converge linearmente para x^*, com taxa de convergência

$$\sqrt{1 - \frac{\lambda_1}{\lambda_n}},$$

onde λ_1 é o menor e λ_n o maior autovalor de A. Esta abordagem não aparece na literatura clássica de otimização, que estabelece a convergência linear da sequência $\left(f(x^k) \right)$ ou, equivalentemente, a convergência linear da sequência (x^k), na norma induzida pela Hessiana da quadrática. Para mais detalhes sobre esta discussão, veja [35].

Primeiramente, note que o comprimento do passo ótimo é dado por

$$t_k = \frac{(d^k)^T d^k}{(d^k)^T A d^k}.$$ **(5.4)**

De fato, como pode ser visto no Exercício 4.3, basta fazer

Métodos de otimização irrestrita

$$\nabla f(x^k + td^k)^T d^k = \frac{d}{dt} f(x^k + td^k) = 0.$$

Vejamos agora um lema técnico que será útil na análise da velocidade de convergência do método do gradiente, que será feita em seguida.

Lema 5.3

Dado $x \in \mathbb{R}^n$, $x \neq 0$, considere $d = -Ax$. Então,

$$\frac{d^T d}{d^T A d} \leq \frac{x^T A x}{x^T A^2 x}.$$

Demonstração. Temos $x^T A x = d^T A^{-1} d$ e $x^T A^2 x = d^T d$. Portanto,

$$\frac{d^T d}{d^T A d} \frac{x^T A^2 x}{x^T A x} = \frac{(d^T d)^2}{(d^T A d)(d^T A^{-1} d)}.$$

Como A é definida positiva, podemos usar o Lema 1.50 para concluir que

$$\frac{d^T d}{d^T A d} \frac{x^T A^2 x}{x^T A x} \leq 1,$$

completando a prova. $\square$

▣ TEOREMA 5.4

Considere a função quadrática dada em (5.2) e a sequência (x^k) gerada pelo Algoritmo 5.1, com busca exata. Se $\gamma = \sqrt{1 - \dfrac{\lambda_1}{\lambda_n}}$, então

$$\left\| x^{k+1} - x^* \right\|_2 \leq \gamma \left\| x^k - x^* \right\|_2$$

para todo $k \in \mathbb{N}$.

DEMONSTRAÇÃO. Para simplificar a notação, vamos assumir que $x^*=0$ e $f(x^*)=0$, isto é,

$$f(x)=\frac{1}{2}x^T Ax.$$

Isto não tira a generalidade da demonstração em virtude do Exercício 5.6. Temos então $d^k=-\nabla f(x^k)=-Ax^k$, donde segue que

$$\left\|x^{k+1}\right\|_2^2 = (x^k+t_k d^k)^T(x^k+t_k d^k)$$

$$= (x^k)^T x^k + 2t_k(x^k)^T d^k + t_k^2(d^k)^T d^k$$

$$= \left\|x^k\right\|_2^2 - 2t_k(x^k)^T Ax^k + t_k^2(x^k)^T A^2 x^k.$$

Usando (5.4) e o Lema 5.3, obtemos

$$\left\|x^{k+1}\right\|_2^2 \le \left\|x^k\right\|_2^2 - 2t_k(x^k)^T Ax^k + t_k(x^k)^T Ax^k = \left\|x^k\right\|_2^2 - t_k(x^k)^T Ax^k.$$

Caso $x^k=0$ não há nada a fazer. Suponha então que $x^k \ne 0$. Usando novamente (5.4), obtemos

$$\frac{\left\|x^{k+1}\right\|_2^2}{\left\|x^k\right\|_2^2} \le 1 - \frac{(d^k)^T d^k}{(d^k)^T Ad^k}\frac{(x^k)^T Ax^k}{(x^k)^T x^k}.$$

Utilizando o Lema 1.49, segue que

$$\frac{\left\|x^{k+1}\right\|_2^2}{\left\|x^k\right\|_2^2} \le 1 - \frac{\lambda_1}{\lambda_n},$$

completando a prova. $\square$

Métodos de otimização irrestrita

Este teorema tem uma interpretação geométrica interessante. As curvas de nível de f são elipsoides cuja excentricidade depende da diferença entre o maior e o menor autovalor de A. Se $\lambda_1 = \lambda_n$, então as curvas de nível são esferas e a convergência ocorre em um único passo. Entretanto, se $\lambda_1 \ll \lambda_n$, então os elipsoides ficam muito excêntricos e a convergência se dá de forma lenta. Veja ilustração na Figura 5.2.

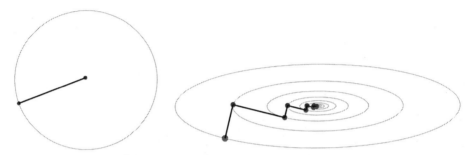

FIGURA 5.2 Excentricidade no algoritmo do gradiente.

Os resultados estabelecidos para funções quadráticas podem ser estendidos para funções gerais, como vemos no seguinte teorema, demonstrado em [30].

▣ TEOREMA 5.5

Seja $f : \mathbb{R}^n \to \mathbb{R}$ de classe $\mathcal{C}^2$. Suponha que $x^* \in \mathbb{R}^n$ seja um minimizador local de f, com $\nabla^2 f(x^*)$ definida positiva, e que a sequência (x^k), gerada pelo algoritmo do gradiente, com busca exata, converge para x^*. Então a sequência $\left(f(x^k)\right)$ converge linearmente para $f(x^*)$ com taxa não superior a $\left(\dfrac{\lambda_n - \lambda_1}{\lambda_n + \lambda_1}\right)^2$, onde λ_1 é o menor e λ_n o maior autovalor de $\nabla^2 f(x^*)$.

5.2 Método de Newton

O método de Newton é uma das ferramentas mais importantes em otimização. Tanto o algoritmo básico, chamado de Newton Puro, quanto suas variantes, que incorporam busca linear, são muito utilizados para resolver sistemas não lineares e também para minimização de funções.

5.2.1 Motivação

Considere uma função $f:\mathbb{R}^n \to \mathbb{R}$ de classe $\mathcal{C}^2$. Nosso objetivo consiste em encontrar um minimizador de f. De acordo com as condições necessárias de otimalidade, devemos resolver o sistema de n equações e n incógnitas dado por $\nabla f(x) = 0$.

Generalizando, considere $F:\mathbb{R}^n \to \mathbb{R}^n$ de classe $\mathcal{C}^1$ e o problema de resolver o sistema (normalmente não linear)

$$F(x) = 0.$$

Como na maioria das vezes não conseguimos resolvê-lo de forma direta, os processos iterativos constituem a forma mais eficiente de lidar com tais situações.

A ideia é aproximar F por seu polinômio de Taylor de primeira ordem. Dada uma estimativa $\overline{x}$, considere o sistema linear

$$F(\overline{x}) + J_F(\overline{x})(x - \overline{x}) = 0, \tag{5.5}$$

onde J_F representa a matriz Jacobiana de F. Caso $J_F(\overline{x})$ seja inversível, o sistema (5.5) pode ser resolvido, fornecendo

$$x^+ = \overline{x} - \left(J_F(\overline{x})\right)^{-1} F(\overline{x}).$$

Isto corresponde a uma iteração do método de Newton para resolução de equações (veja a Figura 5.3).

Métodos de otimização irrestrita

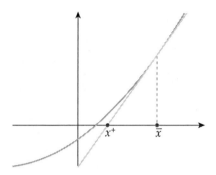

FIGURA 5.3 Uma iteração do método de Newton.

Voltando agora ao problema de minimizar f, aplicamos a estratégia acima para $F = \nabla f$, obtendo

$$x^+ = \bar{x} - \left(\nabla^2 f(\bar{x})\right)^{-1} \nabla f(\bar{x}). \tag{5.6}$$

5.2.2 Algoritmo

Com base na relação (5.6) podemos agora formalizar o método de Newton para minimizar a função f. Basicamente, temos três variantes no algoritmo. Uma delas é o método "puro", onde não fazemos busca unidirecional e aceitamos o passo completo ($t_k = 1$, para todo $k \in \mathbb{N}$). As outras duas fazem uso de busca (exata ou Armijo).

Algoritmo 5.2 Newton

Dado: $x^0 \in \mathbb{R}^n$

$k = 0$

REPITA enquanto $\nabla f(x^k) \neq 0$

   Defina $d^k = -\left(\nabla^2 f(x^k)\right)^{-1} \nabla f(x^k)$

   Determine o tamanho do passo $t_k > 0$

Faça $x^{k+1} = x^k + t_k d^k$

$k = k+1$

Cabe ressaltar que do ponto de vista computacional, o cálculo da direção d^k é feito resolvendo-se o sistema de equações lineares

$$\nabla^2 f(x^k)d = -\nabla f(x^k),$$

que tem um custo computacional menor do que o gasto para inverter uma matriz. Outra observação é que, diferentemente do que acontece no algoritmo do gradiente, o passo de Newton pode não estar bem definido, caso a matriz Hessiana $\nabla^2 f(x^k)$ seja singular. Além disso, mesmo que o passo d^k seja calculado, esta direção pode não ser de descida. Entretanto, se $\nabla^2 f(x^k)$ é definida positiva, então o passo d^k está bem definido e é uma direção de descida.

O passo de Newton também pode ser obtido por uma abordagem diferente da que foi exposta acima. Para isto considere a aproximação de Taylor de segunda ordem de f, dada por

$$p(x) = f(x^k) + \nabla f(x^k)^T (x - x^k) + \frac{1}{2}(x - x^k)^T \nabla^2 f(x^k)(x - x^k).$$

Com o objetivo de minimizar p, fazemos

$$\nabla f(x^k) + \nabla^2 f(x^k)(x - x^k) = \nabla p(x) = 0,$$

obtendo exatamente o passo d^k do Algoritmo 5.2. Desta forma, se $\nabla^2 f(x^k)$ é definida positiva, então o passo de Newton minimiza o modelo quadrático de f em torno de x^k. A Figura 5.4 ilustra esta abordagem. O primeiro gráfico mostra, para $n = 1$, a função e o modelo, bem como os pontos x^k e x^{k+1}. O outro gráfico ilustra o passo para $n = 2$. Neste caso, mostramos as curvas de nível da função e do modelo, bem como os pontos x^k e x^{k+1}.

Métodos de otimização irrestrita

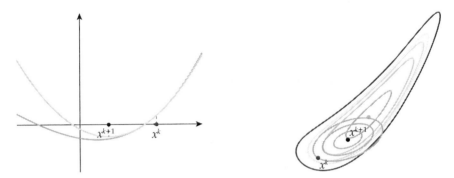

FIGURA 5.4 Uma iteração do método de Newton.

Esta última abordagem sugere que se o método de Newton for aplicado em uma função quadrática, então basta uma iteração para resolver o problema. De fato, considere a quadrática dada em (5.2). Dado $x^0 \in \mathbb{R}^n$, o passo obtido é

$$d^0 = -\left(\nabla^2 f(x^0)\right)^{-1} \nabla f(x^0) = -A^{-1}(Ax^0 + b) = -x^0 - A^{-1}b.$$

Portanto, o minimizador x^* é obtido em um só passo, pois

$$x^1 = x^0 + d^0 = -A^{-1}b = x^*.$$

5.2.3 Convergência

Como já observamos antes, a direção de Newton pode não ser de descida. Portanto, não garantimos convergência global quando o problema a ser resolvido envolver uma função arbitrária. No entanto, para uma classe de funções convexas, podemos tirar conclusões positivas, pois podemos aplicar o que foi estabelecido no Capítulo 4.

TEOREMA 5.6

Suponha que $\nabla^2 f(x)$ é definida positiva, para todo $x \in \mathbb{R}^n$. Então o Algoritmo 5.2, com o tamanho do passo t_k calculado pela busca exata, é

Otimização contínua: Aspectos teóricos e computacionais

globalmente convergente, segundo a Definição 4.11. O mesmo resultado vale se utilizarmos a busca de Armijo para calcular t_k.

DEMONSTRAÇÃO. Note que o algoritmo de Newton pode ser considerado situação particular do Algoritmo 4.4, com $H(x^k) = \left(\nabla^2 f(x^k)\right)^{-1}$, para todo $k \in \mathbb{N}$. Assim, as afirmações feitas seguem diretamente dos Teoremas 4.12 e 4.13. $\square$

Para estabelecer propriedades a respeito da ordem de convergência do método de Newton, vamos precisar dos seguintes resultados.

LEMA 5.7

Suponha que $\nabla^2 f(\overline{x})$ é definida positiva. Então existem constantes $\delta, M > 0$ tais que $\nabla^2 f(x)$ é definida positiva e

$$\left\|\left(\nabla^2 f(x)\right)^{-1}\right\| \leq M,$$

para todo $x \in B(\overline{x}, \delta)$.

DEMONSTRAÇÃO. Seja $\lambda > 0$ o menor autovalor de $\nabla^2 f(\overline{x})$. Pela continuidade de $\nabla^2 f$, existe $\delta > 0$ tal que

$$\left\|\nabla^2 f(x) - \nabla^2 f(\overline{x})\right\| < \frac{\lambda}{2}, \tag{5.7}$$

para todo $x \in B(\overline{x}, \delta)$. Assim, dado $d \in \mathbb{R}^n$, com $\|d\| = 1$, podemos usar o Lema 1.49 e a desigualdade de Cauchy-Schwarz para concluir que

$$d^T \nabla^2 f(x) d = d^T \nabla^2 f(\overline{x}) d + d^T [\nabla^2 f(x) - \nabla^2 f(\overline{x})] d \geq \lambda - \frac{\lambda}{2} = \frac{\lambda}{2},$$

100

Métodos de otimização irrestrita

provando que $\nabla^2 f(x)$ é definida positiva para todo $x \in B(\overline{x}, \delta)$. Para provar a outra afirmação, considere $x \in B(\overline{x}, \delta)$. Vamos denotar $A = \nabla^2 f(\overline{x})$ e $B = \nabla^2 f(x)$. Usando novamente o Lema 1.49, agora aplicado em A^2, obtemos

$$\|Ad\|^2 = d^T A^2 d \geq \lambda^2 \|d\|^2,$$

para todo $d \in \mathbb{R}^n$. Portanto, usando (5.7), concluímos que

$$\|Bd\| = \|Ad + (B-A)d\| \geq \|Ad\| - \|(B-A)d\| \geq \lambda \|d\| - \frac{\lambda}{2}\|d\| = \frac{\lambda}{2}\|d\|.$$

Considere agora $y \in \mathbb{R}^n$, com $\|y\| = 1$. Aplicando a relação acima para $d = B^{-1}y$, concluímos que

$$1 = \|y\| = \|BB^{-1}y\| \geq \frac{\lambda}{2}\|B^{-1}y\|.$$

Portanto, para $M = \dfrac{2}{\lambda}$, temos $\left\|\left(\nabla^2 f(x)\right)^{-1}\right\| = \|B^{-1}\| \leq M$, completando a demonstração. $\square$

LEMA 5.8

Seja $U \subset \mathbb{R}^n$ um conjunto aberto e convexo. Suponha que existe $\beta > 0$ tal que $\sup_{x,y \in U} \|\nabla^2 f(x) - \nabla^2 f(y)\| \leq \beta$. Então

$$\|\nabla f(x) - \nabla f(y) - \nabla^2 f(y)(x-y)\| \leq \beta \|x-y\|,$$

para todos $x, y \in U$.

DEMONSTRAÇÃO. Fixado $y \in U$, considere $h: \mathbb{R}^n \to \mathbb{R}^n$ dada por $h(x) = \nabla f(x) - \nabla^2 f(y)x$. Assim,

$$\|J_h(x)\| = \|\nabla^2 f(x) - \nabla^2 f(y)\| \leq \beta,$$

para todo $x \in U$. Usando a desigualdade do valor médio (Teorema 1.59), obtemos

$$\left\|\nabla f(x) - \nabla f(y) - \nabla^2 f(y)(x-y)\right\| = \left\|h(x) - h(y)\right\| \le \beta \left\|x-y\right\|,$$

completando a demonstração. $\square$

Lema 5.9

Seja $U \subset \mathbb{R}^n$ aberto e convexo. Se $\nabla^2 f$ é Lipschitz com constante L, então

$$\left\|\nabla f(x) - \nabla f(y) - \nabla^2 f(y)(x-y)\right\| \le L \left\|x-y\right\|^2,$$

para todos $x, y \in U$.

Demonstração. Fixados $x, y \in U$, defina $\beta = L\|x-y\|$ e $h: \mathbb{R}^n \to \mathbb{R}^n$ dada por $h(z) = \nabla f(z) - \nabla^2 f(y)z$. Assim, para todo $z \in [x, y]$, temos

$$\left\|J_h(z)\right\| = \left\|\nabla^2 f(z) - \nabla^2 f(y)\right\| \le L\|z-y\| \le L\|x-y\| = \beta.$$

Usando a desigualdade do valor médio, obtemos

$$\left\|\nabla f(x) - \nabla f(y) - \nabla^2 f(y)(x-y)\right\| = \left\|h(x) - h(y)\right\| \le \beta\|x-y\| = L\|x-y\|^2,$$

completando a demonstração. $\square$

O próximo resultado estabelece a convergência quadrática do método de Newton puro, isto é, com $t_k = 1$, para todo $k \in \mathbb{N}$.

▣ TEOREMA 5.10

Seja $f: \mathbb{R}^n \to \mathbb{R}$ de classe $\mathcal{C}^2$. Suponha que $x^* \in \mathbb{R}^n$ seja um minimizador local de f, com $\nabla^2 f(x^*)$ definida positiva. Então existe $\delta > 0$ tal que se

Métodos de otimização irrestrita

Capítulo 5

$x^0 \in B(x^*, \delta)$, o Algoritmo 5.2, aplicado com $t_k = 1$ para todo $k \in \mathbb{N}$, gera uma sequência (x^k) tal que:

(i) $\nabla^2 f(x^k)$ é definida positiva, para todo $k \in \mathbb{N}$;

(ii) (x^k) converge superlinearmente para x^*;

(iii) Se $\nabla^2 f$ é Lipschitz, então a convergência é quadrática.

DEMONSTRAÇÃO. Sejam δ e M as constantes definidas no Lema 5.7 e $U = B(x^*, \delta)$. Assim, se $x^k \in U$, o passo de Newton está bem definido e, como $\nabla f(x^*) = 0$, vale

$$x^{k+1} - x^* = \left(\nabla^2 f(x^k)\right)^{-1} \left(\nabla f(x^*) - \nabla f(x^k) - \nabla^2 f(x^k)(x^* - x^k)\right). \quad \textbf{(5.8)}$$

Podemos diminuir δ, se necessário, de modo que $\sup_{x,y \in U} \|\nabla^2 f(x) - \nabla^2 f(y)\| < \dfrac{1}{2M}$. Pelos Lemas 5.7 e 5.8, concluímos que

$$\|x^{k+1} - x^*\| \le \frac{1}{2}\|x^k - x^*\|. \quad \textbf{(5.9)}$$

Isto prova que a sequência (x^k) está bem definida e que $x^k \in U$, para todo $k \in \mathbb{N}$, donde segue (i). Para ver que a convergência é superlinear, note primeiro que (5.9) implica $x^k \to x^*$. Assim, dado $\varepsilon > 0$, considere $\delta_0 < \delta$ tal que $\sup_{x,y \in U_0} \|\nabla^2 f(x) - \nabla^2 f(y)\| < \dfrac{\varepsilon}{M}$, onde $U_0 = B(x^*, \delta_0)$ e tome $k_0 \in \mathbb{N}$ tal que $x^k \in U_0$, para todo $k \ge k_0$. Aplicando novamente os Lemas 5.7 e 5.8 na relação (5.8), obtemos

$$\|x^{k+1} - x^*\| \le \varepsilon \|x^k - x^*\|,$$

provando assim (ii). Finalmente, se $\nabla^2 f$ é Lipschitz, podemos usar os Lemas 5.7 e 5.9 em (5.8) para obter $\|x^{k+1} - x^*\| \le ML\|x^k - x^*\|^2$, completando a demonstração. $\square$

Otimização contínua: Aspectos teóricos e computacionais

Podemos reescrever os resultados anteriores para o contexto de equações. A próxima seção apresenta a convergência quadrática do método de Newton para resolução de sistemas de equações. Mais ainda, obtemos explicitamente a região na qual se garante a convergência.

5.2.4 Região de convergência

Considere $F:\mathbb{R}^n \to \mathbb{R}^n$ de classe $\mathcal{C}^1$ e o problema de resolver o sistema

$$F(x)=0. \tag{5.10}$$

Como vimos na Seção 5.2.1, caso a matriz Jacobiana $J_F(\overline{x})$ seja inversível, o passo de Newton é dado por

$$d = -\left(J_F(\overline{x})\right)^{-1} F(\overline{x}).$$

Assim, o método pode ser sumarizado no seguinte algoritmo.

ALGORITMO 5.3 NEWTON PARA EQUAÇÕES

Dado: $x^0 \in \mathbb{R}^n$

$k=0$

REPITA enquanto $F(x^k) \neq 0$

> Defina $d^k = -\left(J_F(x^k)\right)^{-1} F(x^k)$
>
> Faça $x^{k+1} = x^k + d^k$
>
> $k = k+1$

Para facilitar a análise de convergência deste método, vamos supor que J_F é Lipschitz com constante L.

Métodos de otimização irrestrita

Capítulo 5

LEMA 5.11

Suponha que $J_F(x^*)$ é inversível, cujo menor valor singular é $\lambda > 0$. Dado $c \in (0,1)$, defina $\delta = \dfrac{c\lambda}{L}$ e $M = \dfrac{1}{(1-c)\lambda}$. Então, $J_F(x)$ é inversível e

$$\left\| (J_F(x))^{-1} \right\| \le M,$$

para todo $x \in B(x^*, \delta)$.

DEMONSTRAÇÃO. Temos

$$\left\| J_F(x^*)d \right\| \ge \lambda \|d\|, \tag{5.11}$$

para todo $d \in \mathbb{R}^n$ e

$$\left\| J_F(x) - J_F(x^*) \right\| \le L \|x - x^*\| < c\lambda, \tag{5.12}$$

para todo $x \in B(x^*, \delta)$. Para concluir, considere $x \in B(x^*, \delta)$, $A = J_F(x^*)$ e $B = J_F(x)$. Assim, usando (5.11) e (5.12), concluímos que

$$\|Bd\| = \|Ad + (B-A)d\| \ge \|Ad\| - \|(B-A)d\| \ge \lambda \|d\| - c\lambda \|d\| = (1-c)\lambda \|d\|,$$

implicando que $J_F(x)$ é inversível. Considere agora $y \in \mathbb{R}^n$, com $\|y\| = 1$. Aplicando a relação acima para $d = B^{-1}y$, concluímos que

$$1 = \|y\| = \|BB^{-1}y\| \ge (1-c)\lambda \|B^{-1}y\|,$$

provando que $\left\| (J_F(x))^{-1} \right\| = \|B^{-1}\| \le \dfrac{1}{(1-c)\lambda}$. $\square$

LEMA 5.12

Seja $U \subset \mathbb{R}^n$ aberto e convexo. Então,

$$\|F(x)-F(y)-J_F(y)(x-y)\| \le \frac{L}{2}\|x-y\|^2 ,$$

para todos $x,y \in U$.

Demonstração. Fazendo $v = x - y$ e utilizando a fórmula de Taylor com resto integral [29], temos

$$F(x)-F(y) = \int_0^1 J_F(y+tv)v\,dt.$$

Portanto,

$$\|F(x)-F(y)-J_F(y)(x-y)\| \le \int_0^1 \|(J_F(y+tv)-J_F(y))v\|\,dt \le \frac{L}{2}\|x-y\|^2 ,$$

completando a demonstração. $\square$

O próximo resultado estabelece a convergência quadrática do método de Newton para equações.

▣ TEOREMA 5.13

Sejam $x^* \in \mathbb{R}^n$ uma raiz de F, com $J_F(x^*)$ inversível e $\delta = \dfrac{2}{3}\dfrac{\lambda}{L}$, onde $\lambda > 0$ é o menor valor singular de $J_F(x^*)$. Se $x^0 \in B(x^*,\delta)$, então o Algoritmo 5.3 gera uma sequência (x^k) tal que $x^k \to x^*$ e a convergência é quadrática.

Demonstração. Se $x^k \in U = B(x^*,\delta)$, então existe $c < \dfrac{2}{3}$ tal que

$$\|x^k - x^*\| < \frac{c\lambda}{L}.$$

Métodos de otimização irrestrita

Pelo Lema 5.11, o passo de Newton está bem definido. Além disso, como $F(x^*)=0$, temos

$$x^{k+1} - x^* = \left(J_F(x^k)\right)^{-1}\left(F(x^*) - F(x^k) - J_F(x^k)(x^* - x^k)\right). \qquad (5.13)$$

Aplicando agora os Lemas 5.11 e 5.12, obtemos

$$\left\|x^{k+1} - x^*\right\| \le \frac{L}{2(1-c)\lambda}\left\|x^k - x^*\right\|^2 \le \frac{c}{2(1-c)}\left\|x^k - x^*\right\|. \qquad (5.14)$$

Como $c < \frac{2}{3}$, temos $\frac{c}{2(1-c)} < 1$ e isto prova que a sequência (x^k) está bem definida, que $x^k \in U$, para todo $k \in \mathbb{N}$ e que $x^k \to x^*$. A convergência quadrática decorre da primeira desigualdade na relação (5.14), completando a demonstração. $\square$

O Teorema 5.10 significa que se o palpite inicial está perto de um minimizador de f, a convergência é muito rápida, o que é uma característica desejável em otimização. Entretanto, o método de Newton tem um alto custo computacional, pois faz uso de derivadas de segunda ordem. No método de Cauchy, o custo é baixo, mas a convergência é lenta. Veremos agora uma classe de métodos que tenta obter as qualidades de ambos.

5.3 Método de direções conjugadas

Métodos de direções conjugadas são métodos de primeira ordem (usam apenas informações da função e do gradiente) com convergência mais rápida que o método de Cauchy e custo computacional menor do que Newton. Enquanto Cauchy pode gastar uma infinidade de passos para resolver uma quadrática, Newton a resolve em um passo. Veremos que os métodos de direções conjugadas minimizam uma quadrática definida em $\mathbb{R}^n$ usando no máximo n passos.

5.3.1 Direções conjugadas

Apresentamos nesta seção a definição e os principais resultados sobre direções conjugadas.

DEFINIÇÃO 5.14

Seja $A \in \mathbb{R}^{n \times n}$ uma matriz definida positiva. Dizemos que os vetores $d^0, d^1, \ldots, d^k \in \mathbb{R}^n \setminus \{0\}$ são A-conjugados se

$$(d^i)^T A d^j = 0,$$

para todos $i, j = 0, 1, \ldots, k$, com $i \neq j$.

Note que, no caso particular onde A é a matriz identidade, vetores A-conjugados são ortogonais no sentido usual. No caso geral, podemos provar a independência linear de vetores A-conjugados.

LEMA 5.15

Seja $A \in \mathbb{R}^{n \times n}$ uma matriz definida positiva. Um conjunto qualquer de vetores A-conjugados é linearmente independente.

DEMONSTRAÇÃO. Sejam $d^0, d^1, \ldots, d^k \in \mathbb{R}^n \setminus \{0\}$ vetores A-conjugados. Considere constantes $a_0, a_1, \ldots, a_k \in \mathbb{R}$ tais que

$$a_0 d^0 + a_1 d^1 + \ldots + a_k d^k = 0.$$

Dado $i \in \{0, 1, \ldots, k\}$, multiplicando os dois membros da igualdade acima por $(d^i)^T A$, obtemos

$$a_i (d^i)^T A d^i = 0,$$

donde segue que $a_i = 0$, pois A é definida positiva. $\square$

Métodos de otimização irrestrita

Capítulo 5

Veremos agora que o conhecimento de direções conjugadas permite obter o minimizador de uma função quadrática. Considere a função $f:\mathbb{R}^n \to \mathbb{R}$ dada por

$$f(x)=\frac{1}{2}x^T Ax+b^T x+c, \tag{5.15}$$

com $A \in \mathbb{R}^{n \times n}$ definida positiva, $b \in \mathbb{R}^n$ e $c \in \mathbb{R}$. A função f tem um único minimizador x^*, que é global e satisfaz

$$Ax^* +b=\nabla f(x^*)=0. \tag{5.16}$$

Dado um conjunto qualquer de direções A-conjugadas $\{d^0,d^1,\dots,d^{n-1}\}$, vamos definir uma sequência finita do seguinte modo: tome $x^0 \in \mathbb{R}^n$ arbitrário e defina para $k=0,1,\dots,n-1$,

$$x^{k+1}=x^k +t_k d^k, \tag{5.17}$$

onde

$$t_k =\arg\min_{t\in\mathbb{R}}\{f(x^k +td^k)\}.$$

Note que a minimização acima é calculada sobre toda a reta e não apenas para valores positivos de t, pois a direção d^k pode não ser de descida para f no ponto x^k. Além disso, como f é quadrática, podemos obter uma fórmula explícita para t_k. Para isso, defina $\varphi:\mathbb{R}\to\mathbb{R}$ por $\varphi(t)=f(x^k +td^k)$. Usando a definição de t_k, obtemos

$$\nabla f(x^{k+1})^T d^k =\nabla f(x^k +t_k d^k)^T d^k =\varphi'(t_k)=0. \tag{5.18}$$

Por outro lado, temos

Otimização contínua: Aspectos teóricos e computacionais

$$\nabla f(x^{k+1}) = A(x^k + t_k d^k) + b = \nabla f(x^k) + t_k A d^k. \qquad \textbf{(5.19)}$$

Substituindo isto em (5.18), obtemos

$$t_k = -\frac{\nabla f(x^k)^T d^k}{(d^k)^T A d^k}. \qquad \textbf{(5.20)}$$

O teorema a seguir mostra que o algoritmo dado por (5.17) minimiza a quadrática definida em (5.15) com no máximo n passos.

▣ TEOREMA 5.16

Considere a função quadrática dada por (5.15) e seu minimizador x^*, definido em (5.16). Dado $x^0 \in \mathbb{R}^n$, a sequência finita definida em (5.17) cumpre $x^n = x^*$.

DEMONSTRAÇÃO. Pelo Lema 5.15, o conjunto $\{d^0, d^1, \ldots, d^{n-1}\}$ é uma base de $\mathbb{R}^n$. Portanto, existem escalares $\alpha_i \in \mathbb{R}$, $i = 0, 1, \ldots, n-1$, tais que

$$x^* - x^0 = \sum_{i=0}^{n-1} \alpha_i d^i. \qquad \textbf{(5.21)}$$

Considere $k \in \{0, 1, \ldots, n-1\}$ arbitrário. Multiplicando a relação (5.21) por $(d^k)^T A$ e levando em conta que as direções são A-conjugadas, temos que

$$(d^k)^T A(x^* - x^0) = \alpha_k (d^k)^T A d^k.$$

Assim,

$$\alpha_k = \frac{(d^k)^T A(x^* - x^0)}{(d^k)^T A d^k}. \qquad \textbf{(5.22)}$$

Métodos de otimização irrestrita

Capítulo 5

Por outro lado, pela definição de x^k em (5.17), temos

$$x^k = x^0 + t_0 d^0 + t_1 d^1 + \cdots + t_{k-1} d^{k-1},$$

que multiplicando por $(d^k)^T A$, implica

$$(d^k)^T A x^k = (d^k)^T A x^0,$$

pois as direções são A-conjugadas. Substituindo isto em (5.22) e usando (5.16), obtemos

$$\alpha_k = -\frac{(d^k)^T (b + A x^k)}{(d^k)^T A d^k} = -\frac{(d^k)^T \nabla f(x^k)}{(d^k)^T A d^k} = t_k.$$

Portanto, de (5.21) segue que

$$x^* = x^0 + \sum_{i=0}^{n-1} t_i d^i = x^n,$$

completando a demonstração. $\square$

Veremos agora um resultado que será usado para provar que o ponto x^k minimiza a quadrática não apenas em uma reta como também na variedade afim de dimensão k, dada por $x^0 + [d^0, d^1, \ldots, d^{k-1}]$.

Lema 5.17

Dado $x^0 \in \mathbb{R}^n$, considere a sequência finita definida em (5.17). Então

$$\nabla f(x^k)^T d^j = 0,$$

para todo $j = 0, 1, \ldots, k-1$.

Otimização contínua: Aspectos teóricos e computacionais

Demonstração. Pela relação (5.18), temos que $\nabla f(x^k)^T d^{k-1} = 0$, provando a afirmação para $j = k-1$. Considere agora $j < k-1$. Usando (5.19) e o fato das direções serem A-conjugadas, obtemos

$$\nabla f(x^k)^T d^j = (\nabla f(x^{k-1}) + t_{k-1}Ad^{k-1})^T d^j = \nabla f(x^{k-1})^T d^j.$$

O resultado desejado segue por indução. $\square$

▣ TEOREMA 5.18

Dado $x^0 \in \mathbb{R}^n$, considere a sequência finita definida em (5.17). Então o ponto x^k minimiza f sobre a variedade afim $C = x^0 + [d^0, d^1, \ldots, d^{k-1}]$.

Demonstração. Note primeiro que, por (5.17), temos $x^k \in C$. Assim,

$$x - x^k \in [d^0, d^1, \ldots, d^{k-1}],$$

para todo $x \in C$. Portanto, pelo Lema 5.17, temos que

$$\nabla f(x^k)^T (x - x^k) = 0.$$

Como f é convexa e C é um conjunto convexo, podemos aplicar o Corolário 3.14 para concluir a demonstração. $\square$

A abordagem clássica do método de direções conjugadas que vimos aqui considera minimização unidirecional e, em seguida, estabelece a equivalência com a minimização em variedades afins de dimensão crescente, partindo de 1 e chegando em n. Contudo, é possível inverter a apresentação destes temas, começando com variedades e depois obtendo minimização unidirecional. Este tratamento, que pode ser encontrado em Conn, Gould e Toint [6], é resumido nos Exercícios 5.14 a 5.17.

Métodos de otimização irrestrita

Capítulo 5

5.3.2 Algoritmo de gradientes conjugados

Vimos na Seção 5.3.1 como obter o minimizador de uma função quadrática estritamente convexa a partir de um conjunto de direções conjugadas. Veremos agora um modo de gerar tais direções.

Dado $x^0 \in \mathbb{R}^n$, defina $d^0 = -\nabla f(x^0)$ e, para $k = 0, 1, \dots, n-2$,

$$d^{k+1} = -\nabla f(x^{k+1}) + \beta_k d^k, \qquad \textbf{(5.23)}$$

onde x^{k+1} é dado por (5.17) e β^k é calculado de modo que d^k e d^{k+1} sejam A-conjugadas, ou seja,

$$(d^k)^T A\left(-\nabla f(x^{k+1}) + \beta_k d^k\right) = (d^k)^T A d^{k+1} = 0.$$

Isto nos fornece

$$\beta_k = \frac{(d^k)^T A \nabla f(x^{k+1})}{(d^k)^T A d^k}. \qquad \textbf{(5.24)}$$

Podemos agora apresentar o algoritmo de gradientes conjugados.

ALGORITMO 5.4 GRADIENTES CONJUGADOS

Dado $x^0 \in \mathbb{R}^n$, faça $d^0 = -\nabla f(x^0)$

$k = 0$

REPITA enquanto $\nabla f(x^k) \neq 0$

$$t_k = -\frac{\nabla f(x^k)^T d^k}{(d^k)^T A d^k}$$

$$x^{k+1} = x^k + t_k d^k$$

$$\beta_k = \frac{(d^k)^T A \nabla f(x^{k+1})}{(d^k)^T A d^k}$$

113

$$d^{k+1} = -\nabla f(x^{k+1}) + \beta_k d^k$$

$$k = k+1$$

Salientamos que o Algoritmo 5.4 está bem definido, isto é, se $\nabla f(x^k) \neq 0$, então $d^k \neq 0$, como pode ser visto pela relação (5.25) a seguir. Assim, o novo ponto pode ser calculado. Outra característica deste algoritmo, que não era necessariamente válida para direções conjugadas em geral, é que as direções geradas aqui são de descida. De fato, usando a relação (5.18), obtemos

$$\nabla f(x^k)^T d^k = \nabla f(x^k)^T \left(-\nabla f(x^k) + \beta_{k-1} d^{k-1}\right) = -\left\|\nabla f(x^k)\right\|^2. \qquad \textbf{(5.25)}$$

O próximo resultado estabelece que as direções geradas pelo algoritmo são, de fato, A-conjugadas e que os gradientes são ortogonais.

▣ TEOREMA 5.19

Se x^k e d^k foram gerados pelo Algoritmo 5.4, então

$$\nabla f(x^k)^T \nabla f(x^j) = 0 \quad \text{e} \quad (d^k)^T A d^j = 0,$$

para todo $j = 0, 1, \ldots, k-1$.

DEMONSTRAÇÃO. Para simplificar a notação, vamos escrever $g_i = \nabla f(x^i)$. O resultado será provado usando indução em k. Para $k = 1$, usando (5.18), obtemos $g_1^T g_0 = -g_1^T d^0 = 0$. Além disso, a definição de β_0 em (5.24) implica $(d^1)^T A d^0 = 0$. Suponha agora que o resultado vale até k. Vamos provar que vale para $k+1$. Pela hipótese de indução, as direções $d^0, d^1, \ldots, d^k$ são A-conjugadas. Assim, podemos aplicar o Lema 5.17 e concluir que $g_{k+1}^T d^j = 0$, para $j = 0, 1, \ldots, k$. Assim, usando (5.23), obtemos

Métodos de otimização irrestrita

$$g_{k+1}^T g_j = g_{k+1}^T \left(-d^j + \beta_{j-1} d^{j-1}\right) = 0, \qquad (5.26)$$

para $j=0,1,\ldots,k$. Finalmente, da definição de β_k em (5.24), temos que $(d^{k+1})^T A d^k = 0$. Além disso, para $j<k$, a hipótese de indução nos fornece

$$(d^{k+1})^T A d^j = \left(-g_{k+1} + \beta_k d^k\right)^T A d^j = -g_{k+1}^T A d^j.$$

Usando a relação (5.19) e o que foi estabelecido em (5.26), obtemos

$$(d^{k+1})^T A d^j = -g_{k+1}^T \left(\frac{g_{j+1} - g_j}{t_j}\right) = 0. \ \square$$

A Figura 5.5 ilustra a aplicação do algoritmo de gradientes conjugados para a minimização de uma função quadrática em $\mathbb{R}^2$. Note a ortogonalidade dos gradientes nos iterandos e que a solução é obtida em 2 passos.

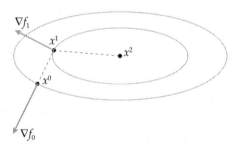

FIGURA 5.5 Minimização de uma quadrática pelo método de gradientes conjugados.

O Teorema 5.19 e os resultados da Seção 5.3.1 garantem que o Algoritmo 5.4 minimiza qualquer quadrática definida em $\mathbb{R}^n$ com no máximo n passos. No entanto, vale dizer que se pode tirar esta conclusão sem apelar para o que foi visto naquela seção. De fato, se o ponto x^n foi gerado pelo algoritmo, então os gradientes $\nabla f(x^j)$, $j=0,1,\ldots,n-1$ são não nulos. Assim, pelo Teorema 5.19, eles formam uma base (ortogonal) de $\mathbb{R}^n$ e

$$\nabla f(x^n)^T \nabla f(x^j) = 0,$$

para todo $j = 0, 1, \ldots, n-1$. Portanto, $\nabla f(x^n) = 0$.

O cálculo de β_k pela fórmula original, dada em (5.24), pode ser caro em virtude dos produtos pela matriz Hessiana. Apresentamos a seguir outras formas de calcular este coeficiente. Uma delas, proposta por Polak e Ribière [42], é dada por

$$\beta_k^{\mathrm{PR}} = \frac{\nabla f(x^{k+1})^T \left(\nabla f(x^{k+1}) - \nabla f(x^k) \right)}{\nabla f(x^k)^T \nabla f(x^k)}, \tag{5.27}$$

enquanto a outra, devida a Fletcher e Reeves [12], considera

$$\beta_k^{\mathrm{FR}} = \frac{\nabla f(x^{k+1})^T \nabla f(x^{k+1})}{\nabla f(x^k)^T \nabla f(x^k)}. \tag{5.28}$$

Tais expressões tem a vantagem computacional de utilizar apenas produto de vetores e coincidem no caso quadrático, o que é estabelecido no próximo teorema. No entanto, para funções não quadráticas tais expressões podem não ser iguais, o que fornece variantes do método de gradientes conjugados, conforme veremos na próxima seção.

▣ TEOREMA 5.20

Se f é uma função quadrática, então as expressões (5.24), (5.27) e (5.28) coincidem, ou seja,

$$\beta_k = \beta_k^{\mathrm{PR}} = \beta_k^{\mathrm{FR}}.$$

DEMONSTRAÇÃO. Usaremos novamente a notação $g_i = \nabla f(x^i)$. Por (5.19), temos que

$$Ad^k = \frac{g_{k+1} - g_k}{t_k}.$$

Métodos de otimização irrestrita

Capítulo 5

Portanto,

$$\beta_k = \frac{g_{k+1}^T A d^k}{(d^k)^T A d^k} = \frac{g_{k+1}^T (g_{k+1} - g_k)}{(d^k)^T (g_{k+1} - g_k)}.$$

Usando o Lema 5.17 e (5.25), obtemos

$$\beta_k = \frac{g_{k+1}^T (g_{k+1} - g_k)}{g_k^T g_k},$$

provando assim a primeira igualdade. A outra expressão segue do fato de que $g_{k+1}^T g_k = 0$, provado no Teorema 5.19. $\square$

5.3.3 Extensão para funções não quadráticas

O método de gradientes conjugados visto na seção anterior pode ser adaptado para minimizar funções não quadráticas. Para tanto, é necessário discutir como calcular o tamanho do passo t^k e o coeficiente β_k. A busca linear, que no caso quadrático era feita de forma fechada pela fórmula (5.20), agora pode ser executada por meio dos métodos unidimensionais discutidos no Capítulo 4, como busca exata (seção áurea) ou inexata (Armijo). Para o cálculo de β_k, podemos utilizar a expressão de Polak-Ribière (5.27) ou de Fletcher-Reeves (5.28). Combinando estas escolhas, obtemos diversas variantes do método.

Cabe ressaltar que estas variantes para funções não quadráticas não terminam necessariamente em n passos. Desta forma é usual considerar uma reinicialização das direções de busca a cada n passos, fazendo $\beta_k = 0$, o que equivale a tomar a direção do gradiente. Tais considerações dão origem ao seguinte algoritmo para minimização irrestrita.

ALGORITMO 5.5 GRADIENTES CONJUGADOS PARA FUNÇÕES NÃO QUADRÁTICAS

Dado $x^0 \in \mathbb{R}^n$, faça $d^0 = -\nabla f(x^0)$

$k = 0$

REPITA enquanto $\nabla f(x^k) \neq 0$

    Calcule o comprimento do passo t_k

    Faça $x^{k+1} = x^k + t_k d^k$

    SE $(k+1) \bmod n \neq 0$

        Calcule β_k por (5.27) ou por (5.28)

    SENÃO

        $\beta_k = 0$

    Defina $d^{k+1} = -\nabla f(x^{k+1}) + \beta_k d^k$

    $k = k + 1$

Note que se t_k for calculado por uma minimização unidirecional local, então as direções geradas pelo Algoritmo 5.5 são de descida, pois a relação (5.25) também se verifica neste caso. Entretanto, a busca de Armijo não assegura tal propriedade. Para contornar esta dificuldade existem salvaguardas que podem ser encontradas com detalhes em [37].

5.3.4 Complexidade algorítmica

Nesta seção veremos que o método de gradientes conjugados para minimização de funções quadráticas tem complexidade algorítmica da ordem $\mathcal{O}\left(\dfrac{1}{k^2}\right)$. Para estabelecer este resultado precisaremos estudar dois conceitos fundamentais, que são os espaços de Krylov e os polinômios de Chebyshev.

Vamos considerar aqui a função quadrática $f : \mathbb{R}^n \to \mathbb{R}$ dada por

$$f(x) = \frac{1}{2} x^T A x + b^T x + c, \qquad \textbf{(5.29)}$$

Métodos de otimização irrestrita

Capítulo 5

com $A \in \mathbb{R}^{n \times n}$ definida positiva, $b \in \mathbb{R}^n$ e $c \in \mathbb{R}$. Como já sabemos, o minimizador de f, indicado por x^*, é global e satisfaz

$$Ax^* + b = \nabla f(x^*) = 0. \qquad (5.30)$$

Espaços de Krylov

Os espaços de Krylov desempenham um papel importante em otimização, tanto no aspecto teórico quanto no computacional. Eles são definidos por potências de A multiplicadas pelo gradiente de f em um ponto dado.

Definição 5.21

Dados $x^0 \in \mathbb{R}^n$ e $k \in \mathbb{N}$, definimos o k-ésimo espaço de Krylov por

$$\mathcal{K}_k = [A(x^0 - x^*), A^2(x^0 - x^*), \ldots, A^k(x^0 - x^*)].$$

Note que, por (5.30), $A(x^0 - x^*) = Ax^0 + b = \nabla f(x^0)$. Assim, podemos escrever o espaço de Krylov como

$$\mathcal{K}_k = [\nabla f(x^0), A\nabla f(x^0), \ldots, A^{k-1}\nabla f(x^0)]. \qquad (5.31)$$

O próximo teorema relaciona o espaço gerado pelos gradientes $\nabla f(x^k)$ e o espaço gerado pelas direções d^k, obtidos pelo algoritmo de gradientes conjugados, com os espaços de Krylov.

▣ TEOREMA 5.22

Considere as sequências (x^k) e (d^k), geradas pelo Algoritmo 5.4. Se o método não termina em x^{k-1}, então

(i) $\mathcal{K}_k = [\nabla f(x^0), \nabla f(x^1), \ldots, \nabla f(x^{k-1})]$;

(ii) $\mathcal{K}_k = [d^0, d^1, \ldots, d^{k-1}]$.

119

Demonstração. Vamos provar simultaneamente (*i*) e (*ii*) por indução. Isto é imediato para $k=1$ em virtude de (5.31). Suponha agora que o teorema é válido para um certo k. Pela relação (5.19), temos

$$\nabla f(x^k) = \nabla f(x^{k-1}) + t_{k-1} A d^{k-1}.$$

Usando a hipótese de indução, podemos concluir que

$$\nabla f(x^{k-1}) \in \mathcal{K}_k \subset \mathcal{K}_{k+1} \quad \text{e} \quad d^{k-1} \in \mathcal{K}_k.$$

Portanto, $A d^{k-1} \in \mathcal{K}_{k+1}$, donde segue que $\nabla f(x^k) \in \mathcal{K}_{k+1}$. Isto prova que

$$[\nabla f(x^0), \nabla f(x^1), \ldots, \nabla f(x^k)] \subset \mathcal{K}_{k+1}.$$

Por outro lado, como o algoritmo não termina em x^k, os gradientes $\nabla f(x^j)$, $j=0,1,\ldots,k$ são não nulos. Assim, pelo Teorema 5.19 eles geram um espaço de dimensão $k+1$. Mas $\dim(\mathcal{K}_{k+1}) \le k+1$. Logo

$$\mathcal{K}_{k+1} = [\nabla f(x^0), \nabla f(x^1), \ldots, \nabla f(x^k)],$$

provando (*i*). Finalmente, pela hipótese de indução, temos $d^{k-1} \in \mathcal{K}_k \subset \mathcal{K}_{k+1}$. Portanto, pelo Algoritmo 5.4 e o que acabamos de provar, obtemos

$$d^k = -\nabla f(x^k) + \beta_{k-1} d^{k-1} \in \mathcal{K}_{k+1}.$$

Além disso, por (5.25), os vetores d^j, $j=0,1,\ldots,k$ são não nulos e pelo Teorema 5.19, são A-conjugados. Consequentemente, pelo Lema 5.15, eles geram um espaço de dimensão $k+1$. Assim,

$$\mathcal{K}_{k+1} = [d^0, d^1, \ldots, d^k],$$

completando a demonstração. $\square$

Métodos de otimização irrestrita

Capítulo 5

Estamos interessados em discutir as propriedades de minimização de f na variedade afim

$$V_k = x^0 + \mathcal{K}_k. \qquad (5.32)$$

Considere $\mathcal{P}_k$ o conjunto dos polinômios $p : \mathbb{R} \to \mathbb{R}$ de grau menor ou igual a k tais que $p(0) = 1$, ou seja,

$$\mathcal{P}_k = \{1 + a_1 t + a_2 t^2 + \cdots + a_k t^k \mid a_i \in \mathbb{R}, i = 1, \ldots, k\}. \qquad (5.33)$$

LEMA 5.23

Temos $x \in V_k$ se, e somente se,

$$x - x^* = p(A)(x^0 - x^*),$$

para algum polinômio $p \in \mathcal{P}_k$.

DEMONSTRAÇÃO. Dado $x \in V_k$ temos

$$x = x^0 + a_1 A(x^0 - x^*) + a_2 A^2 (x^0 - x^*) + \cdots + a_k A^k (x^0 - x^*).$$

Subtraindo x^* de ambos os membros, obtemos

$$x - x^* = (I + a_1 A + a_2 A^2 + \cdots + a_k A^k)(x^0 - x^*).$$

A recíproca se prova de modo análogo. $\square$

LEMA 5.24

Considere $x^k = \arg \min_{x \in V_k} \{f(x)\}$. Então,

$$f(x^k) - f(x^*) \le \frac{1}{2}(x^0 - x^*)^T A\big(p(A)\big)^2 (x^0 - x^*),$$

para todo polinômio $p \in \mathcal{P}_k$.

Demonstração. Considere $p \in \mathcal{P}_k$ arbitrário. Pelo Lema 5.23, o ponto

$$x = x^* + p(A)(x^0 - x^*) \tag{5.34}$$

pertence à variedade V_k. Como x^k é minimizador em V_k, temos $f(x^k) \le f(x)$, donde segue que

$$f(x^k) - f(x^*) \le f(x) - f(x^*). \tag{5.35}$$

Pela definição de f em (5.29) e por (5.30), podemos escrever

$$f(x) - f(x^*) = \frac{1}{2}(x - x^*)^T A(x - x^*).$$

Portanto, substituindo (5.34) nesta última expressão e usando (5.35), obtemos

$$f(x^k) - f(x^*) \le \frac{1}{2}(x^0 - x^*)^T \big(p(A)\big)^T A p(A)(x^0 - x^*).$$

Como A é simétrica, $\big(p(A)\big)^T A = A p(A)$. Assim,

$$f(x^k) - f(x^*) \le \frac{1}{2}(x^0 - x^*)^T A\big(p(A)\big)^2 (x^0 - x^*),$$

completando a demonstração. $\square$

Métodos de otimização irrestrita

Uma consequência do Teorema 5.22 é que a sequência definida no Lema 5.24 coincide com a sequência gerada pelo Algoritmo 5.4. De fato, o Teorema 5.18 pode ser aplicado nas sequências (x^k) e (d^k), geradas pelo algoritmo de gradientes conjugados.

Polinômios de Chebyshev

Estudaremos agora os polinômios de Chebyshev, que desempenham um papel importante em diversos campos da ciência e, particularmente, no estudo da complexidade algorítmica do algoritmo de gradientes conjugados.

Definição 5.25

O polinômio de Chebyshev de grau k, $T_k : [-1,1] \to \mathbb{R}$ é definido por

$$T_k(t) = \cos(k \arccos(t)).$$

Naturalmente, a primeira coisa que devemos fazer é verificar que T_k é, de fato, um polinômio. Isto será consequência imediata do próximo lema.

Lema 5.26

Temos $T_0(t) = 1$ e $T_1(t) = t$, para todo $t \in [-1,1]$. Além disso,

$$T_{k+1}(t) = 2tT_k(t) - T_{k-1}(t),$$

para todo $k \geq 1$.

Demonstração. A primeira parte segue direto da definição. Para provar a relação de recorrência, considere $\theta : [-1,1] \to [0, \pi]$, dada por $\theta(t) = \arccos(t)$. Assim,

$$T_{k+1}(t) = \cos\big((k+1)\theta(t)\big) = \cos\big(k\theta(t)\big)\cos\big(\theta(t)\big) - \operatorname{sen}\big(k\theta(t)\big)\operatorname{sen}\big(\theta(t)\big)$$

e

$$T_{k-1}(t) = \cos((k-1)\theta(t)) = \cos(k\theta(t))\cos(\theta(t)) + \operatorname{sen}(k\theta(t))\operatorname{sen}(\theta(t)).$$

Mas $\cos(k\theta(t)) = T_k(t)$ e $\cos(\theta(t)) = t$. Portanto,

$$T_{k+1}(t) + T_{k-1}(t) = 2tT_k(t),$$

completando a demonstração. □

◈ Exemplo 5.27

Determine os polinômios de Chebyshev T_k, com $k = 0, 1, \ldots, 6$ e faça o gráfico para $k = 1, \ldots, 4$.

Temos $T_0(t) = 1$ e $T_1(t) = t$, para todo $t \in [-1, 1]$. Além disso, pelo Lema 5.26,

$$T_2(t) = 2t^2 - 1 \quad , \quad T_3(t) = 4t^3 - 3t \quad , \quad T_4(t) = 8t^4 - 8t^2 + 1$$

$$T_5(t) = 16t^5 - 20t^3 + 5t \quad \text{e} \quad T_6(t) = 32t^6 - 48t^4 + 18t^2 - 1.$$

A Figura 5.6 ilustra alguns polinômios de Chebyshev.

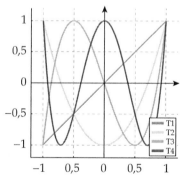

FIGURA 5.6 Gráfico de alguns polinômios de Chebyshev.

Métodos de otimização irrestrita

Capítulo 5

O que vimos no Exemplo 5.27 também sugere algumas propriedades que serão fundamentais aqui. Uma delas é sobre a norma de T_k, definida por

$$\|T_k\| = \sup\left\{|T_k(t)| \,\big|\, t \in [-1,1]\right\}.$$

Lema 5.28

Temos $\|T_k\| = 1$, para todo $k \geq 0$.

Demonstração. Dados $k \geq 0$ e $t \in [-1,1]$, temos $|T_k(t)| = |\cos(k\arccos(t))| \leq 1$. Além disso,

$$T_k(1) = \cos(k\arccos(1)) = \cos(0) = 1,$$

completando a demonstração. $\square$

A outra propriedade diz que o polinômio de Chebyshev de grau k tem a mesma paridade do natural k.

Lema 5.29

Se $T_k(t) = a_k t^k + \cdots + a_2 t^2 + a_1 t + a_0$, então $a_k = 2^{k-1}$. Além disso,

(i) Se k é par, então $a_0 = (-1)^{\frac{k}{2}}$ e $a_{2j-1} = 0$, para todo $j = 1, \ldots, \frac{k}{2}$;

(ii) Se k é ímpar, então $a_1 = (-1)^{\frac{k-1}{2}} k$ e $a_{2j} = 0$, para todo $j = 0, 1, \ldots, \frac{k-1}{2}$.

Demonstração. Vamos provar por indução. O lema é trivialmente verdadeiro para $k = 0$ e $k = 1$. Suponha agora que seja válido para todos os naturais menores ou iguais a k. Vamos provar que o lema vale para $k+1$. Já utilizando a hipótese de indução, considere

$$T_k(t) = 2^{k-1} t^k + \cdots + a_1 t + a_0 \quad \text{e} \quad T_{k-1}(t) = 2^{k-2} t^{k-1} + \cdots + b_1 t + b_0.$$

Pelo Lema 5.26, temos

$$T_{k+1}(t) = 2t(2^{k-1}t^k + \cdots + a_1 t + a_0) - (2^{k-2}t^{k-1} + \cdots + b_1 t + b_0), \qquad \textbf{(5.36)}$$

donde segue a primeira afirmação. Para provar o que falta, considere primeiro $k+1$ par. Então k é ímpar e $k-1$ é par. Assim, pela hipótese de indução, T_k só tem potências ímpares de t e T_{k-1} só potências pares. Deste modo, por (5.36), T_{k+1} terá apenas potências pares de t. Além disso, seu termo independente será

$$-b_0 = -(-1)^{\frac{k-1}{2}} = (-1)^{\frac{k+1}{2}}.$$

Por outro lado, se $k+1$ é ímpar, então k é par e $k-1$ é ímpar. Novamente pela hipótese de indução, T_k só tem potências pares de t e T_{k-1} só potências ímpares. Assim, por (5.36), T_{k+1} terá apenas potências ímpares de t. Além disso, seu termo linear será

$$2ta_0 - b_1 t = 2t(-1)^{\frac{k}{2}} - (-1)^{\frac{k-2}{2}}(k-1)t = (-1)^{\frac{k}{2}}(k+1)t,$$

o que completa a demonstração. $\square$

Uma das consequências do lema anterior é que T_k é uma função par (ímpar) quando k é par (ímpar). Agora veremos uma relação entre polinômios de Chebyshev de grau ímpar e polinômios do conjunto $\mathcal{P}_k$, definido em (5.33).

LEMA 5.30

Sejam $L>0$ e $k \in \mathbb{N}$. Então existe $p \in \mathcal{P}_k$ tal que

$$T_{2k+1}\left(\frac{\sqrt{t}}{\sqrt{L}}\right) = (-1)^k (2k+1) \frac{\sqrt{t}}{\sqrt{L}} p(t),$$

para todo $t \in [0, L]$.

Métodos de otimização irrestrita

DEMONSTRAÇÃO. Pelo Lema 5.29, temos, para todo $t \in [-1,1]$,

$$T_{2k+1}(t) = t\left(2^{2k}t^{2k} + \cdots + (-1)^k(2k+1)\right),$$

onde o polinômio que está no parênteses tem apenas potências pares de t. Portanto,

$$T_{2k+1}\left(\frac{\sqrt{t}}{\sqrt{L}}\right) = \frac{\sqrt{t}}{\sqrt{L}}\left(2^{2k}\left(\frac{t}{L}\right)^k + \cdots + (-1)^k(2k+1)\right),$$

para todo $t \in [0,L]$. Definindo

$$p(t) = \frac{1}{(-1)^k(2k+1)}\left(2^{2k}\left(\frac{t}{L}\right)^k + \cdots + (-1)^k(2k+1)\right),$$

completamos a demonstração. $\square$

Complexidade algorítmica do Algoritmo 5.4

Temos agora todas as ferramentas para obter o principal resultado desta seção. O próximo teorema, provado em [43], garante que a complexidade algorítmica do método de gradientes conjugados para minimização de uma função quadrática convexa é da ordem $\mathcal{O}\left(\frac{1}{k^2}\right)$. Ressaltamos que o método do gradiente tem complexidade da ordem $\mathcal{O}\left(\frac{1}{k}\right)$.

▣ TEOREMA 5.31

Considere a sequência (x^k), gerada pelo Algoritmo 5.4 para minimizar a quadrática definida em (5.29). Então,

$$f(x^k) - f(x^*) \le \frac{L\|x^0 - x^*\|^2}{2(2k+1)^2},$$

onde x^* é o minimizador de f e L o maior autovalor de A.

DEMONSTRAÇÃO. Sendo $d^0, d^1, \ldots, d^{k-1}$ as direções conjugadas geradas pelo Algoritmo 5.4, podemos aplicar o Teorema 5.18 para concluir que x^k é o minimizador de f na variedade afim

$$x^0 + [d^0, d^1, \ldots, d^{k-1}].$$

Por outro lado, pelo Teorema 5.22, temos

$$x^0 + [d^0, d^1, \ldots, d^{k-1}] = V_k,$$

onde V_k é a variedade afim definida em (5.32). Portanto, pelo Lema 5.24 e pelas propriedades de norma, temos que

$$f(x^k) - f(x^*) \leq \frac{1}{2}(x^0 - x^*)^T A(p(A))^2 (x^0 - x^*) \leq \frac{1}{2}\|x^0 - x^*\|^2 \|A(p(A))^2\|, \quad \textbf{(5.37)}$$

para todo polinômio $p \in \mathcal{P}_k$, onde $\mathcal{P}_k$ é definido em (5.33). Além disso, pelos Teoremas 1.51 e 1.52, temos

$$\|A(p(A))^2\| = \max\left\{\lambda(p(\lambda))^2 \mid \lambda \text{ é autovalor de } A\right\}.$$

Considerando o polinômio p, definido no Lema 5.30, e usando o fato de que os autovalores de A estão todos no intervalo $(0, L]$, obtemos

$$\|A(p(A))^2\| \leq \max_{t \in [0,L]}\left\{t(p(t))^2\right\} = \frac{L}{(2k+1)^2} \max_{t \in [0,L]}\left\{T_{2k+1}^2\left(\frac{\sqrt{t}}{\sqrt{L}}\right)\right\}. \quad \textbf{(5.38)}$$

Pelo Lema 5.28,

$$\max_{t \in [0,L]}\left\{T_{2k+1}^2\left(\frac{\sqrt{t}}{\sqrt{L}}\right)\right\} \leq 1,$$

Métodos de otimização irrestrita

que junto com (5.37) e (5.38) nos fornece

$$f(x^k) - f(x^*) \le \frac{L\|x^0 - x^*\|^2}{2(2k+1)^2},$$

completando a demonstração. $\square$

5.4 Métodos quase-Newton

Veremos agora outra classe de métodos que também estão entre Cauchy e Newton no sentido de melhorar a performance em relação a Cauchy e ser computacionalmente mais baratos quando comparados com Newton. A ideia é construir aproximações para a Hessiana da função objetivo ao longo das iterações.

Assim como no caso de direções conjugadas, os métodos quase-Newton também minimizam uma quadrática em um número finito de passos.

5.4.1 O algoritmo básico

O procedimento iterativo que estudaremos para minimizar uma função f considera as direções de busca dadas por

$$d^k = -H_k \nabla f(x^k), \tag{5.39}$$

onde $H_k \in \mathbb{R}^{n \times n}$ é definida positiva. Tal expressão surge de modo natural quando pensamos, como no caso de Newton, em aproximar f por um modelo quadrático em torno de x^k. Entretanto, aqui consideramos

$$m_k(d) = f(x^k) + \nabla f(x^k)^T d + \frac{1}{2} d^T B_k d,$$

onde $B_k \in \mathbb{R}^{n \times n}$ é uma matriz simétrica qualquer ao invés de $\nabla^2 f(x^k)$. Se B_k for definida positiva, o minimizador do modelo quadrático é dado por

$$-B_k^{-1} \nabla f(x^k).$$

Deste modo, obtemos (5.39) escolhendo $B_k = H_k^{-1}$. Mais formalmente, vamos trabalhar em cima do seguinte algoritmo básico.

ALGORITMO 5.6 QUASE-NEWTON

Dados $x^0 \in \mathbb{R}^n$, $H_0 \in \mathbb{R}^{n \times n}$ definida positiva

$k = 0$

REPITA enquanto $\nabla f(x^k) \neq 0$

    Defina $d^k = -H_k \nabla f(x^k)$

    Obtenha $t_k > 0$ que minimiza $f(x^k + t d^k)$ em $[0, \infty)$

    Faça $x^{k+1} = x^k + t_k d^k$

    Determine H_{k+1} definida positiva

    $k = k+1$

Note que se $H_k = I$, a direção de busca é a de Cauchy. Por outro lado, se $H_k = \left(\nabla^2 f(x^k)\right)^{-1}$, temos a direção de Newton.

Veremos adiante duas maneiras clássicas de atualizar a matriz H_k de modo que ao longo das iterações as matrizes obtidas se aproximem da inversa de $\nabla^2 f(x^*)$. O objetivo é utilizar informações de primeira ordem para obter a Hessiana de f.

Para entender uma condição que será imposta sobre as matrizes é instrutivo analisar o que ocorre no caso quadrático. Considere então

$$f(x) = \frac{1}{2} x^T A x + b^T x + c, \qquad \textbf{(5.40)}$$

Métodos de otimização irrestrita

Capítulo 5

com $A \in \mathbb{R}^{n \times n}$ definida positiva, $b \in \mathbb{R}^n$ e $c \in \mathbb{R}$. Dados $x^k, x^{k+1} \in \mathbb{R}^n$ e definindo $p^k = x^{k+1} - x^k$, temos

$$\nabla f(x^{k+1}) = \nabla f(x^k) + A p^k, \qquad (5.41)$$

que pode ser escrito como

$$q^k = A p^k, \qquad (5.42)$$

onde $q^k = \nabla f(x^{k+1}) - \nabla f(x^k)$.

Assim, se obtemos $x^0, x^1, \ldots, x^n$, de modo que os passos $p^0, p^1, \ldots, p^{n-1}$ sejam linearmente independentes e conhecemos os gradientes $\nabla f(x^0), \nabla f(x^1), \ldots, \nabla f(x^n)$, então a inversa A^{-1} fica unicamente determinada, isto é, se uma matriz H satisfaz

$$H q^j = p^j, \qquad (5.43)$$

para todo $j = 0, 1, \ldots, n-1$, então $H = A^{-1}$. De fato, escrevendo $P = (p^0 \ p^1 \ \ldots \ p^{n-1})$ e $Q = (q^0 \ q^1 \ \ldots \ q^{n-1})$, temos por (5.42) e (5.43),

$$HAP = HQ = P,$$

donde segue que $HA = I$.

Em vista da relação (5.43) vamos impor que a matriz H_{k+1}, a ser determinada no Algoritmo 5.6, satisfaça a condição

$$H_{k+1} q^j = p^j, \qquad (5.44)$$

para todo $j = 0, 1, \ldots, k$.

5.4.2 O método DFP

Uma das formas mais conhecidas para a obtenção da matriz H_{k+1} foi proposta por Davidon, Fletcher e Powell. O método, referenciado como DFP, considera correções de posto 2 e tem várias propriedades desejáveis, dentre as quais a positividade, o cumprimento da relação (5.44) e o fato de gerar direções conjugadas, como provaremos adiante.

A fórmula para a nova matriz é dada por

$$H_{k+1} = H_k + \frac{p^k (p^k)^T}{(p^k)^T q^k} - \frac{H_k q^k (q^k)^T H_k}{(q^k)^T H_k q^k}, \qquad \textbf{(5.45)}$$

onde $p^k = x^{k+1} - x^k$ e $q^k = \nabla f(x^{k+1}) - \nabla f(x^k)$. Note que H_{k+1} é obtida a partir de H_k pela soma de duas matrizes de posto 1. O Exercício 5.19 ajuda a entender como obter esta expressão.

Vamos agora apresentar as principais propriedades desta matriz. Naturalmente, a primeira coisa que devemos verificar é que a fórmula está bem definida, ou seja, que os denominadores não se anulam.

LEMA 5.32

Suponha que no Algoritmo 5.6 o tamanho do passo t_k é obtido por uma minimização local de $f(x^k + t d^k)$ e que H_k é definida positiva. Então,

$$(p^k)^T q^k > 0 \ \text{ e } \ (q^k)^T H_k q^k > 0.$$

Além disso, H_{k+1} calculada por (5.45) é definida positiva.

DEMONSTRAÇÃO. Como $t_k > 0$ é minimizador local de $\varphi(t) = f(x^k + t d^k)$, temos

$$\nabla f(x^{k+1})^T p^k = t_k \nabla f(x^{k+1})^T d^k = t_k \varphi'(t_k) = 0.$$

Métodos de otimização irrestrita

Capítulo 5

Portanto,

$$(p^k)^T q^k = (p^k)^T \left(\nabla f(x^{k+1}) - \nabla f(x^k) \right) = t_k \nabla f(x^k)^T H_k \nabla f(x^k) > 0, \qquad \textbf{(5.46)}$$

pois H_k é definida positiva e $\nabla f(x^k) \neq 0$. Em particular, temos $q^k \neq 0$, donde segue que $(q^k)^T H_k q^k > 0$. Para provar que H_{k+1} é definida positiva note que, dado $y \in \mathbb{R}^n \setminus \{0\}$,

$$y^T H_{k+1} y = y^T H_k y + \frac{(y^T p^k)^2}{(p^k)^T q^k} - \frac{(y^T H_k q^k)^2}{(q^k)^T H_k q^k}.$$

Pelo Lema 1.50, existe $Q \in \mathbb{R}^{n \times n}$ tal que $H_k = QQ^T$. Fazendo $u = Q^T y$ e $v = Q^T q^k$, temos que

$$u^T u = y^T H_k y, \, v^T v = (q^k)^T H_k q^k \quad \text{e} \quad u^T v = y^T H_k q^k.$$

Desta forma, usando a desigualdade de Cauchy-Schwarz e (5.46), podemos concluir que

$$y^T H_{k+1} y = \frac{(u^T u)(v^T v) - (u^T v)^2}{v^T v} + \frac{(y^T p^k)^2}{(p^k)^T q^k} \geq 0.$$

Resta verificar que esta soma não se anula. De fato, se a primeira parcela é nula, então existe $\gamma \neq 0$ tal que $u = \gamma v$, o que equivale a $y = \gamma q^k$. Assim,

$$y^T p^k = \gamma (p^k)^T q^k \neq 0,$$

completando a demonstração. $\square$

O Lema 5.32 é válido para funções gerais, não necessariamente quadráticas. No entanto, no caso quadrático podemos provar também que a atualização pelo método DFP tem outras propriedades interessantes.

Otimização contínua: Aspectos teóricos e computacionais

▣ TEOREMA 5.33

Suponha que o Algoritmo 5.6 é aplicado para minimizar a função quadrática dada em (5.40), com t_k obtido por uma minimização local de $f(x^k + td^k)$ e H_{k+1} calculada por (5.45). Então, para todo $j = 0,1,\ldots,k$,

(i) $H_{k+1}q^j = p^j$;

(ii) $\nabla f(x^{k+1})^T d^j = 0$;

(iii) $(d^{k+1})^T Ad^j = 0$;

(iv) $(p^{k+1})^T q^j = (q^{k+1})^T p^j = 0$.

DEMONSTRAÇÃO. Vamos provar por indução em k. Para $k=0$, temos

$$H_1 q^0 = H_0 q^0 + \frac{p^0 (p^0)^T}{(p^0)^T q^0} q^0 - \frac{H_0 q^0 (q^0)^T H_0}{(q^0)^T H_0 q^0} q^0 = p^0.$$

Como $t_0 > 0$ é minimizador local de $\varphi(t) = f(x^0 + td^0)$, temos $\nabla f(x^1)^T d^0 = \varphi'(t_0) = 0$. Usando (5.42) e o que acabamos de provar, obtemos

$$t_0 (d^1)^T Ad^0 = (d^1)^T Ap^0 = -\nabla f(x^1)^T H_1 q^0 = -t_0 \nabla f(x^1)^T d^0 = 0.$$

A última afirmação também segue de (5.42). De fato,

$$(p^1)^T q^0 = (q^1)^T p^0 = (p^1)^T Ap^0 = t_1 t_0 (d^1)^T Ad^0 = 0.$$

Supondo agora que o teorema é válido para $k-1$, vamos provar que vale para k. Para $j=k$, a verificação das afirmações é feita exatamente como fizemos no caso $k=0$, substituindo 0 e 1 por k e $k+1$, respectivamente. Considere então $j \leq k-1$. Pela hipótese de indução,

$$H_k q^j = p^j, \ (p^k)^T q^j = 0 \quad \text{e} \quad (q^k)^T H_k q^j = (q^k)^T p^j = 0.$$

Portanto,

$$H_{k+1}q^j = H_k q^j + \frac{p^k(p^k)^T}{(p^k)^T q^k}q^j - \frac{H_k q^k(q^k)^T H_k}{(q^k)^T H_k q^k}q^j = p^j,$$

provando (i). Usando a relação (5.41) e a hipótese de indução, obtemos

$$\nabla f(x^{k+1})^T d^j = \left(\nabla f(x^k) + Ap^k\right)^T d^j = \nabla f(x^k)^T d^j + t_k(d^k)^T Ad^j = 0,$$

o que prova (*ii*). Para provar (*iii*) basta usar (5.42) e o que acabamos de provar, obtendo

$$t_j(d^{k+1})^T Ad^j = (d^{k+1})^T Ap^j = -\nabla f(x^{k+1})^T H_{k+1}q^j = -t_j\nabla f(x^{k+1})^T d^j = 0.$$

Novamente por (5.42), temos

$$(p^{k+1})^T q^j = (q^{k+1})^T p^j = (p^{k+1})^T Ap^j = t_{k+1}t_j(d^{k+1})^T Ad^j = 0,$$

provando (*iv*) e completando a demonstração. $\square$

Podemos concluir do Teorema 5.33 que o método DFP termina em no máximo n passos, caso em que as direções $d^0, d^1, \ldots, d^{n-1}$ são A-conjugadas, o mesmo valendo para $p^0, p^1, \ldots, p^{n-1}$. Além disso, como H_n satisfaz (5.43), temos que $H_n = A^{-1}$. Outras propriedades do método DFP estão propostas nos Exercícios 5.20 a 5.22.

5.4.3 O método BFGS

Outro modo clássico para atualizar as matrizes no Algoritmo 5.6 é devido a Broyden, Fletcher, Goldfarb e Shanno (BFGS) e também tem boas propriedades teóricas como o método DFP. Além disso o desempenho computacional do método BFGS é superior ao DFP, razão pela qual ele é amplamente utilizado em implementações de algoritmos para problemas de grande porte.

A ideia tem uma certa simetria com a do método DFP. Consiste em olhar para a relação (5.44), mas pensando em uma aproximação para a Hessiana, ao invés da sua inversa. Desta forma, motivados por (5.42), procuramos uma matriz B_{k+1} tal que

$$B_{k+1}p^j = q^j, \tag{5.47}$$

para todo $j = 0,1,\ldots,k$.

Para simplificar a notação e entender melhor como obter a nova matriz, vamos suprimir os índices dos elementos envolvidos. Desta forma, considere $B \in \mathbb{R}^{n \times n}$ definida positiva e $p, q \in \mathbb{R}^n$ tais que $p^T q > 0$. Queremos obter $B_+ \in \mathbb{R}^{n \times n}$ por uma correção simétrica de posto 2 na matriz B, de modo que $B_+ p = q$. Para isto, devem existir escalares $a, b \in \mathbb{R}$ e vetores $u, v \in \mathbb{R}^n$ tais que

$$q = B_+ p = (B + auu^T + bvv^T)p = Bp + a(u^T p)u + b(v^T p)v.$$

Uma possível escolha para satisfazer esta condição é

$$a(u^T p)u = q \quad \text{e} \quad b(v^T p)v = -Bp.$$

Multiplicando por p^T, obtemos $a(u^T p)^2 = p^T q$ e $b(v^T p)^2 = -p^T Bp$. Assim, considerando $a = 1$ e $b = -1$, temos que

$$u = \frac{q}{u^T p} = \frac{q}{\sqrt{p^T q}} \quad \text{e} \quad v = \frac{Bp}{v^T p} = \frac{Bp}{\sqrt{p^T Bp}}.$$

Portanto,

$$B_+ = B + auu^T + bvv^T = B + \frac{qq^T}{p^T q} - \frac{Bpp^T B}{p^T Bp}. \tag{5.48}$$

Métodos de otimização irrestrita

Capítulo 5

Note a relação desta fórmula com a obtida por DFP. Uma segue da outra trocando os papéis de B e H, bem como de p e q.

O método BFGS consiste em escolher a nova H como a inversa de B_+. Isto pode ser feito com auxílio da fórmula de Sherman-Morrison (veja o Exercício 1.24), a saber

$$(Q + uv^T)^{-1} = Q^{-1} - \frac{Q^{-1}uv^T Q^{-1}}{1 + v^T Q^{-1} u}.$$

Aplicando esta fórmula em (5.48), cujos detalhes são deixados para o Exercício 5.23, e voltando com os índices, obtemos

$$H_{k+1}^{BFGS} = H_k + \left(1 + \frac{(q^k)^T H_k q^k}{(p^k)^T q^k}\right)\frac{p^k(p^k)^T}{(p^k)^T q^k} - \frac{p^k(q^k)^T H_k + H_k q^k(p^k)^T}{(p^k)^T q^k}, \qquad \textbf{(5.49)}$$

onde $H_k = B_k^{-1}$.

Apresentamos a seguir algumas propriedades do método BFGS, dentre as quais a positividade. Além disso, no caso quadrático temos terminação finita como ocorre com o método DFP.

Lema 5.34

Suponha que no Algoritmo 5.6 o tamanho do passo t_k é obtido por uma minimização local de $f(x^k + td^k)$ e que H_k é definida positiva. Então $(p^k)^T q^k > 0$ e H_{k+1}^{BFGS} é definida positiva.

Demonstração. A prova de que $(p^k)^T q^k > 0$ é exatamente a mesma feita no Lema 5.32. Para verificar a positividade, note que $H_{k+1}^{BFGS} = B_{k+1}^{-1}$, onde

$$B_{k+1} = B_k + \frac{q^k(q^k)^T}{(p^k)^T q^k} - \frac{B_k p^k(p^k)^T B_k}{(p^k)^T B_k p^k}$$

e $B_k = H_k^{-1}$. Assim, trocando H por B e p por q na prova do Lema 5.32, podemos concluir que H_{k+1}^{BFGS} é definida positiva, completando a demonstração. $\square$

▣ TEOREMA 5.35

Suponha que o Algoritmo 5.6 é aplicado para minimizar a função quadrática dada em (5.40), com t_k obtido pela busca exata e H_{k+1}^{BFGS} calculada por (5.49). Então, para todo $j=0,1,\ldots,k$,

(i) $H_{k+1}^{BFGS}q^j = p^j$;

(ii) $\nabla f(x^{k+1})^T d^j = 0$;

(iii) $(d^{k+1})^T Ad^j = 0$;

(iv) $(p^{k+1})^T q^j = (q^{k+1})^T p^j = 0$.

DEMONSTRAÇÃO. A prova segue exatamente as mesmas ideias usadas no Teorema 5.33, levando em conta que $H_{k+1}^{BFGS} = B_{k+1}^{-1}$, onde

$$B_{k+1} = B_k + \frac{q^k(q^k)^T}{(p^k)^T q^k} - \frac{B_k p^k (p^k)^T B_k}{(p^k)^T B_k p^k}$$

e $B_k = H_k^{-1}$. $\square$

5.5 Método de região de confiança

O método de região de confiança define um modelo da função objetivo e uma região em torno do ponto corrente na qual confiamos no modelo. Calculamos então, um minimizador aproximado do modelo na região de confiança. Caso este ponto forneça uma redução razoável no valor da função objetivo ele é aceito e repete-se o processo. Caso contrário, pode ser que o modelo não represente adequadamente a função. Neste caso, o ponto é recusado e o tamanho da região é reduzido para encontrar um novo minimizador. Em geral, a direção do passo pode mudar quando o

Métodos de otimização irrestrita

Capítulo 5

tamanho da região é alterado. Isto significa que a filosofia deste método é diferente da que aparece nos métodos discutidos anteriormente. A ideia até então era fixar uma direção e, em seguida, determinar quanto caminhar nesta direção para reduzir a função objetivo. Agora, dizemos primeiro quanto podemos caminhar e depois calculamos a direção.

Vamos considerar uma função $f:\mathbb{R}^n \to \mathbb{R}$ de classe $\mathcal{C}^2$ e, dado um ponto $x^k \in \mathbb{R}^n$, o modelo quadrático de f em torno de x^k definido por

$$q_k(x) = f(x^k) + \nabla f(x^k)^T (x - x^k) + \frac{1}{2}(x - x^k)^T B_k (x - x^k),$$

onde $B_k \in \mathbb{R}^{n \times n}$ pode ser a Hessiana $\nabla^2 f(x^k)$ ou qualquer outra matriz simétrica que satisfaça $\|B_k\| \le \beta$, para alguma constante $\beta > 0$, independente de $k \in \mathbb{N}$.

O modelo definido acima aproxima bem a função f numa vizinhança de x^k. Vamos portanto considerar $\Delta_k > 0$ e a região

$$\{x \in \mathbb{R}^n \mid \|x - x^k\| \le \Delta_k\},$$

em que confiamos no modelo. Para simplificar a notação, considere

$$d = x - x^k \ \text{ e } \ m_k(d) = q_k(x^k + d).$$

Na primeira etapa do método, resolvemos (possivelmente de forma aproximada) o subproblema

$$\begin{aligned} \text{minimizar} \quad & m_k(d) = f(x^k) + \nabla f(x^k)^T d + \frac{1}{2} d^T B_k d \\ \text{sujeito a} \quad & \|d\| \le \Delta_k, \end{aligned} \tag{5.50}$$

obtendo um passo d^k. A outra etapa consiste em avaliar o passo. Esperamos que o ponto $x^k + d^k$ proporcione uma redução na função objetivo que seja no mínimo uma fração da redução do modelo. Para formalizar este conceito definimos a redução real na função objetivo e a redução predita pelo modelo como

$$ared = f(x^k) - f(x^k + d^k) \quad e \quad pred = m_k(0) - m_k(d^k).$$

Se o ponto x^k não for estacionário, então $\nabla m_k(0) \neq 0$ e, portanto, a redução predita será positiva. Desta forma, podemos considerar a seguinte razão, que será usada na avaliação do passo.

$$\rho_k = \frac{ared}{pred}. \tag{5.51}$$

O passo d^k será aceito quando a razão ρ_k for maior que uma constante $\eta \geq 0$ dada. Neste caso, definimos $x^{k+1} = x^k + d^k$ e repetimos o processo. Caso contrário, recusamos o passo d^k, reduzimos o raio Δ_k e resolvemos o subproblema (5.50) com o novo raio. A Figura 5.7 ilustra um passo do método de região de confiança. Note que no gráfico da direita o minimizador irrestrito do modelo está na região de confiança. Neste caso, se $B_k = \nabla^2 f(x^k)$, então o passo de região de confiança é exatamente o passo de Newton.

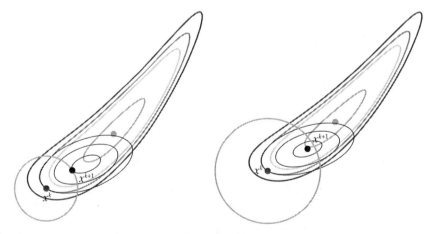

FIGURA 5.7 Uma iteração do método de região de confiança.

Métodos de otimização irrestrita

Capítulo 5

5.5.1 Algoritmo

Vamos agora formalizar a discussão anterior no seguinte algoritmo, que se baseia no proposto em [37]. Também consideramos importante citar [6], uma referência moderna sobre métodos de região de confiança.

ALGORITMO 5.7 REGIÃO DE CONFIANÇA

Dados: $x^0 \in \mathbb{R}^n$, $\Delta_0 > 0$ e $\eta \in [0, \frac{1}{4})$

$k = 0$

REPITA enquanto $\nabla f(x^k) \neq 0$

    Obtenha d^k, solução "aproximada" de (5.50)

    Calcule ρ_k usando (5.51)

    SE $\rho_k > \eta$

        $x^{k+1} = x^k + d^k$

    SENÃO

        $x^{k+1} = x^k$

    SE $\rho_k < \dfrac{1}{4}$

        $\Delta_{k+1} = \dfrac{\Delta_k}{2}$

    SENÃO

        SE $\rho_k > \dfrac{3}{4}$ e $\|d^k\| = \Delta_k$

            $\Delta_{k+1} = 2\Delta_k$

        SENÃO

            $\Delta_{k+1} = \Delta_k$

    $k = k + 1$

Note que aumentamos o raio da região de confiança quando a redução da função objetivo é grande e o passo d^k está na fronteira da região de confiança. Se o passo fica estritamente dentro da região, podemos inferir que o raio atual Δ_k não interfere no progresso do algoritmo e podemos deixar inalterado o seu valor para a próxima iteração.

5.5.2 O passo de Cauchy

Vamos discutir agora como obter uma solução aproximada do subproblema (5.50) que seja suficiente para garantir a convergência global do Algoritmo 5.7. Isto é importante pois muitas vezes não conseguimos resolver o subproblema de forma exata. O passo de Cauchy, que definiremos abaixo, fornece uma redução no modelo que nos permite provar a convergência do algoritmo.

Para facilitar o desenvolvimento, vamos denotar $g_k = \nabla f(x^k)$. Definimos o passo de Cauchy como sendo o minimizador de m_k ao longo da direção oposta ao gradiente, sujeito à região de confiança, isto é,

$$d_c^k = -t_k g_k, \tag{5.52}$$

onde $t_k > 0$ é solução do problema

$$\text{minimizar} \quad m_k(-tg_k) = f(x^k) - t\|g_k\|^2 + \frac{1}{2}t^2 g_k^T B_k g_k$$
$$\text{sujeito a} \quad \|tg_k\| \le \Delta_k. \tag{5.53}$$

A Figura 5.8 mostra o ponto de Cauchy em uma iteração k. Nesta figura, as elipses representam as curvas de nível do modelo m_k. A área hachurada corresponde ao conjunto de pontos que satisfazem a relação

$$pred \ge m_k(0) - m_k(d_c^k). \tag{5.54}$$

Métodos de otimização irrestrita

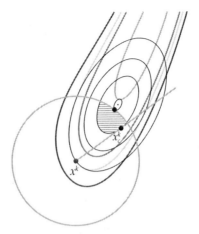

FIGURA 5.8 O ponto de Cauchy e pontos "melhores".

Esta condição será a base de uma das hipóteses na análise de convergência, isto é, vamos supor que a solução aproximada do subproblema (5.50) forneça uma redução de pelo menos uma fração da redução obtida pelo passo de Cauchy.

Vamos agora fazer uma estimativa da redução do modelo no passo de Cauchy.

Lema 5.36

O passo de Cauchy, definido em (5.52), satisfaz

$$m_k(0) - m_k(d_c^k) \geq \frac{1}{2}\|g_k\|\min\left\{\Delta_k, \frac{\|g_k\|}{\|B_k\|}\right\}.$$

Demonstração. Primeiramente, vamos obter t_k, solução do problema (5.53), isto é, o minimizador da função quadrática

$$\xi(t) = f(x^k) - t\|g_k\|^2 + \frac{1}{2}t^2 g_k^T B_k g_k$$

no intervalo $0 \le t \le \dfrac{\Delta_k}{\|g_k\|}$. Para isto considere dois casos: $g_k^T B_k g_k > 0$ e $g_k^T B_k g_k \le 0$.

(i) Se $g_k^T B_k g_k > 0$, então a função ξ é convexa (veja a Figura 5.9) e tem minimizador irrestrito

$$t^* = \frac{\|g_k\|^2}{g_k^T B_k g_k}. \tag{5.55}$$

Dois subcasos podem ocorrer. O primeiro é quando $t^* \le \dfrac{\Delta_k}{\|g_k\|}$. Neste caso temos $t_k = t^*$ e portanto

$$m_k(0) - m_k(d_c^k) = \frac{1}{2} \frac{\|g_k\|^4}{g_k^T B_k g_k}.$$

Usando a desigualdade de Cauchy-Schwarz, obtemos

$$m_k(0) - m_k(d_c^k) \ge \frac{1}{2} \frac{\|g_k\|^2}{\|B_k\|}. \tag{5.56}$$

No segundo subcaso temos $t^* > \dfrac{\Delta_k}{\|g_k\|}$, o que implica que o minimizador de ξ está na fronteira. Assim, usando (5.55), obtemos

$$t_k = \frac{\Delta_k}{\|g_k\|} < \frac{\|g_k\|^2}{g_k^T B_k g_k}, \tag{5.57}$$

que implica $t_k^2 g_k^T B_k g_k < t_k \|g_k\|^2 = \|g_k\| \Delta_k$. Portanto,

$$m_k(d_c^k) < f(x^k) - \|g_k\| \Delta_k + \frac{1}{2} \|g_k\| \Delta_k = f(x^k) - \frac{1}{2} \|g_k\| \Delta_k,$$

Métodos de otimização irrestrita

donde segue que

$$m_k(0) - m_k(d_c^k) > \frac{1}{2}\|g_k\|\Delta_k. \qquad (5.58)$$

(ii) No caso em que $g_k^T B_k g_k \leq 0$, temos que a função ξ é decrescente para $t \geq 0$. De fato, se $g_k^T B_k g_k = 0$, a função ξ é afim com coeficiente angular negativo. Por outro lado, se $g_k^T B_k g_k < 0$, seu maximizador, dado por (5.55), é negativo (veja a Figura 5.9). Assim, o ponto de Cauchy também está na fronteira da região de confiança, ou seja, $t_k = \dfrac{\Delta_k}{\|g_k\|}$. Desta forma, temos

$$m_k(0) - m_k(d_c^k) = t_k\|g_k\|^2 - \frac{1}{2}t_k^2 g_k^T B_k g_k \geq t_k\|g_k\|^2 \geq \frac{1}{2}\|g_k\|\Delta_k. \qquad (5.59)$$

De (5.56), (5.58) e (5.59) segue que

$$m_k(0) - m_k(d_c^k) \geq \frac{1}{2}\|g_k\|\min\left\{\Delta_k, \frac{\|g_k\|}{\|B_k\|}\right\},$$

o que demonstra o resultado. $\square$

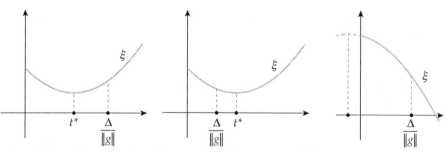

FIGURA 5.9 A função ξ.

5.5.3 Convergência

Para estabelecer a convergência do método de região de confiança vamos supor que o Algoritmo 5.7 gera uma sequência infinita (x^k) em $\mathbb{R}^n$ e que são satisfeitas as seguintes hipóteses.

H1 A função objetivo f é de classe $\mathcal{C}^1$, com ∇f Lipschitz.

H2 A solução aproximada d^k de (5.50) satisfaz

$$pred = m_k(0) - m_k(d^k) \geq c_1 \|\nabla f(x^k)\| \min\left\{\Delta_k, \frac{\|\nabla f(x^k)\|}{\|B_k\|}\right\},$$

onde $c_1 \in (0,1)$ é uma constante.

H3 O passo d^k satisfaz $\|d^k\| \leq \gamma \Delta_k$, para alguma constante $\gamma \geq 1$.

H4 As Hessianas B_k são uniformemente limitadas, isto é, existe uma constante $\beta > 0$ tal que $\|B_k\| \leq \beta$ para todo $k \in \mathbb{N}$.

H5 A função f é limitada inferiormente no conjunto de nível

$$N = \{x \in \mathbb{R}^n \mid f(x) \leq f(x^0)\}.$$

As Hipóteses H1, H4 e H5 são comuns em análise de convergência. Em vista do Lema 5.36, a Hipótese H2 significa obter um passo cuja redução no modelo seja uma fração da redução proporcionada pelo passo de Cauchy. A condição H3 significa que o passo pode exceder a região de confiança, contanto que permaneça dentro de algum múltiplo fixo do raio.

O primeiro resultado nos dá uma estimativa da razão ρ_k, definida em (5.51).

LEMA 5.37

Suponha que sejam satisfeitas as Hipóteses H1-H4. Então existe uma constante $c > 0$ tal que

Métodos de otimização irrestrita

Capítulo 5

$$|\rho_k - 1| \leq \frac{c\Delta_k^2}{\|\nabla f(x^k)\| \min\left\{\Delta_k, \dfrac{\|\nabla f(x^k)\|}{\beta}\right\}}.$$

DEMONSTRAÇÃO. Pelo teorema do valor médio, existe $\theta_k \in (0,1)$ tal que

$$f(x^k + d^k) = f(x^k) + \nabla f(x^k + \theta_k d^k)^T d^k.$$

Portanto,

$$ared - pred = \frac{1}{2}(d^k)^T B_k d^k - \left(\nabla f(x^k + \theta_k d^k) - \nabla f(x^k)\right)^T d^k.$$

Usando H1, a desigualdade de Cauchy-Schwarz e as Hipóteses H3 e H4, podemos concluir que existe $c_0 > 0$ tal que

$$|ared - pred| \leq c_0 \Delta_k^2.$$

Assim, por H2 e H4,

$$|\rho_k - 1| = \left|\frac{ared - pred}{pred}\right| \leq \frac{c_0 \Delta_k^2}{c_1 \|\nabla f(x^k)\| \min\left\{\Delta_k, \dfrac{\|\nabla f(x^k)\|}{\beta}\right\}},$$

provando o lema para $c = \dfrac{c_0}{c_1}$. $\square$

Uma consequência importante do Lema 5.37 é que o Algoritmo 5.7 está bem definido. De fato, após uma quantidade finita de insucessos consecutivos, teremos

$$\Delta_k \leq \min\left\{\frac{\|\nabla f(x^k)\|}{\beta}, \frac{\|\nabla f(x^k)\|}{2c}\right\}.$$

Portanto, pelo Lema 5.37,

$$|\rho_k - 1| \le \frac{c\Delta_k}{\|\nabla f(x^k)\|} \le \frac{1}{2}.$$

Assim, $\rho_k \ge \frac{1}{2} > \frac{1}{4}$ e, pelo Algoritmo 5.7, o passo será aceito.

O próximo teorema já nos permite concluir algo sobre convergência, a saber, que se a sequência (x^k) for limitada, então ela possui um ponto de acumulação estacionário.

▣ TEOREMA 5.38

Suponha que sejam satisfeitas as Hipóteses H1-H5. Então

$$\liminf_{k \to \infty} \|\nabla f(x^k)\| = 0$$

DEMONSTRAÇÃO. Suponha por absurdo que isto seja falso. Então existe $\varepsilon > 0$ tal que $\|\nabla f(x^k)\| \ge \varepsilon$, para todo $k \in \mathbb{N}$. Considere $\tilde{\Delta} = \min\left\{\frac{\varepsilon}{\beta}, \frac{\varepsilon}{2c}\right\}$, onde β é a constante dada em H4 e c é definida no Lema 5.37. Se $\Delta_k \le \tilde{\Delta}$, então

$$\Delta_k \le \frac{\varepsilon}{\beta} \le \frac{\|\nabla f(x^k)\|}{\beta} \quad e \quad \Delta_k \le \frac{\varepsilon}{2c}.$$

Portanto, pelo Lema 5.37,

$$|\rho_k - 1| \le \frac{c\Delta_k}{\varepsilon} \le \frac{1}{2}.$$

Assim, $\rho_k \ge \frac{1}{2} > \frac{1}{4}$ e pelo Algoritmo 5.7 temos $\Delta_{k+1} \ge \Delta_k$. Isto significa que o raio é reduzido somente se $\Delta_k > \tilde{\Delta}$, caso em que $\Delta_{k+1} = \frac{\Delta_k}{2} > \frac{\tilde{\Delta}}{2}$. Podemos então concluir que

$$\Delta_k \geq \min\left\{\Delta_0, \frac{\tilde{\Delta}}{2}\right\}, \tag{5.60}$$

para todo $k \in \mathbb{N}$. Considere agora o conjunto $\mathcal{K} = \left\{k \in \mathbb{N} \mid \rho_k \geq \frac{1}{4}\right\}$. Dado $k \in \mathcal{K}$, pelo mecanismo do Algoritmo 5.7 e pela Hipótese H2 temos

$$
\begin{aligned}
f(x^k) - f(x^{k+1}) &= f(x^k) - f(x^k + d^k) \\
&\geq \frac{1}{4}\left(m_k(0) - m_k(d^k)\right) \\
&\geq \frac{1}{4}c_1\varepsilon \min\left\{\Delta_k, \frac{\varepsilon}{\beta}\right\}.
\end{aligned}
$$

Em vista de (5.60), temos que existe uma constante $\tilde{\delta} > 0$ tal que

$$f(x^k) - f(x^{k+1}) \geq \tilde{\delta}, \tag{5.61}$$

para todo $k \in \mathcal{K}$. Por outro lado, a sequência $(f(x^k))$ é não crescente e, por H5, limitada inferiormente, donde segue que $f(x^k) - f(x^{k+1}) \to 0$. Portanto, de (5.61), podemos concluir que o conjunto $\mathcal{K}$ é finito. Assim, $\rho_k < \frac{1}{4}$, para todo $k \in \mathbb{N}$ suficientemente grande e então Δ_k será reduzido à metade em cada iteração. Isto implica $\Delta_k \to 0$, o que contradiz (5.60). Deste modo, a afirmação no teorema é verdadeira. $\square$

O resultado de convergência estabelecido no Teorema 5.38 pode também ser obtido com uma hipótese mais fraca que H1. Nos Exercícios 5.24 e 5.25 trocamos a condição de Lipschitz de ∇f pela continuidade uniforme.

Finalmente, podemos provar a convergência global do método de região de confiança. Salientamos que no Algoritmo 5.7, podemos considerar $\eta = 0$ e então qualquer decréscimo na função objetivo é aceito. Com isso pudemos provar o Teorema 5.38, que é uma versão fraca de convergência global. Para o próximo teorema, vamos exigir $\eta > 0$ e provar um resultado mais forte.

▣ TEOREMA 5.39

Suponha que sejam satisfeitas as Hipóteses H1-H5 e que $\eta > 0$ no Algoritmo 5.7. Então

$$\nabla f(x^k) \to 0.$$

DEMONSTRAÇÃO. Suponha por absurdo que para algum $\varepsilon > 0$ o conjunto

$$\mathcal{K} = \left\{ k \in \mathbb{N} \mid \left\| \nabla f(x^k) \right\| \geq \varepsilon \right\}$$

seja infinito. Dado $k \in \mathcal{K}$, considere o primeiro índice $l_k > k$ tal que $\left\| \nabla f(x^{l_k}) \right\| \leq \dfrac{\varepsilon}{2}$. A existência de l_k é assegurada pelo Teorema 5.38. Como ∇f é Lipschitz, temos

$$\frac{\varepsilon}{2} \leq \left\| \nabla f(x^k) - \nabla f(x^{l_k}) \right\| \leq L \left\| x^k - x^{l_k} \right\|,$$

para alguma constante $L > 0$. Portanto, definindo

$$\mathcal{S}_k = \{ j \in \mathbb{N} \mid k \leq j < l_k , \, x^{j+1} \neq x^j \}$$

e usando a Hipótese H3, obtemos

$$\frac{\varepsilon}{2L} \leq \left\| x^k - x^{l_k} \right\| \leq \sum_{j \in \mathcal{S}_k} \left\| x^j - x^{j+1} \right\| \leq \sum_{j \in \mathcal{S}_k} \gamma \Delta_j. \tag{5.62}$$

Pelo mecanismo do Algoritmo 5.7, Hipóteses H2 e H4, mais a definição de l_k, temos

Métodos de otimização irrestrita

Capítulo 5

$$f(x^k) - f(x^{l_k}) = \sum_{j \in \mathcal{S}_k} \left(f(x^j) - f(x^{j+1}) \right)$$

$$> \sum_{j \in \mathcal{S}_k} \eta \left(m_j(0) - m_j(d^j) \right)$$

$$\geq \sum_{j \in \mathcal{S}_k} \eta c_1 \frac{\varepsilon}{2} \min \left\{ \Delta_j, \frac{\varepsilon}{2\beta} \right\}$$

$$\geq \eta c_1 \frac{\varepsilon}{2} \min \left\{ \sum_{j \in \mathcal{S}_k} \Delta_j, \frac{\varepsilon}{2\beta} \right\}.$$

Portanto, usando (5.62), obtemos

$$f(x^k) - f(x^{l_k}) \geq \eta c_1 \frac{\varepsilon}{2} \min \left\{ \frac{\varepsilon}{2\gamma L}, \frac{\varepsilon}{2\beta} \right\} > 0, \qquad \textbf{(5.63)}$$

para todo $k \in \mathcal{K}$. Por outro lado, a sequência $(f(x^k))$ é não crescente e, por H5, limitada inferiormente, donde segue que $f(x^k) - f(x^{l_k}) \to 0$, contradizendo (5.63). Deste modo, a afirmação no teorema é verdadeira. $\square$

Uma consequência imediata do Teorema 5.39 é que todo ponto de acumulação de uma sequência gerada pelo Algoritmo 5.7 é estacionário. De fato, se $x^k \xrightarrow{N'} \bar{x}$, então a continuidade de ∇f garante que $\nabla f(x^k) \xrightarrow{N'} \nabla f(\bar{x})$. Por outro lado, pelo Teorema 5.39, temos $\nabla f(x^k) \to 0$. Assim, $\nabla f(\bar{x}) = 0$.

5.5.4 O método dogleg

Como vimos, o passo de Cauchy já é suficiente para provar a convergência global do Algoritmo 5.7. No entanto, podemos acelerar o método obtendo uma solução aproximada do subproblema (5.50) que seja melhor que a de Cauchy. Uma forma é dada pelo método dogleg, que cumpre tal objetivo, obtendo inclusive o ponto de Newton, caso ele esteja dentro da bola.

Este método se aplica quando a Hessiana do modelo é definida positiva. Consiste em minimizar o modelo, sujeito à região de confiança, na poligonal que liga os pontos x^k, x_u^k e x_N^k, sendo x^k o ponto corrente, x_u^k o minimizador do modelo na direção oposta ao gradiente e x_N^k o minimizador irrestrito do modelo, isto é, o ponto de Newton. Na Figura 5.10 ilustramos duas situações. Uma em que x_u^k está na bola e outra quando x_u^k está fora. O ponto obtido pelo método dogleg é indicado por x_d^k. Também está representado o ponto x_Δ^k, minimizador global do modelo na bola.

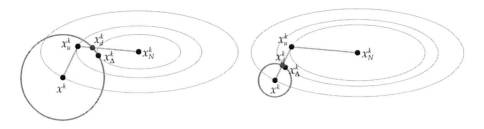

FIGURA 5.10 O método dogleg.

A Figura 5.11 mostra a trajetória do ponto dogleg, x_d^k, bem como dos pontos $x_\Delta^k = x^k + d^k$, onde d^k é a solução exata do subproblema (5.50), ambas como função do raio da região de confiança.

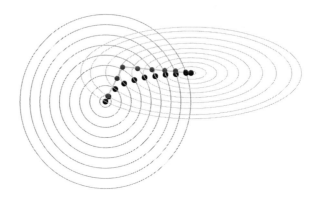

FIGURA 5.11 Trajetórias do ponto dogleg e minimizador exato do modelo na bola.

Métodos de otimização irrestrita

Capítulo 5

O método dogleg pode ser formalizado no seguinte algoritmo, no qual utilizamos a notação $g_k = \nabla f(x^k)$.

ALGORITMO 5.8 DOGLEG

Dados: $x^k \in \mathbb{R}^n$, $\Delta_k > 0$

Calcule $d_u^k = -\dfrac{g_k^T g_k}{g_k^T B_k g_k} g_k$

SE $\left\| d_u^k \right\| > \Delta_k$

$$d^k = -\frac{\Delta_k}{\left\| g_k \right\|} g_k$$

SENÃO

Determine d_N^k tal que $B_k d_N^k = -g_k$

SE $\left\| d_N^k \right\| \leq \Delta_k$

$$d^k = d_N^k$$

SENÃO

Determine $\alpha_k \in [0,1]$ tal que $\left\| d_u^k + \alpha_k (d_N^k - d_u^k) \right\| = \Delta_k$

$d^k = d_u^k + \alpha_k (d_N^k - d_u^k)$

Com as notações da Figura 5.10 e do Algoritmo 5.8, temos

$$x_u^k = x^k + d_u^k \quad , \quad x_N^k = x^k + d_N^k \quad \text{e} \quad x_d^k = x^k + d^k.$$

Para verificar que este método está bem definido, vamos mostrar agora que o modelo decresce ao longo da poligonal e que a distância ao ponto corrente cresce quando caminhamos na poligonal, saindo de x^k indo para x_N^k. Isto significa que esta poligonal cruza a fronteira da bola no máximo uma vez, justamente no ponto dogleg. Se o raio for suficientemente grande, a poligonal estará inteiramente contida na bola, e neste caso, teremos

153

$x_d^k = x_N^k$. Como as afirmações se referem a uma iteração fixada, vamos simplificar a notação, suprimindo o índice k.

LEMA 5.40

Sejam $B \in \mathbb{R}^{n \times n}$ uma matriz definida positiva e $g \in \mathbb{R}^n$. Considere a quadrática

$$m(d) = g^T d + \frac{1}{2} d^T B d$$

e os minimizadores de m,

$$a = -\frac{g^T g}{g^T B g} g \quad \text{e} \quad b = -B^{-1} g,$$

ao longo de $-g$ e irrestrito, respectivamente. Então,

(i) O modelo é não crescente ao longo da poligonal $[0,a] \cup [a,b]$;

(ii) A função $d \in [0,a] \cup [a,b] \mapsto \|d\|_2$ é crescente.

DEMONSTRAÇÃO. (i) Para o trecho $[0,a]$ a afirmação segue diretamente da definição de a. Vejamos então que $\xi(t) = m(a + t(b-a))$ é não crescente. Temos

$$\xi'(t) = \nabla m\big(a + t(b-a)\big)^T (b-a) = \Big[B\big(a + t(b-a)\big) + g \Big]^T (b-a).$$

Usando o fato de que $b = -B^{-1} g$, obtemos

$$\xi'(t) = (1-t)(Ba + g)^T (b-a). \tag{5.64}$$

Substituindo as expressões de a e b, segue que

Métodos de otimização irrestrita

$$(Ba)^T(b-a) = -\frac{g^Tg}{g^TBg}g^TBb + \frac{g^Tg}{g^TBg}g^TBa = \frac{(g^Tg)^2}{g^TBg} - \frac{g^Tg}{g^TBg}g^TB\left(\frac{g^Tg}{g^TBg}g\right) = 0$$

e

$$g^T(b-a) = -g^TB^{-1}g + \frac{(g^Tg)^2}{g^TBg} = \frac{(g^Tg)^2 - (g^TBg)(g^TB^{-1}g)}{g^TBg}.$$

Portanto, de (5.64) e do Lema 1.50, podemos concluir que $\xi'(t) \le 0$ para $t \le 1$. Isto implica, em particular, que m é não crescente no trecho $[a,b]$.

(ii) No trecho $[0,a]$ a afirmação é imediata. Vamos então provar que $\zeta(t) = \|a + t(b-a)\|_2^2$ é crescente. Note primeiro que

$$\zeta'(t) = 2\left(a^T(b-a) + t\|b-a\|_2^2\right).$$

Pelo Lema 1.50, temos que

$$a^T(b-a) = \left(\frac{g^Tg}{g^TBg}\right)\frac{(g^TBg)(g^TB^{-1}g) - (g^Tg)^2}{g^TBg} \ge 0,$$

o que implica $\zeta'(t) \ge 0$, para todo $t \ge 0$. Portanto, ζ é não decrescente. Finalmente, usando o Lema 3.4, podemos concluir que ζ é estritamente crescente. $\square$

5.5.5 O método GC-Steihaug

O método dogleg é vantajoso para dimensões não muito grandes e quando a Hessiana do modelo é definida positiva. Para situações em que estas hipóteses não são satisfeitas, podemos aplicar um método baseado em gradientes conjugados proposto por Steihaug [45], que também nos fornece uma solução aproximada do subproblema (5.50).

Apresentamos a seguir o algoritmo GC-Steihaug, que se baseia no proposto em [6], e encontra um ponto pelo menos tão bom quanto o de Cauchy. Aqui também simplificamos a notação, suprimindo o índice k. Desta forma, vamos resolver o problema quadrático

$$
\begin{aligned}
\text{minimizar} \quad & m(d) = g^T d + \frac{1}{2} d^T B d \\
\text{sujeito a} \quad & \|d\| \le \Delta ,
\end{aligned}
$$

$$(5.65)$$

obtendo um passo d^k para ser avaliado no Algoritmo 5.7.

ALGORITMO 5.9 GC-STEIHAUG

Dados: $d_s^0 = 0$, $r^0 = g$, $p^0 = -r^0$

$j = 0$

REPITA enquanto o passo d^k não for obtido

    SE $(p^j)^T B p^j \le 0$

        Calcule $t \in \mathbb{R}$ tal que $d = d_s^j + t p^j$ minimiza m e $\|d\| = \Delta$

        Faça $d^k = d$

    SENÃO

        Calcule $t_j = \dfrac{(r^j)^T r^j}{(p^j)^T B p^j}$

        Defina $d_s^{j+1} = d_s^j + t_j p^j$

        SE $\|d_s^{j+1}\| \ge \Delta$

            Calcule $t \in \mathbb{R}$ tal que $d = d_s^j + t p^j$ satisfaz $\|d\| = \Delta$

            Faça $d^k = d$

        SENÃO

            $r^{j+1} = r^j + t_j B p^j$

            SE $r^{j+1} = 0$

                Faça $d^k = d_s^{j+1}$

Métodos de otimização irrestrita

Capítulo 5

SENÃO

$$\beta_j = \frac{(r^{j+1})^T r^{j+1}}{(r^j)^T r^j}$$

$$p^{j+1} = -r^{j+1} + \beta_j p^j$$

$$j = j+1$$

Note a relação deste algoritmo com o método clássico de gradientes conjugados. Trocando d, p e r por x, d e ∇f, respectivamente, podemos identificar aqui os passos do Algoritmo 5.4, levando em conta as relações (5.19), (5.25) e (5.28).

O que aparece de diferente no Algoritmo 5.9 se deve à ausência da hipótese de positividade da Hessiana e à barreira criada pela região de confiança, casos nos quais o algoritmo reverte para uma solução alternativa, obtida por uma busca linear.

5.6 Exercícios do capítulo

Alguns dos exercícios propostos abaixo foram tirados ou reformulados a partir daqueles apresentados em [13, Capítulo 6]. Indicaremos, quando for o caso, o exercício correspondente desta referência.

5.1. [13, Exerc. 6.1] Seja $f : \mathbb{R}^n \to \mathbb{R}$, diferenciável em $\bar{x}$ e sejam $d^1, \ldots, d^n \in \mathbb{R}^n$ vetores linearmente independentes. Suponha que o mínimo de $f(\bar{x} + td^j)$ com $t \in \mathbb{R}$ ocorra em $t = 0$ para cada $j = 1, \ldots, n$. Prove que $\nabla f(\bar{x}) = 0$. Isso implica que f tem um mínimo local em $\bar{x}$?

5.2. [13, Exerc. 6.3] Seja $f : \mathbb{R}^n \to \mathbb{R}$, $f \in \mathcal{C}^1$. Defina $x^{k+1} = x^k - t_k \nabla f(x^k)$, onde $t_k \geq \bar{t} > 0$ para todo $k \in \mathbb{N}$. Suponha que $x^k \to \bar{x}$. Prove que $\nabla f(\bar{x}) = 0$.

5.3. Mostre que o método do gradiente com busca de Armijo pode não convergir se o tamanho do passo for obtido apenas satisfazendo a relação (4.4), ao invés da utilização do Algoritmo 4.3.

Otimização contínua: Aspectos teóricos e computacionais

5.4. [13, Exerc. 6.6] Desenhe as curvas de nível da função $f(x) = x_1^2 + 4x_2^2 - 4x_1 - 8x_2$. Encontre o ponto x^* que minimiza f. Prove que o método do gradiente, aplicado a partir de $x^0 = 0$ não pode convergir para x^* em um número finito de passos, se usarmos busca linear exata. Há algum ponto x^0 para o qual o método converge em um número finito de passos?

5.5. [13, Exerc. 6.8] Seja $f : \mathbb{R}^n \to \mathbb{R}$ dada por $f(x) = \dfrac{1}{2} x^T A x + b^T x + c$, onde $A \in \mathbb{R}^{n \times n}$ é uma matriz definida positiva, $b \in \mathbb{R}^n$ e $c \in \mathbb{R}$. Prove que se ao aplicarmos o método do gradiente a partir de um certo x^0, com $\nabla f(x^0) \neq 0$, encontramos a solução em uma iteração, então $v = x^1 - x^0$ é um autovetor da Hessiana. Reveja o Exercício 4.4.

5.6. Considere $h : \mathbb{R}^n \to \mathbb{R}$ dada por $h(x) = \dfrac{1}{2} x^T A x + b^T x + c$, onde $A \in \mathbb{R}^{n \times n}$ é uma matriz definida positiva, $b \in \mathbb{R}^n$ e $c \in \mathbb{R}$. Sejam x^* o minimizador de h,

$$f(x) = h(x + x^*) - h(x^*) = \frac{1}{2} x^T A x$$

e (x^k) a sequência gerada pelo método do gradiente com busca exata aplicado em f. Defina $y^k = x^k + x^*$. Mostre que o método do gradiente com busca exata aplicado em h, a partir de y^0, gera justamente a sequência (y^k).

5.7. Suponha que o método do gradiente com busca exata é aplicado para minimizar a função $f(x) = 5x_1^2 + 5x_2^2 - x_1 x_2 - 11x_1 + 11x_2 + 11$.

(a) Qual a taxa de convergência em $\|x^k - x^*\|$?

(b) E em $|f(x^k) - f(x^*)|$?

(c) Se $x^0 = 0$, quantas iterações são necessárias para se obter uma precisão de 10^{-6} no valor ótimo de f?

5.8. Considere $f(x) = \frac{1}{2}x_1^2 + \frac{1}{4}x_2^4 - \frac{1}{2}x_2^2$.

(a) Determine e classifique os pontos estacionários de f;

(b) A partir de $x^0 = \begin{pmatrix} 1 \\ 0 \end{pmatrix}$ faça uma iteração do método do gradiente;

(c) Discuta a possível convergência da sequência (x^k), gerada pelo método do gradiente a partir do ponto x^0 dado no item anterior.

5.9. Considere um número real $a > 0$. Mostre que o método de Newton para resolver a equação $x^2 - a = 0$ é dado por

$$x^{k+1} = \frac{1}{2}\left(x^k + \frac{a}{x^k}\right).$$

Faça três iterações deste método para calcular uma aproximação para $\sqrt{5}$, iniciando com $x^0 = 2$.

5.10. A Figura 5.12 ilustra uma situação na qual o método de Newton (para equações) pode falhar. A função é dada por $f(x) = x^4 - x^2$. Determine quais devem ser os pontos iniciais para que isto aconteça.

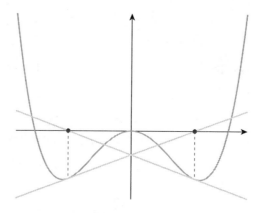

FIGURA 5.12 O método de Newton pode falhar.

Otimização contínua: Aspectos teóricos e computacionais

5.11. [13, Exerc. 6.9] Seja $f(x) = \frac{1}{2}(x_1^2 - x_2)^2 + \frac{1}{2}(1 - x_1)^2$. Qual é o minimizador de f? Faça uma iteração do método de Newton para minimizar f a partir de $x^0 = \begin{pmatrix} 2 \\ 2 \end{pmatrix}$. É um bom passo? Antes de decidir, calcule $f(x^0)$ e $f(x^1)$.

5.12. Seja $f : \mathbb{R} \to \mathbb{R}$ tal que $f'(x) > 0$ e $f''(x) > 0$, para todo $x \in \mathbb{R}$. Suponha que existe $x^* \in \mathbb{R}$ tal que $f(x^*) = 0$. Mostre que qualquer que seja o ponto inicial $x^0 \in \mathbb{R}$, a sequência gerada pelo método de Newton satisfaz $x^* < x^{k+1} < x^k$, para todo $k \geq 1$ e $x^k \to x^*$.

5.13. Sejam $A \in \mathbb{R}^{n \times n}$ uma matriz simétrica e $u, v \in \mathbb{R}^n$ autovetores de A, associados a autovalores distintos. Mostre que u e v são A-conjugados.

5.14. Considere $f : \mathbb{R}^n \to \mathbb{R}$ dada por $f(x) = \dfrac{1}{2} x^T A x + b^T x + c$, onde $A \in \mathbb{R}^{n \times n}$ é uma matriz definida positiva, $b \in \mathbb{R}^n$ e $c \in \mathbb{R}$. Seja $S \in \mathbb{R}^{n \times r}$ uma matriz cujas colunas são linearmente independentes. Dado $\bar{x} \in \mathbb{R}^n$, mostre que o minimizador da função quadrática f na variedade afim $V = \{\bar{x} + S\gamma \mid \gamma \in \mathbb{R}^r\}$ é dado por

$$x^+ = \bar{x} - S(S^T A S)^{-1} S^T \nabla f(\bar{x}).$$

Além disso, $S^T \nabla f(x^+) = 0$.

5.15. Considere $S \in \mathbb{R}^{n \times r}$, a variedade afim $V = \{\bar{x} + S\gamma \mid \gamma \in \mathbb{R}^r\}$ e $\tilde{x} \in V$. Mostre que $\{\tilde{x} + S\gamma \mid \gamma \in \mathbb{R}^r\} = V$.

5.16. Considere a função f definida no Exercício 5.14, $\{d^0, d^1, \ldots, d^{n-1}\}$ uma base de $\mathbb{R}^n$ e $S_k \in \mathbb{R}^{n \times (k+1)}$ a matriz cujas colunas são os vetores $d^0, d^1, \ldots, d^k$. Dado $x^0 \in \mathbb{R}^n$, sabemos, pelo Exercício 5.14, que o ponto

$$x^{k+1} = x^0 - S_k (S_k^T A S_k)^{-1} S_k^T \nabla f(x^0)$$

Métodos de otimização irrestrita

Capítulo 5

é o minimizador de f na variedade afim $x^0 + [d^0, d^1, \ldots, d^k]$ (em particular, x^n minimiza f em $\mathbb{R}^n$). Mostre que

$$x^{k+1} = x^k - S_k (S_k^T A S_k)^{-1} S_k^T \nabla f(x^k)$$

e $S_k^T \nabla f(x^k) = \begin{pmatrix} 0 \\ (d^k)^T \nabla f(x^k) \end{pmatrix}$.

5.17. Considere a sequência definida no Exercício 5.16. Se os vetores $d^0, d^1, \ldots, d^{n-1}$ são A-conjugados, então

$$x^{k+1} = x^k + t_k d^k,$$

onde $t_k = -\dfrac{\nabla f(x^k)^T d^k}{(d^k)^T A d^k}$. Conclua que x^{k+1} pode ser obtido por uma busca exata a partir de x^k, na direção d^k.

5.18. Considere o conjunto $\mathcal{P}_k$, dos polinômios $p : \mathbb{R} \to \mathbb{R}$ de grau menor ou igual a k tais que $p(0) = 1$, definido em (5.33). Fixado $L > 0$, defina a função $\varphi : \mathcal{P}_k \to \mathbb{R}$ por

$$\varphi(p) = \max\left\{ t\left(p(t)\right)^2 \mid 0 \le t \le L \right\}.$$

Resolva o problema

$$\text{minimizar} \quad \varphi(p)$$
$$\text{sujeito a} \quad p \in \mathcal{P}_k.$$

5.19. O objetivo deste exercício é obter a expressão do método DFP, dada em (5.45). Considere $H \in \mathbb{R}^{n \times n}$ definida positiva e $p, q \in \mathbb{R}^n$ tais que $p^T q > 0$. Suponha que $H_+ \in \mathbb{R}^{n \times n}$ é obtida por uma correção simétrica de posto 2 (isto é, $H_+ = H + a u u^T + b v v^T$) e $H_+ q = p$. Encontre a, b, u e v que fornecem

$$H_+ = H + \frac{pp^T}{p^T q} - \frac{Hqq^T H}{q^T Hq}.$$

5.20. Suponha que o Algoritmo 5.6 é aplicado para minimizar a função quadrática dada em (5.40), com $H_0 = I$, t_k obtido pela busca exata e H_{k+1} calculada por (5.45). Então,

$$H_k q^k \in [\nabla f(x^0), \nabla f(x^1), \dots, \nabla f(x^{k+1})].$$

5.21. Nas mesmas condições do Exercício 5.20, mostre que

$$[d^0, d^1, \dots, d^k] = [\nabla f(x^0), \nabla f(x^1), \dots, \nabla f(x^k)].$$

5.22. Mostre que a sequência gerada pelo método DFP, no contexto do Exercício 5.20, coincide com aquela gerada pelo algoritmo de gradientes conjugados (Algoritmo 5.4).

5.23. Considere $B \in \mathbb{R}^{n \times n}$ definida positiva, $H = B^{-1}$ e $p, q \in \mathbb{R}^n$ tais que $p^T q > 0$. Mostre que a inversa da matriz

$$B_+ = B + \frac{qq^T}{p^T q} - \frac{Bpp^T B}{p^T Bp}$$

é dada por

$$H_+ = H + \left(1 + \frac{q^T Hq}{p^T q}\right)\frac{pp^T}{p^T q} - \frac{pq^T H + Hqp^T}{p^T q}.$$

5.24. Seja (x^k) uma sequência gerada pelo Algoritmo 5.7. Suponha que f seja de classe $\mathcal{C}^1$ e que sejam satisfeitas as Hipóteses H2-H4. Mostre que

Métodos de otimização irrestrita

Capítulo 5

$$|\rho_k - 1| \le \frac{\gamma \Delta_k \left(\dfrac{\beta}{2} \gamma \Delta_k + \sup_{t \in [0,1]} \left\{ \| \nabla f(x^k + t d^k) - \nabla f(x^k) \| \right\} \right)}{c_1 \| \nabla f(x^k) \| \min \left\{ \Delta_k, \dfrac{\| \nabla f(x^k) \|}{\beta} \right\}},$$

onde c_1, γ e β são as constantes das Hipóteses H2, H3 e H4, respectivamente.

5.25. Seja (x^k) uma sequência gerada pelo Algoritmo 5.7. Suponha que f seja de classe $\mathcal{C}^1$, com ∇f uniformemente contínua e que sejam satisfeitas as Hipóteses H2-H4. Mostre que

$$\liminf_{k \to \infty} \| \nabla f(x^k) \| = 0.$$

Implementação computacional

Capítulo 6

No Capítulo 5 estudamos, do ponto de vista teórico, diversos métodos para resolver problemas de otimização irrestrita. Vamos agora verificar como eles se comportam na prática. Para isso vamos elaborar programas em alguma linguagem computacional e resolver uma família de problemas teste. O objetivo é avaliar e comparar o desempenho dos métodos. Estamos interessados em analisar algumas informações, como o número de iterações, tempo computacional ou quantidade de avaliações de função, gastos para resolver um problema ou um conjunto de problemas. Também é instrutivo gerar gráficos mostrando a variação da função objetivo ou da norma do gradiente ao longo das iterações.

Neste capítulo vamos apresentar inicialmente um banco de funções para testar os métodos implementados. Em seguida propomos um roteiro do que é interessante discutir na resolução de problemas por um determinado método. Além disso, discutimos uma metodologia usada para comparar o desempenho de diferentes métodos para resolver um conjunto de problemas.

6.1 Banco de funções

O objetivo desta seção é organizar um banco de funções teste. Com o propósito de uniformizar o tratamento, vamos considerar a seguinte rotina que pode ser implementada para avaliar uma função e suas derivadas.

Considere $f:\mathbb{R}^n \to \mathbb{R}$ uma função de classe $\mathcal{C}^2$. Dados um ponto $x \in \mathbb{R}^n$ e um parâmetro $\texttt{ordem} \in \{0,1,2\}$, queremos como saída o valor da função, do gradiente ou da Hessiana de f, conforme o parâmetro `ordem` seja 0, 1 ou 2, respectivamente.

ROTINA 6.1 AVALIAÇÃO DE FUNÇÃO E DERIVADAS

Dados de entrada: $x \in \mathbb{R}^n$, $\text{ordem} \in \{0, 1, 2\}$

SE `ordem` $= 0$

$$y = f(x)$$

SENÃO, se `ordem` $= 1$

$$y = \nabla f(x)$$

SENÃO, se `ordem` $= 2$

$$y = \nabla^2 f(x)$$

SENÃO

MENSAGEM: Erro na variável `ordem`!

Vejamos agora a Rotina 6.1 para uma função particular definida em $\mathbb{R}^2$.

◈ **Exemplo 6.1**

Considere $f : \mathbb{R}^2 \to \mathbb{R}$ definida por $f(x) = x_1^2 + 4x_1x_2 + 6x_2^2$. Implemente a Rotina 6.1 para esta função e use o programa implementado para avaliar a função, o gradiente e a Hessiana no ponto $x = \begin{pmatrix} 1 \\ 2 \end{pmatrix}$.

A rotina para a função deste exemplo, chamada `exquad`, é apresentada abaixo.

Dados de entrada: $x \in \mathbb{R}^2$, $\text{ordem} \in \{0, 1, 2\}$

SE `ordem` $= 0$

$$y = x_1^2 + 4x_1x_2 + 6x_2^2$$

SENÃO, se `ordem` $= 1$

$$y = \begin{pmatrix} 2x_1 + 4x_2 \\ 4x_1 + 12x_2 \end{pmatrix}$$

Implementação computacional

Capítulo 6

SENÃO, se ordem = 2

$$y = \begin{pmatrix} 2 & 4 \\ 4 & 12 \end{pmatrix}$$

SENÃO

MENSAGEM: Erro na variável ordem!

Além disso, no ponto dado, o algoritmo fornece como saída

$$y = 33, \quad y = \begin{pmatrix} 10 \\ 28 \end{pmatrix} \quad \text{ou} \quad y = \begin{pmatrix} 2 & 4 \\ 4 & 12 \end{pmatrix},$$

conforme o parâmetro de entrada ordem seja 0, 1 ou 2, respectivamente.

Algumas funções podem ser implementadas de forma mais geral, sem fazer menção explícita a cada componente do ponto x. É o caso da função do exemplo anterior, uma quadrática da forma

$$f(x) = \frac{1}{2} x^T A x, \qquad \textbf{(6.1)}$$

com $A = \begin{pmatrix} 2 & 4 \\ 4 & 12 \end{pmatrix}$. O próximo exemplo generaliza o que fizemos no Exemplo 6.1.

◈ Exemplo 6.2 [Função Quadrática]

Implemente a Rotina 6.1 para a função dada por (6.1), considerando uma matriz simétrica arbitrária $A \in \mathbb{R}^{n \times n}$. Denomine esta rotina como quadratica, teste-a com os dados do exemplo anterior e compare os resultados. Além disso, forneça uma matriz em $\mathbb{R}^{4 \times 4}$ e um vetor em $\mathbb{R}^4$, arbitrários, para avaliar a função, o seu gradiente e a Hessiana.

A rotina para a função quadrática (6.1) é apresentada a seguir.

Variável global: $A \in \mathbb{R}^{n \times n}$ simétrica

Dados de entrada: $x \in \mathbb{R}^n$, `ordem` $\in \{0,1,2\}$

SE `ordem` $= 0$

$$y = \frac{1}{2} x^T A x$$

SENÃO, se `ordem` $= 1$

$$y = Ax$$

SENÃO, se `ordem` $= 2$

$$y = A$$

SENÃO

MENSAGEM: Erro na variável `ordem`!

Além da implementação ficar mais simples, ela é bastante geral. O próximo exemplo discute como gerar uma matriz simétrica arbitrária.

◈ Exemplo 6.3

Implemente uma rotina que, dados a dimensão n do espaço e dois reais $\lambda_1 < \lambda_n$, forneça uma matriz simétrica $A \in \mathbb{R}^{n \times n}$ cujos autovalores estejam uniformemente distribuídos entre λ_1 e λ_n. Use a rotina implementada para gerar uma matriz simétrica 4×4 com autovalores entre $\lambda_1 = 1$ e $\lambda_n = 100$.

A rotina a seguir calcula A como sugerido.

Rotina 6.2 `matriz_simetrica`

Dados de entrada: $n \in \mathbb{N}$, $\lambda_1 < \lambda_n$

$u = \text{rand}(n,1)$ (vetor randômico com componentes entre 0 e 1)

$$v = \lambda_1 + \frac{\lambda_n - \lambda_1}{\max(u) - \min(u)}(u - \min(u)e)$$

Obtenha uma matriz $Q \in \mathbb{R}^{n \times n}$ ortogonal

$A = Q^T \text{diag}(v)Q$

Implementação computacional

Capítulo 6

Note que a obtenção de uma matriz ortogonal $Q \in \mathbb{R}^{n \times n}$ pode ser feita pela decomposição QR de uma matriz arbitrária em $\mathbb{R}^{n \times n}$ (veja por exemplo [27]).

Já temos assim um banco de funções quadráticas. A cada vez que executamos a rotina acima, gera-se randomicamente uma matriz A e consequentemente podemos definir uma função quadrática diferente.

Existem na literatura diversos bancos de funções para testar os algoritmos, como por exemplo [17, 20, 34]. O banco de funções proposto por Moré, Garbow e Hillstrom [34] consiste de uma família de 35 funções dadas como somatório de quadrados. Isto significa que cada função é da forma

$$f(x) = \sum_{i=1}^{m} \left(f_i(x) \right)^2, \qquad (6.2)$$

onde $f_i : \mathbb{R}^n \to \mathbb{R}$, $i = 1, \ldots, m$, são funções dadas. Para algumas funções a dimensão é fixada e em outras pode ser escolhida pelo usuário. O código em Matlab e em Fortran deste banco de funções está disponível em

http://www.mat.univie.ac.at/~neum/glopt/test.html#test_unconstr

Cada função tem quatro dados de entrada: a dimensão n do espaço; o número m de funções usadas para definir a função objetivo; o ponto $x \in \mathbb{R}^n$ onde se deseja calculá-la e um parâmetro $\texttt{opt} \in \{1,2,3\}$ que discutiremos a seguir. A versão implementada de cada função fornece o vetor $\texttt{fvec} \in \mathbb{R}^m$ cuja i-ésima componente é o valor $f_i(x)$, caso $\texttt{opt}$ seja 1. Se $\texttt{opt} = 2$, a saída é a matriz Jacobiana de $(f_1, f_2, \ldots, f_m)$, isto é, uma matriz $\texttt{J}$, cuja i-ésima linha é $\nabla f_i(x)^T$. Se $\texttt{opt} = 3$ são fornecidos o vetor $\texttt{fvec}$ e a matriz $\texttt{J}$. A matriz Hessiana não é fornecida. Note que nesta notação a função f dada em (6.2) pode ser escrita como

$$f(x) = \texttt{fvec}^T \texttt{fvec}$$

169

e o gradiente de f pode ser calculado como

$$\nabla f(x) = 2\sum_{i=1}^{m} f_i(x)\nabla f_i(x) = 2J^T \texttt{fvec}.$$

◈ Exemplo 6.4

Para as seguintes funções, calcule o vetor `fvec`, a matriz J, o valor de f e seu gradiente no ponto x^0 fornecido em [34].

(a) Rosenbrock, numerada como (1) em [34].

(b) Jennrich e Sampson, numerada como (6) em [34], com $m = 10$.

(c) Extended Rosenbrock, numerada como (21) em [34], com $n = 4$ e $m = n$.

Indicamos abaixo o ponto x^0, o valor de f e do seu gradiente neste ponto.

(a) $x^0 = \begin{pmatrix} -1,2 \\ 1 \end{pmatrix}$, $\qquad f(x^0) = 24,2$ $\qquad$ e $\qquad$ $\nabla f(x^0) = \begin{pmatrix} -215,6 \\ -88,0 \end{pmatrix}$;

(b) $x^0 = \begin{pmatrix} 0,3 \\ 0,4 \end{pmatrix}$, $\qquad f(x^0) = 4171,3$ $\qquad$ e $\qquad$ $\nabla f(x^0) = \begin{pmatrix} 33796,6 \\ 87402,1 \end{pmatrix}$;

(c) $x^0 = \begin{pmatrix} -1,2 \\ 1 \\ -1,2 \\ 1 \end{pmatrix}$, $\qquad f(x^0) = 48,4$ $\qquad$ e $\qquad$ $\nabla f(x^0) = \begin{pmatrix} -215,6 \\ -88,0 \\ -215,6 \\ -88,0 \end{pmatrix}$.

Apresentamos a seguir uma rotina que generaliza o exemplo anterior criando uma interface para avaliar qualquer uma das funções de [34] no formato da Rotina 6.1. Defina variáveis globais FUNC e mm que devem receber o nome da função que se quer avaliar e o valor de m correspondente. Dados $x \in \mathbb{R}^n$ e ordem $\in \{0,1\}$, a rotina fornece o valor da função FUNC ou do seu gradiente no ponto x, dependendo se ordem é 0 ou 1.

Implementação computacional

ROTINA 6.3 mgh - INTERFACE COM MORÉ, GARBOW E HILLSTROM

Variáveis globais: FUNC e mm

Dados de entrada: x, ordem $\in \{0,1\}$

Defina n como a dimensão de x

SE ordem $= 0$

Calcule fvec avaliando FUNC em x com opt $= 1$

$y = \text{fvec}^T \text{fvec}$

SENÃO, se ordem $= 1$

Calcule fvec e J avaliando FUNC em x com opt $= 3$

$y = 2J^T \text{fvec}$

SENÃO

MENSAGEM: Erro na variável ordem!

◈ **Exemplo 6.5**

Teste a Rotina 6.3 para calcular o valor da função e do seu gradiente no ponto x^0 fornecido, para as funções do Exemplo 6.4 e compare os resultados obtidos.

Defina variáveis globais: FUNC e mm

(a) Rosenbrock: FUNC=rosen, mm $= 2$,
$f(x^0) = \text{mgh}(x^0, 0)$, $\nabla f(x^0) = \text{mgh}(x^0, 1)$;

(b) Jennrich e Sampson: FUNC=jensam, mm $= 10$,
$f(x^0) = \text{mgh}(x^0, 0)$, $\nabla f(x^0) = \text{mgh}(x^0, 1)$;

(c) Extended Rosenbrock: FUNC=rosex, mm $= 4$,
$f(x^0) = \text{mgh}(x^0, 0)$, $\nabla f(x^0) = \text{mgh}(x^0, 1)$.

6.2 Implementação dos algoritmos

O objetivo desta seção é a implementação dos métodos estudados para otimização irrestrita. Discutiremos a implementação de alguns dos algoritmos para motivá-lo a implementar todos os métodos estudados no capítulo anterior. Vamos testar os algoritmos implementados para a minimização das funções que apresentamos na seção anterior. Faremos gráficos da variação da função objetivo e da norma do gradiente ao longo das iterações. Será interessante perceber que o desempenho de um método pode depender da escolha dos parâmetros envolvidos.

Usaremos a notação `feval(fun, x, ordem)` para indicar o valor da função `fun`, do seu gradiente ou da sua Hessiana, calculados em x pela Rotina 6.1, conforme o parâmetro `ordem` seja 0,1 ou 2, respectivamente.

6.2.1 Métodos de busca unidirecional

Vamos inicialmente concentrar nossa atenção na implementação dos métodos de busca unidirecional estudados na Seção 4.2. Como vimos, fixados $x, d \in \mathbb{R}^n$, o objetivo é minimizar a função $\varphi : [0, \infty) \to \mathbb{R}$ definida por

$$\varphi(t) = f(x + td).$$

Apresentamos a seguir a rotina para o método da seção áurea, que faz a minimização da função φ. Esta rotina é uma implementação do Algoritmo 4.2 com $\varepsilon = 10^{-5}$ e $\rho = 1$. Também consideramos um limitante superior $b_{max} = 10^8$, para o valor de b.

ROTINA 6.4 aurea - MÉTODO DA SEÇÃO ÁUREA

Dados de entrada: variável `fun` com o nome da função, $x \in \mathbb{R}^n$, $d \in \mathbb{R}^n$

Parâmetros: $\varepsilon = 10^{-5}$, $\rho = 1$, $b_{max} = 10^8$

Constantes: $\theta_1 = (3 - \sqrt{5})/2$, $\theta_2 = 1 - \theta_1$

> Implementação computacional

Fase 1: Obtenção do intervalo $[a, b]$

$a = 0, s = \rho, b = 2\rho$

`phib=feval(fun,`$x+bd$`,0), phis=feval(fun,`$x+sd$`,0)`

REPITA enquanto `phib` < `phis` e $2b < b_{\max}$

$a = s, s = b, b = 2b$

`phis = phib, phib=feval(fun,`$x+bd$`,0)`

Fase 2: Obtenção de $t \in [a,b]$

$u = a + \theta_1(b-a), \quad v = a + \theta_2(b-a)$

`phiu=feval(fun,`$x+ud$`,0), phiv=feval(fun,`$x+vd$`,0)`

REPITA enquanto $(b-a) > \varepsilon$

SE `phiu` < `phiv`

$b = v, v = u, u = a + \theta_1(b-a)$

`phiv = phiu, phiu=feval(fun,`$x+ud$`,0)`

SENÃO

$a = u, u = v, v = a + \theta_2(b-a)$

`phiu = phiv, phiv=feval(fun,`$x+vd$`,0)`

$$t = \frac{u+v}{2}$$

Outro método de busca unidirecional é a busca de Armijo, que fornece uma redução apenas suficiente na função objetivo, mas usando menos avaliações de função que o método da seção áurea. A rotina a seguir é uma implementação do Algoritmo 4.3 com os parâmetros $\gamma = 0,7$ e $\eta = 0,45$.

ROTINA 6.5 armijo - BUSCA DE ARMIJO

Dados de entrada: variável `fun` com o nome da função, $x \in \mathbb{R}^n, d \in \mathbb{R}^n$
Parâmetros: $\gamma = 0,7, \quad \eta = 0,45$
$t = 1$

$f = \mathrm{feval(fun,}x,0), \quad g = \mathrm{feval(fun,}x,1)$

$\mathrm{gd} = g^T d$

$\mathrm{ft=feval(fun,}x+td,0)$

REPITA enquanto $\mathrm{ft} > f + \eta t\mathrm{gd}$

$\quad t = \gamma t$

$\quad \mathrm{ft=feval(fun,}x+td,0)$

◈ Exemplo 6.6

Considere o problema de minimizar a função do Exemplo 6.1 a partir do ponto $x = \begin{pmatrix} 1 \\ 2 \end{pmatrix}$ ao longo da direção $d = \begin{pmatrix} -1 \\ 0 \end{pmatrix}$. Resolva este problema tanto pela busca exata quanto pela de Armijo.

Aplicando a Rotina 6.4, obtemos $t_1 = 5$ e

$$f(x + t_1 d) = 8 < 33 = f(x).$$

Por outro lado, a Rotina 6.5 fornece $t_2 = 1$, significando que o passo inicial foi aceito. Além disso,

$$f(x + t_2 d) = 24 < 33 = f(x).$$

Em qualquer caso o valor da função decresceu, como era esperado.

6.2.2 Métodos de otimização irrestrita

Nesta seção vamos discutir a implementação de alguns dos métodos estudados no Capítulo 5 para minimizar uma função em $\mathbb{R}^n$. Começaremos pelo método do gradiente, apresentando uma rotina para o Algoritmo 5.1 com o tamanho do passo obtido pelo algoritmo da seção áurea.

Implementação computacional

Capítulo 6

Além do cálculo dos iterandos, a rotina também armazena os valores da função objetivo e da norma do gradiente para plotar dois gráficos ao final do processo. Um deles mostrando a variação da função e o outro com variação da norma do gradiente ao longo das iterações. Os valores de f e $\|\nabla f\|$ são exibidos na tela a cada iteração.

Uma vez fornecidos os dados de entrada, ou seja, a variável `fun` com o nome da função, o ponto inicial $x^0 \in \mathbb{R}^n$, a tolerância para o critério de parada ε e o número máximo de iterações k_{max}, a seguinte rotina pode ser executada para se obter o que foi discutido.

ROTINA 6.6 `grad_aurea` - MÉTODO DO GRADIENTE COM SEÇÃO ÁUREA

$k = 0$

$x = x^0$

$g = \texttt{feval(fun}, x, 1)$, $\texttt{normg} = \|g\|$

Para gerar os gráficos

$f = \texttt{feval(fun}, x, 0)$, $F = \{f\}$, $G = \{\texttt{normg}\}$

IMPRIMA NA TELA: $k, f, \texttt{normg}$

REPITA enquanto $\texttt{normg} > \varepsilon$ e $k < k_{max}$

Calcule t pela busca exata a partir de x na direção $-g$ (Rotina 6.4)

$x = x - tg$

$g = \texttt{feval(fun}, x, 1)$, $\texttt{normg} = \|g\|$

$k = k + 1$

Para gerar os gráficos

$f = \texttt{feval(fun}, x, 0)$, $F = F \cup \{f\}$, $G = G \cup \{\texttt{normg}\}$

IMPRIMA NA TELA: $k, f, \texttt{normg}$

SE $k = k_{max}$

MENSAGEM: Atingiu o número máximo de iterações!

$K = \{0, 1, \ldots, k\}$

PLOTE OS GRÁFICOS: $K \times F$ e $K \times G$

◈ Exemplo 6.7

Teste a Rotina 6.6 para minimizar a função do Exemplo 6.1 a partir do ponto $x^0 = \begin{pmatrix} 1 \\ 2 \end{pmatrix}$. Considere os parâmetros $\varepsilon = 10^{-5}$ e $k_{max} = 1000$.

O problema é resolvido em 5 iterações, cujos valores da função e da norma do gradiente apresentados na tela são dados na Tabela 6.1. A Figura 6.1 mostra os gráficos gerados pela rotina, com a variação da função e da norma do gradiente ao longo das iterações. Foi utilizada a escala logarítmica no eixo vertical para uma melhor visualização.

TABELA 6.1 Valores da função e da norma do gradiente.

k	f	$\|g\|$
0	33,000000	29,732137
1	0,021607	0,160609
2	0,000032	0,029354
3	0,000000	0,000239
4	0,000000	0,000053
5	0,000000	0,000001

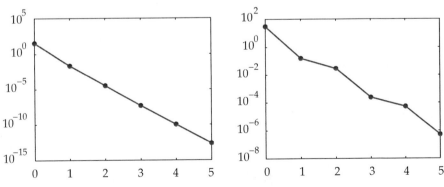

FIGURA 6.1 Variação da função e da norma do gradiente.

Implementação computacional

Mudando apenas a primeira linha do enlace, ou seja, a linha de comando do cálculo do passo, temos um outro algoritmo. Discutimos isto no próximo exemplo.

◈ **Exemplo 6.8**

Na Rotina 6.6, substitua a busca exata pela de Armijo, ou seja, calcule o comprimento do passo utilizando a Rotina 6.5. Chame esta rotina de `grad_armijo` e teste-a para minimizar a função do Exemplo 6.1 a partir do ponto $x^0 = \begin{pmatrix} 1 \\ 2 \end{pmatrix}$ com os parâmetros $\varepsilon = 10^{-5}$ e $k_{\max} = 1000$.

Neste caso o método gasta 48 iterações para obter uma solução com a mesma precisão para o critério de parada. A Figura 6.2 mostra os gráficos com a variação da função e da norma do gradiente ao longo das iterações.

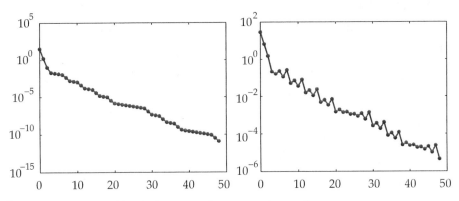

FIGURA 6.2 Variação da função e da norma do gradiente.

Ao compararmos os resultados dos Exemplos 6.7 e 6.8, poderíamos inferir que o método de gradiente com busca exata é melhor que com busca de Armijo, pois resolveu o problema em menos iterações. No entanto, não analisamos o custo de cada uma destas iterações. Pode ocorrer que mesmo com um número maior de iterações, a busca inexata torna o método mais rápido, uma vez que cada iteração na busca exata pode ser muito mais cara que com Armijo. Além disso, em algumas situações o método com busca inexata gasta menos iterações (veja o Exercício 6.5). Desta forma, outros critérios, além do número de iterações, também devem ser analisados para medir o desempenho de um método, como o número de avaliações de função e o tempo gasto para resolver um problema (veja o Exercício 6.6).

Outra questão importante está relacionada à robustez de um algoritmo e diz respeito à capacidade do método em resolver uma bateria de problemas. Para analisar tal característica, precisamos verificar quantos problemas de uma dada biblioteca são resolvidos com sucesso por este método. Portanto, é conveniente que o fornecimento dos problemas e a chamada do método sejam feitos de modo automático. O próximo exemplo apresenta uma sugestão para tratar disto.

◈ Exemplo 6.9

Resolva os problemas da coleção Moré, Garbow e Hillstrom pelo método do gradiente com busca exata. Considere os parâmetros $\varepsilon = 10^{-3}$ e $k_{max} = 3000$. Calcule o percentual de sucesso, isto é, dos problemas que foram resolvidos sem atingir o número máximo de iterações.

Criamos inicialmente um arquivo que armazena os problemas, com informações da função e do ponto inicial, conforme a rotina seguinte.

ROTINA 6.7 problemas_mgh - PROBLEMAS DA COLEÇÃO MORÉ, GARBOW E HILLSTROM

fun='mgh' (Rotina 6.3)

VARIÁVEL DE ENTRADA: p (representa o problema a ser resolvido)

Caso p = 1

    FUNC='rosen', x0=[-1.2,1], mm=2

Caso p = 2

    FUNC='froth', x0=[0.5,-2], mm=2

...

Em seguida, chamamos o método escolhido para resolver estes problemas, dentro da precisão e número máximo de iterações estabelecidos, contando o número de sucessos. Isto pode ser feito pela rotina a seguir.

Implementação computacional

Capítulo 6

ROTINA 6.8 `resolve_problemas`

Variáveis globais: FUNC e mm

Parâmetros: $\varepsilon = 10^{-3}$, $k_{max} = 3000$

```
sucesso = 0, total = 0
```

PARA $p = 1, 2,...$

    `problemas_mgh` (chamada do problema - Rotina 6.7)

    `grad_aurea`   (chamada do método - Rotina 6.6)

SE $k < k_{max}$

    `sucesso = sucesso+1`

```
total = total+1
```

Total de problemas: `total`

Problemas resolvidos: `sucesso`

Percentual de sucesso: `sucesso/total`

6.3 Comparação de diferentes algoritmos

Na seção anterior vimos uma maneira de medir o desempenho de um método ao resolver um conjunto de problemas. Vamos agora avaliar e comparar o desempenho de vários métodos.

A princípio, podemos pensar simplesmente em resolver um problema por diversos algoritmos, conforme o que está proposto no Exercício 6.8. No entanto, uma análise mais completa pode ser feita quando comparamos algoritmos para uma coleção de problemas. Para facilitar tal comparação é indicada a análise de desempenho introduzida por Dolan e Moré [7], que fornece um meio de avaliar e comparar o desempenho de um conjunto S de n_s algoritmos aplicados a um conjunto $\mathcal{P}$ de n_p problemas teste.

Por exemplo, considere $t_{p,s}$ o tempo de processamento necessário para resolver o problema $p \in \mathcal{P}$ pelo algoritmo $s \in S$. Se o algoritmo s não resolveu o problema p, faça $t_{p,s} = \infty$. Definimos o índice de desempenho $r_{p,s}$ por

$$r_{p,s} = \frac{t_{p,s}}{\min\{t_{p,j} \mid j \in \mathcal{S}\}}.$$

Este índice vale 1 para o algoritmo mais eficiente e quanto maior for seu valor, pior será o desempenho do algoritmo. Além disso, para cada algoritmo s consideramos a função de desempenho $\rho_s : [1, \infty) \to [0,1]$ definida por

$$\rho_s(\tau) = \frac{1}{n_p} \operatorname{card}\{p \in \mathcal{P} \mid r_{p,s} \leq \tau\}.$$

Assim, $\rho_s(1)$ é a proporção de problemas que o algoritmo s resolve no menor tempo. De forma geral, considerando uma medida de desempenho arbitrária, $\rho_s(\tau)$ é a porcentagem de problemas que o algoritmo s resolve em τ vezes o valor da medida de desempenho do algoritmo mais eficiente. Para facilitar a visualização, construímos um gráfico, chamado de perfil de desempenho, com as funções ρ_s, $s \in \mathcal{S}$.

◈ Exemplo 6.10

Considere as seguintes variantes do método do gradiente com busca de Armijo, de acordo com diferentes valores para os parâmetros γ e η.

- $A1$: $\gamma = 0,7$ e $\eta = 0,45$;
- $A2$: $\gamma = 0,5$ e $\eta = 0,25$;
- $A3$: $\gamma = 0,7$ e $\eta = 0,25$;
- $A4$: $\gamma = 0,8$ e $\eta = 0,45$.

Aplique estes algoritmos para resolver os primeiros 25 problemas da coleção Moré, Garbow e Hillstrom. Considere os parâmetros $\varepsilon = 10^{-3}$ e $k_{\max} = 3000$. Armazene uma matriz $T \in \mathbb{R}^{25 \times 4}$ cuja p-ésima linha corresponde ao tempo gasto pelos algoritmos para resolver o problema p. Se o algoritmo s não resolveu o problema p, defina $T(p, s)$ como sendo um valor

Implementação computacional

Capítulo 6

arbitrariamente grande. Em seguida, implemente uma rotina que forneça o gráfico de perfil de desempenho dos 4 algoritmos.

Este exemplo pode ser resolvido implementando as seguintes rotinas.

ROTINA 6.9 `roda_metodos` - DADOS PARA PERFIL DE DESEMPENHO

Variáveis globais: FUNC e mm

Parâmetros: $\varepsilon = 10^{-3}$, $k_{max} = 3000$

$T = 0$

PARA $p = 1, \ldots, 25$

    `problemas_mgh` (chamada do problema p - Rotina 6.7)

    PARA $s = 1, \ldots, 4$

        Escolha γ e η (da variante do Algoritmo s)

        `grad_armijo`

        $T(p,s) = $ `tp` (tempo gasto para resolver o problema)

ROTINA 6.10 `perfil_desempenho` - GRÁFICO DE PERFIL DE DESEMPENHO

Dados: $T \in \mathbb{R}^{25 \times 4}$, τ_{max}

REPITA para $p = 1, \ldots, 25$

    $\text{Tmin}(p) = \min\{T(p,s) | s = 1, \ldots, 4\}$

    REPITA para $s = 1, \ldots, 4$

$$r(p,s) = \frac{T(p,s)}{\text{Tmin}(p)}$$

REPITA para $s = 1, \ldots, 4$

    REPITA para $1 \le \tau \le \tau_{max}$

$$\rho_s(\tau) = \frac{1}{n_p} \text{card}\{p \in \mathcal{P} | r_{p,s} \le \tau\}$$

    PLOTE O GRÁFICO: $\tau \times \rho_s(\tau)$

Na Figura 6.3 mostramos o gráfico de perfil de desempenho para os 4 algoritmos, em relação ao tempo computacional. Podemos observar que o algoritmo A1 resolve 60% dos problemas, sendo mais rápido em 20% deles. Por outro lado, A2 é o mais rápido em 48% dos problemas e consegue resolver 56% deles. O algoritmo A3 resolve 48% dos problemas usando 40 vezes o melhor tempo. O pior desempenho foi do algoritmo A4. Note também que o fato de muitos problemas não serem resolvidos motiva o estudo de outros métodos de otimização.

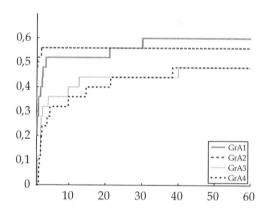

FIGURA 6.3 Perfil de desempenho.

A discussão anterior foi feita em termos de tempo computacional gasto pelos algoritmos para resolver um conjunto de problemas. Uma discussão análoga pode ser feita considerando o número de iterações, número de avaliações de função ou qualquer outra medida de desempenho de um conjunto de algoritmos, bastando armazenar a informação desejada na matriz T da Rotina 6.9.

6.4 Outras discussões

Quando implementamos uma função com base na Rotina 6.1 devemos calcular e fornecer o gradiente e a Hessiana da função. Para funções mais complexas, isto pode ocasionar erros de digitação e desta forma comprometer a resolução do problema que envolve tal função. Para tentar

Implementação computacional

Capítulo 6

diminuir o risco deste tipo de erro, sugerimos a implementação de um algoritmo que procura verificar se as expressões fornecidas para o gradiente e Hessiana da função foram digitadas corretamente.

De acordo com o que vimos na Seção 1.4, fixando um ponto $\bar{x} \in \mathbb{R}^n$ e definindo

$$r_1(d) = f(\bar{x}+d) - f(\bar{x}) - \nabla f(\bar{x})^T d$$

e

$$r_2(d) = f(\bar{x}+d) - f(\bar{x}) - \nabla f(\bar{x})^T d - \frac{1}{2} d^T \nabla^2 f(\bar{x}) d,$$

temos

$$\lim_{d \to 0} \frac{r_1(d)}{\|d\|} = 0 \text{ e } \lim_{d \to 0} \frac{r_2(d)}{\|d\|^2} = 0. \tag{6.3}$$

Isto significa que a diferença entre o valor da função e sua aproximação de Taylor deve ser muito pequena. Além disso, para qualquer outro vetor diferente do gradiente e outra matriz que não seja a Hessiana, os limites em (6.3) não são válidos. A rotina que segue identifica a existência de possíveis erros no gradiente ou na Hessiana da função. Consideramos uma amostra aleatória de vetores com norma tendendo para zero. Se os valores encontrados para

$$\frac{r_1(d)}{\|d\|} \text{ ou } \frac{r_2(d)}{\|d\|^2}$$

não forem pequenos, isto pode significar alguma diferença no gradiente ou na Hessiana.

Rotina 6.11 testa_modelo - Compara a função com sua aproximação de Taylor

Dados de entrada: $\texttt{fun}$, $x \in \mathbb{R}^n$, $\texttt{ordem} \in \{1,2\}$

Parâmetros: $k_{max} \in \mathbb{N}$, $\varepsilon > 0$

Defina n como a dimensão de x

$f = \texttt{feval}(\texttt{fun}, x, 0)$, $g = \texttt{feval}(\texttt{fun}, x, 1)$

SE $\texttt{ordem} = 2$

$\quad B = \texttt{feval}(\texttt{fun}, x, 2)$

$k = 0$

REPITA enquanto $k < k_{max}$

$$v = -1 + 2\texttt{rand}(n, 1), \quad d = \frac{1}{2^k} \frac{v}{\|v\|}$$

$\quad f^+ = \texttt{feval}(\texttt{fun}, x+d, 0)$

$$r_1 = \frac{f^+ - f - g^T d}{\|d\|}$$

$\quad$ SE $r_1 \leq \varepsilon$

$\quad\quad$ MENSAGEM: Modelo linear OK!

$\quad\quad$ PARE

$\quad k = k + 1$

Se $k \geq k_{max}$

$\quad$ MENSAGEM: Reveja a implementação da função testada!

SE $\texttt{ordem} = 2$

$\quad k = 0$

$\quad$ REPITA enquanto $k < k_{max}$

$$v = -1 + 2\texttt{rand}(n, 1), \quad d = \frac{1}{2^k} \frac{v}{\|v\|}$$

Implementação computacional

Capítulo 6

$$f^+ = \texttt{feval}(\texttt{fun}, x + d, 0)$$

$$r_2 = \frac{f^+ - f - g^T d - \dfrac{1}{2} d^T B d}{\|d\|^2}$$

SE $r_2 \le \varepsilon$

MENSAGEM: Modelo quadrático OK!

PARE

$$k = k + 1$$

SE $k \ge k_{\max}$

MENSAGEM: Reveja a implementação da função testada!

Para testar a Rotina 6.11, sugerimos os parâmetros $K_{\max} = 60$ e $\varepsilon = 10^{-5}$. Além disso, também é conveniente criar uma função introduzindo erros na derivada e/ou na Hessiana, para verificar a mensagem de erro (veja o Exercício 6.11).

6.5 Exercícios do capítulo

6.1. Implemente em alguma linguagem computacional a Rotina 6.1 e use o programa implementado para avaliar a função, o gradiente e a Hessiana no ponto $x = \begin{pmatrix} 3 \\ 5 \end{pmatrix}$, para cada função $f : \mathbb{R}^2 \to \mathbb{R}$ dada a seguir:

(a) $f(x) = (x_1 - x_2^2)(x_1 - \frac{1}{2} x_2^2)$;

(b) $f(x) = 2x_1^3 - 3x_1^2 - 6x_1 x_2 (x_1 - x_2 - 1)$;

(c) $f(x) = \frac{1}{2} \operatorname{sen} x_1 \operatorname{sen} x_2 + \frac{1}{2} e^{x_1^2 + x_2^2}$;

(d) $f(x) = 100(x_2 - x_1^2)^2 + (1 - x_1)^2$.

6.2. Dados $n \in \mathbb{N}$, $p \in \{1, 2, 3, 4, 5, 6\}$, $\varepsilon = 0,1$, implemente uma rotina que forneça:

185

Otimização contínua: Aspectos teóricos e computacionais

(a) Um vetor v cujas componentes estejam distribuídas nos intervalos $[10^j - \varepsilon, 10^j + \varepsilon]$ com $j = 0, \ldots, p$.

(b) Uma matriz simétrica A cujos autovalores sejam as componentes de v.

6.3. Para as seguintes funções descritas em [34], use a implementação proposta na Rotina 6.3 para avaliar a função e seu gradiente no ponto x^0 fornecido.

(a) Beale (5).

(b) Brown e Dennis (16), com $m = 10$.

(c) Watson (20), com $n = 8$.

6.4. Implemente a função do Exemplo 4.5 e faça a busca exata considerada. Compare com as respostas obtidas no referido exemplo. Faça a busca de Armijo com $\gamma = 0.8$ e $\eta = 0.25$ e compare com as respostas obtidas no Exemplo 4.10.

6.5. Use a Rotina 6.6 e sua variante com busca de Armijo para minimizar a função Freudenstein e Roth, numerada como (2) em [34] a partir do ponto $x^0 = \begin{pmatrix} 0,5 \\ -1 \end{pmatrix}$ e compare o número de iterações gasto por cada método para resolver o problema. Considere os parâmetros $\varepsilon = 10^{-3}$ e $k_{\max} = 1000$.

6.6. Use a Rotina 6.6 e sua variante com busca de Armijo para minimizar a função do Exemplo 6.1 a partir do ponto $x^0 = \begin{pmatrix} 1 \\ 2 \end{pmatrix}$ e compare o número de iterações, de avaliações de função e o tempo gasto por cada método para resolver o problema.

6.7. Use a Rotina 6.6 para minimizar a quadrática dada por (6.1) a partir do ponto $x^0 = \begin{pmatrix} 1 \\ 1 \end{pmatrix}$. Considere primeiro $A = \begin{pmatrix} 1 & 0 \\ 0 & 2 \end{pmatrix}$ e depois $A = \begin{pmatrix} 1 & 0 \\ 0 & 500 \end{pmatrix}$. Compare o número de iterações para resolver cada problema.

Implementação computacional

6.8. Aplique os 4 algoritmos do Exemplo 6.10 para minimizar a função do Exemplo 6.1 a partir do ponto $x^0 = \begin{pmatrix} 1 \\ 2 \end{pmatrix}$. Plote em um gráfico a variação da função ao longo das iterações para os 4 métodos. Faça o mesmo em outro gráfico considerando a variação da norma do gradiente.

6.9. Considere o Exemplo 6.10. Faça o gráfico de perfil de desempenho para o número de iterações.

6.10. Implemente e teste a Rotina 6.11 para cada função do Exercício 6.1. Teste também para as funções do Exercício 6.3.

6.11. Implemente a função $f : \mathbb{R}^2 \to \mathbb{R}$ definida por $f(x) = x_1^2 + 2x_2^3 + x_2$, com o nome `funtestmod`. Introduza um erro no gradiente e na Hessiana fazendo

$$\nabla f(x) = \begin{pmatrix} 2x_1 \\ 6x_2^2 + 1.001 \end{pmatrix} \quad \text{e} \quad \nabla^2 f(x) = \begin{pmatrix} 2 & 0 \\ 0 & 12.001x_2 \end{pmatrix}$$

Use a Rotina 6.11 para verificar os erros.

6.12. Implemente o método do gradiente com busca exata para minimizar a quadrática (6.1), com a matriz $A \in \mathbb{R}^{n \times n}$ obtida pela Rotina 6.2, a partir de um ponto $x^0 \in \mathbb{R}^n$ arbitrário. Considere $\lambda_1 = 1$ e $\lambda_n = 20$. Note que neste caso o tamanho do passo pode ser calculado diretamente pela fórmula (5.4). Teste o algoritmo implementado com diferentes valores de n e compare o tempo computacional com o tempo gasto ao se utilizar a Rotina 6.6.

6.13. Implemente o método de gradientes conjugados de Fletcher-Reeves, ou seja, o Algoritmo 5.4 com o cálculo do parâmetro β_k dado por (5.28). Use-o para minimizar as funções quadráticas consideradas no exercício anterior. Verifique que a minimização sempre ocorre em no máximo n iterações.

Otimização contínua: Aspectos teóricos e computacionais

6.14. Implemente o método DFP, ou seja, o Algoritmo 5.6 com a atualização da Hessiana dada por (5.45). Considere $H_0 = I$ e busca exata. Use-o para minimizar as funções discutidas no Exercício 6.12 e verifique que a minimização também ocorre em no máximo n iterações.

6.15. Refaça o exercício anterior trocando DFP por BFGS, ou seja, atualizando a Hessiana por (5.49).

6.16. Execute os algoritmos implementados nos Exercícios 6.12-6.15 para minimizar, a partir de um ponto $x^0 \in \mathbb{R}^n$ arbitrário, uma função quadrática em $\mathbb{R}^n$ obtendo a matriz $A \in \mathbb{R}^{n \times n}$ pela Rotina 6.2 com $n = 30$, $\lambda_1 = 1$ e $\lambda_n = 10$. Faça um gráfico mostrando a variação da função e outro com a variação da norma do gradiente para os 4 métodos. Note a semelhança de desempenho dos algoritmos de gradientes conjugados, DFP e BFGS (veja o Exercício 5.22). Em seguida, faça testes com diferentes valores de n e λ_n. Note a sensibilidade do método do gradiente com relação ao λ_n, fato que não ocorre com os outros métodos.

6.17. Implemente os algoritmos de gradientes conjugados, DFP e BFGS para funções gerais. Teste-os com o banco de funções Moré, Garbow e Hillstrom e faça o gráfico de perfil de desempenho relativo ao número de iterações.

Otimização com restrições

Capítulo 7

Nosso objetivo neste capítulo é discutir as condições de otimalidade para o problema geral de otimização que consiste em

$$\text{minimizar} \quad f(x)$$

$$\text{sujeito a} \quad c_{\mathcal{E}}(x)=0 \tag{7.1}$$

$$c_{\mathcal{I}}(x)\leq 0,$$

onde $f:\mathbb{R}^n \to \mathbb{R}$, $c_i:\mathbb{R}^n \to \mathbb{R}$, $i\in\mathcal{E}\cup\mathcal{I}$ são funções de classe $\mathcal{C}^2$. O conjunto

$$\Omega=\{x\in\mathbb{R}^n \,|\, c_{\mathcal{E}}(x)=0, \; c_{\mathcal{I}}(x)\leq 0\} \tag{7.2}$$

é chamado conjunto viável.

A abordagem que apresentamos para a obtenção das condições de Karush-Kuhn-Tucker é baseada na teoria de cones, cujo apelo geométrico é a principal característica. Algumas referências para este assunto são [2, 3, 8, 22].

◈ Exemplo 7.1

Verifique que o ponto $x^{*}=\begin{pmatrix}1\\1\end{pmatrix}$ é a solução global do problema

$$\text{minimizar} \quad f(x) = (x_1 - 2)^2 + (x_2 - 1)^2$$
$$\text{sujeito a} \quad c_1(x) = x_1 + x_2 - 2 \leq 0$$
$$c_2(x) = x_1^2 - x_2 \leq 0.$$

Dado $x \in \Omega$, temos $x_1^2 \leq x_2 \leq 2 - x_1$, o que implica $x_1^2 + x_1 - 2 \leq 0$, ou seja, $-2 \leq x_1 \leq 1$. Portanto,

$$f(x) = (x_1 - 2)^2 + (x_2 - 1)^2 \geq (x_1 - 2)^2 \geq 1 = f(x^*).$$

Na Figura 7.1 ilustramos este problema. Note que $-\nabla f(x^*)$ é uma combinação positiva de $\nabla c_1(x^*)$ e $\nabla c_2(x^*)$. Isto informalmente significa que para diminuir o valor de f teríamos que sair do conjunto viável. O que faremos neste capítulo é formalizar esta afirmação.

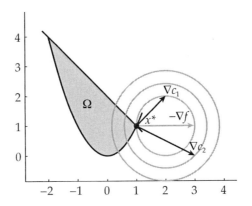

FIGURA 7.1 Ilustração do Exemplo 7.1.

7.1 Cones

Vamos discutir nesta seção alguns aspectos gerais da teoria de cones que serão fundamentais para estabelecer as condições de KKT. Dentre outras coisas destacamos o clássico Lema de Farkas, que será tratado tanto na sua forma clássica quanto em uma versão geométrica.

Definição 7.2

Um subconjunto não vazio $C \subset \mathbb{R}^n$ é um cone quando para todo $t \geq 0$ e $d \in C$ tem-se $td \in C$.

Informalmente, um cone é um conjunto de direções. Note que o vetor nulo pertence a qualquer cone. Além disso, um cone é um conjunto ilimitado. Na Figura 7.2 temos dois exemplos de cones, um convexo e outro não.

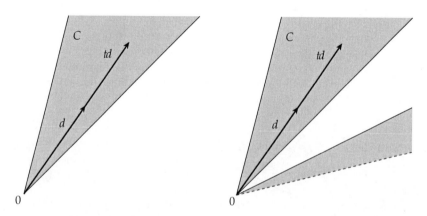

FIGURA 7.2 Exemplos de cone.

◈ Exemplo 7.3

Considere os vetores $v^1 = \begin{pmatrix} 1 \\ 1 \end{pmatrix}$, $v^2 = \begin{pmatrix} 2 \\ 1 \end{pmatrix}$ e $v^3 = \begin{pmatrix} 1 \\ -1 \end{pmatrix}$. Mostre que o conjunto

$$C = \{y_1 v^1 + y_2 v^2 + y_3 v^3 \mid y_j \geq 0, j = 1, 2, 3\}$$

é um cone convexo. Generalizando, dada $B \in \mathbb{R}^{n \times m}$, mostre que

$$C = \{By \mid y \in \mathbb{R}^m, y \geq 0\}$$

é um cone convexo.

Dados $t \geq 0$ e $d = By \in C$ temos $td = tBy = B(ty) \in C$. Além disso, dados $d^1 = By^1$ e $d^2 = By^2$ em C e $t \in [0,1]$, temos $(1-t)d^1 + td^2 = B\big((1-t)y^1 + ty^2\big) \in C$.

Um exemplo de cone que será útil mais adiante é o de cone polar, que em $\mathbb{R}^2$ ou $\mathbb{R}^3$ pode ser caracterizado pelos vetores que formam um ângulo maior ou igual a 90° com os elementos de um conjunto dado.

Definição 7.4

Dado um conjunto $S \subset \mathbb{R}^n$, definimos o polar de S por

$$P(S) = \{p \in \mathbb{R}^n \mid p^T x \leq 0, \forall x \in S\}.$$

A Figura 7.3 ilustra o polar de alguns conjuntos.

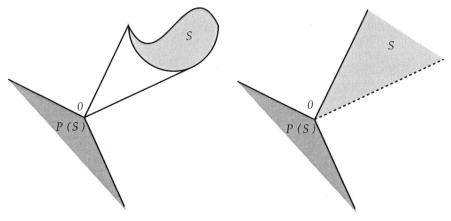

FIGURA 7.3 Exemplos de cone polar.

Lema 7.5

Dado $S \subset \mathbb{R}^n$, $P(S)$ é cone, convexo e fechado.

Demonstração. Dados $t \geq 0$ e $d \in P(S)$ temos $(td)^T x = t(d^T x) \leq 0$, para todo $x \in S$. Assim, $td \in P(S)$, o que significa que $P(S)$ é um cone. Para verificar a convexidade, considere $u, v \in P(S)$ e $t \in [0,1]$. Para qualquer $x \in S$, temos que

$$((1-t)u + tv)^T x = (1-t)u^T x + tv^T x \leq 0.$$

Otimização com restrições

Assim $(1-t)u+tv \in P(S)$, provando que $P(S)$ é convexo. Para mostrar que $P(S)$ é fechado, considere uma sequência $(d^k) \subset P(S)$ com $d^k \to d$. Dado $x \in S$, temos $(d^k)^T x \le 0$, logo $d^T x \le 0$. Portanto, $d \in P(S)$, completando a demonstração. □

◈ **Exemplo 7.6**

Dados $A, B \subset \mathbb{R}^n$, tais que $A \subset B$, temos $P(B) \subset P(A)$.

De fato, se $p \in P(B)$, então $p^T x \le 0$, para todo $x \in B$. Logo, $p^T x \le 0$, para todo $x \in A$, donde segue que $p \in P(A)$.

◈ **Exemplo 7.7**

Considere $A = \begin{pmatrix} 1 & -3 \\ -2 & 1 \end{pmatrix}, B = (2 \; 0), S_1 = \{d \in \mathbb{R}^2 \mid Ad \le 0\}$ e $S_2 = \{d \in \mathbb{R}^2 \mid Ad \le 0\}$ $\cup \{d \in \mathbb{R}^2 \mid Bd \le 0\}$. Mostre que S_1 e S_2 são cones e represente-os geometricamente. Diga se podem ser obtidos como o polar de algum conjunto.

Dados $t \ge 0$ e $d \in S_1$ temos $A(td) = tAd \le 0$. Portanto, $td \in S_1$, o que significa que S_1 é cone. Analogamente, vemos que S_2 também é cone. Além disso, podemos escrever $S_1 = \{d \in \mathbb{R}^2 \mid u^T d \le 0 \text{ e } v^T d \le 0\}$, onde $u = \begin{pmatrix} 1 \\ -3 \end{pmatrix}$ e $v = \begin{pmatrix} -2 \\ 1 \end{pmatrix}$. Desta forma, $S_1 = P(\{u, v\})$. Por outro lado, como S_2 não é convexo, não pode ser o polar de nenhum conjunto, em virtude do Lema 7.5. A Figura 7.4 ilustra este exemplo.

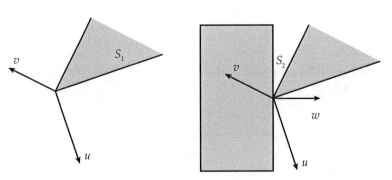

FIGURA 7.4 Ilustração do Exemplo 7.7.

LEMA 7.8

Considere $C \subset \mathbb{R}^n$ um cone convexo fechado, $z \in \mathbb{R}^n$ e $\overline{z} = \text{proj}_C(z)$. Então, $z - \overline{z} \in \{\overline{z}\}^\perp \cap P(C)$.

DEMONSTRAÇÃO. Seja $\overline{z} = \text{proj}_C(z) \in C$. Pelo Teorema 3.7,

$$(z - \overline{z})^T (x - \overline{z}) \leq 0, \tag{7.3}$$

para todo $x \in C$. Como C é um cone, 0 e $2\overline{z}$ são elementos de C. Assim,

$$-(z - \overline{z})^T \overline{z} \leq 0 \quad e \quad (z - \overline{z})^T \overline{z} \leq 0,$$

donde segue que $(z - \overline{z})^T \overline{z} = 0$. Substituindo isto na relação (7.3), podemos concluir que $(z - \overline{z}) \in P(C)$, completando a demonstração. $\square$

O próximo lema generaliza um resultado clássico de álgebra linear, sobre a decomposição de $\mathbb{R}^n$ como soma direta de um subespaço vetorial com seu complemento ortogonal.

LEMA 7.9 (DECOMPOSIÇÃO DE MOREAU)

Considere $C \subset \mathbb{R}^n$ um cone convexo fechado. Então, para todo $z \in \mathbb{R}^n$, temos

$$z = \text{proj}_C(z) + \text{proj}_{P(C)}(z).$$

DEMONSTRAÇÃO. Considere $\overline{z} = \text{proj}_C(z)$ e $\hat{z} = z - \overline{z}$. Vamos mostrar que $\hat{z} = \text{proj}_{P(C)}(z)$. Pelo Lema 7.8, temos que $\overline{z}^T \hat{z} = 0$ e $\hat{z} \in P(C)$. Assim,

$$(z - \hat{z})^T (y - \hat{z}) = \overline{z}^T y \leq 0,$$

para todo $y \in P(C)$. Portanto, o Lema 3.8 garante que $\hat{z} = \text{proj}_{P(C)}(z)$, completando a demonstração. $\square$

Como a própria Figura 7.3 sugere, aplicar o polar duas vezes nem sempre fornece o conjunto original. No entanto, temos o seguinte resultado.

Lema 7.10

Dado $S \subset \mathbb{R}^n$, temos $S \subset P(P(S))$.

DEMONSTRAÇÃO. Considere $x \in S$ e $C = P(S)$. Dado $d \in C$, temos $x^T d \leq 0$. Logo $x \in P(C) = P(P(S))$, completando a demonstração (veja ilustração na Figura 7.5). □

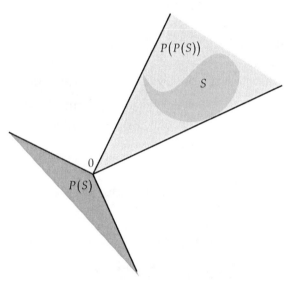

FIGURA 7.5 Ilustração do Lema 7.10.

Basicamente, temos três motivos que impedem a igualdade entre o duplo polar e o conjunto: o fato de não ser cone, não ser convexo ou não ser fechado. Estas situações aparecem na Figura 7.6. O clássico Lema de Farkas, apresentado em seguida, garante a igualdade.

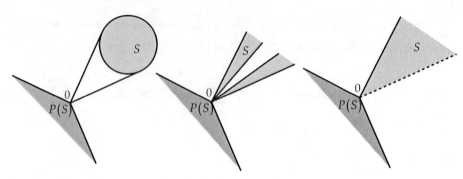

FIGURA 7.6 Situações onde não vale $S = P(P(S))$.

Lema 7.11 (Farkas geométrico)

Considere $C \subset \mathbb{R}^n$ um cone convexo fechado não vazio. Então $P(P(C)) = C$.

Demonstração. Em virtude do Lema 7.10 basta mostrar que $P(P(C)) \subset C$. Considere então $z \in P(P(C))$ e $\bar{z} = \text{proj}_C(z)$. Vamos provar que $z = \bar{z}$. Pelo Lema 7.8, temos que $(z - \bar{z}) \in P(C)$. Como $z \in P(P(C))$, vale $(z - \bar{z})^T z \leq 0$. Usando novamente o Lema 7.8, obtemos

$$\|z - \bar{z}\|^2 = (z - \bar{z})^T z - (z - \bar{z})^T \bar{z} = (z - \bar{z})^T z \leq 0,$$

o que implica $z = \bar{z} \in C$, completando a demonstração. □

Outra propriedade muito importante se refere ao cone gerado por um conjunto finito de vetores, dada no lema abaixo. A demonstração apresentada aqui é direta, mas existem outras formas de provar este resultado. Uma delas segue dos Exercícios 7.8 e 7.9, no final do capítulo.

Lema 7.12

Dados os vetores $v^1, v^2, \ldots, v^m \in \mathbb{R}^n \setminus \{0\}$, o conjunto

Otimização com restrições

Capítulo 7

$$C = \left\{ \sum_{i=1}^{m} y_i v^i \mid y_i \geq 0, i = 1, \ldots, m \right\}$$

é um cone convexo e fechado (veja ilustração na Figura 7.7).

DEMONSTRAÇÃO. Considerando a matriz $B = (v^1 \ v^2 \ \cdots \ v^m) \in \mathbb{R}^{n \times m}$, temos

$$C = \{ By \mid y \in \mathbb{R}^m, y \geq 0 \}.$$

Para mostrar que C é cone, tome $d = By \in C$ e $t \geq 0$. Assim, $td = B(ty) \in C$, pois $ty \geq 0$. A convexidade segue da relação $(1-t)By + tBw = B((1-t)y + tw)$. Agora vamos provar que C é fechado. Note primeiro que a afirmação é válida se $\text{posto}(B) = m$. De fato, seja $(d^k) \subset C$, tal que $d^k \to d$. Então, $d^k = By^k$, com $y^k \geq 0$. Deste modo,

$$B^T By^k = B^T d^k \to B^T d,$$

donde segue que $y^k \to y$, com $y = (B^T B)^{-1} B^T d$. Como $y^k \geq 0$, temos $y \geq 0$. Portanto, $d^k = By^k \to By$ e assim $d = By \in C$, provando que C é fechado neste caso. Para provar o caso geral, no qual B é uma matriz qualquer, vamos usar indução em m.

(i) Para $m = 1$, a afirmação segue do que já foi provado, pois $\text{posto}(B) = 1$.

(ii) Suponha agora que o resultado seja válido para $m - 1$. Vamos provar que vale para m. O caso onde $\text{posto}(B) = m$ já foi provado. Então, basta considerar o caso em que $\text{posto}(B) < m$. Assim, as colunas de B são linearmente dependentes. Isto implica que existe $\gamma \in \mathbb{R}^m$ tal que

$$B\gamma = 0 \qquad\qquad \textbf{(7.4)}$$

e $\gamma_i > 0$ para algum $i = 1, \ldots, m$. Considere, para cada $j = 1, \ldots, m$, a matriz

$$B_j = (v^1 \cdots v^{j-1} \; v^{j+1} \cdots v^m) \in \mathbb{R}^{n \times (m-1)},$$

obtida suprimindo a j-ésima coluna de B. Usando a hipótese de indução, temos que o conjunto

$$C_j = \{ B_j z \mid z \in \mathbb{R}^{m-1}, z \geq 0 \}$$

é fechado para todo $j = 1, \ldots, m$. Portanto, a união $\bigcup_{j=1}^{m} C_j$ é um conjunto fechado. Para concluir a demonstração, vamos mostrar que $C = \bigcup_{j=1}^{m} C_j$. Para isso, tome inicialmente $d \in C$. Então $d = By$, para algum $y \geq 0$. Considere

$$\bar{t} = \max \left\{ -\frac{y_i}{\gamma_i} \mid \gamma_i > 0 \right\},$$

onde γ é dado por (7.4). Assim, para todo i tal que $\gamma_i > 0$, temos $y_i + \bar{t}\gamma_i \geq 0$. Além disso, como $\bar{t} \leq 0$, também vale $y_i + \bar{t}\gamma_i \geq 0$ para cada i tal que $\gamma_i \leq 0$. Seja j tal que $\bar{t} = -\dfrac{y_j}{\gamma_j}$. Definindo $\bar{y} = y + \bar{t}\gamma$, temos que $\bar{y} \geq 0$ e $\bar{y}_j = 0$. Portanto, usando (7.4), obtemos

$$d = By = B(y + \bar{t}\gamma) = B\bar{y} \in C_j.$$

Como a inclusão $\bigcup_{j=1}^{m} C_j \subset C$ é imediata, completamos a prova. $\square$

Otimização com restrições

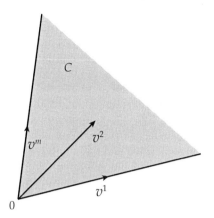

FIGURA 7.7 Ilustração do Lema 7.12.

O Lema 7.12 pode ser usado para estabelecer uma relação entre a versão geométrica do Lema de Farkas (Lema 7.11) e sua forma algébrica, muito encontrada na literatura.

LEMA 7.13 (Farkas algébrico)

Considere $A \in \mathbb{R}^{m \times n}$ e $c \in \mathbb{R}^n$. Então exatamente um dos dois sistemas abaixo tem solução.

$$Ax \leq 0 \quad \text{e} \quad c^T x > 0 \tag{7.5}$$

$$A^T y = c \quad \text{e} \quad y \geq 0. \tag{7.6}$$

Demonstração. Se o sistema (7.6) tem solução, então $c = A^T y$ com $y \geq 0$. Assim, dado $x \in \mathbb{R}^n$ tal que $Ax \leq 0$, temos $c^T x = y^T Ax \leq 0$, o que implica que (7.5) não tem solução. Suponha agora que o sistema (7.6) não tem solução. Portanto,

$$c \notin C = \{A^T y \mid y \geq 0\}.$$

Pelos Lemas 7.11 e 7.12 temos $C = P(P(C))$. Logo, $c \notin P(P(C))$, o que significa que existe $x \in P(C)$ tal que $c^T x > 0$. Além disso,

$$(Ax)^T y = x^T A^T y \leq 0,$$

para todo $y \geq 0$. Em particular, tomando $y = e_j$, $j = 1, \ldots, m$, obtemos $Ax \leq 0$. Assim, o sistema (7.5) tem solução. □

Mesmo sendo uma versão algébrica, o Lema 7.13 pode ser interpretado geometricamente, conforme vemos na Figura 7.8. Os vetores $v^1, v^2, \ldots, v^m \in \mathbb{R}^n$ são as colunas de A^T. Na ilustração do lado esquerdo temos o caso em que o sistema (7.5) tem solução. No lado direito, (7.6) tem solução.

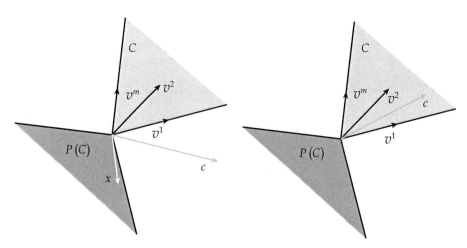

FIGURA 7.8 Ilustração do Lema 7.13.

Note que provamos a versão algébrica do Lema de Farkas utilizando a versão geométrica. No entanto, também é possível mostrar que a versão algébrica implica na versão geométrica para um certo conjunto C. Veja o Exercício 7.7 no final do capítulo.

Temos agora as ferramentas necessárias para provar as condições necessárias de otimalidade para problemas com restrições de igualdade e desigualdade.

Otimização com restrições

Capítulo 7

7.2 Condições de Karush-Kuhn-Tucker

Para estabelecer o Teorema de KKT, vamos estudar os cones relacionados com o problema geral de otimização definido em (7.1). Alguns desses cones podem ser interpretados como aproximações lineares do conjunto viável (7.2).

DEFINIÇÃO 7.14

Seja $\bar{x} \in \Omega$. Uma restrição de desigualdade c_i, $i \in \mathcal{I}$ é dita ativa em $\bar{x}$ se $c_i(\bar{x}) = 0$. Caso $c_i(\bar{x}) < 0$, dizemos que c_i é inativa em $\bar{x}$.

Vamos denotar por $I(\bar{x})$ o conjunto de índices das restrições de desigualdade ativas em um ponto viável $\bar{x}$, isto é,

$$I(\bar{x}) = \{i \in \mathcal{I} \mid c_i(\bar{x}) = 0\}.$$

7.2.1 O cone viável linearizado

A primeira forma de aproximar o conjunto viável Ω é dada na seguinte definição.

DEFINIÇÃO 7.15

Dado $\bar{x} \in \Omega$, definimos o cone viável linearizado de Ω em torno de $\bar{x}$ por

$$D(\bar{x}) = \{d \in \mathbb{R}^n \mid \nabla c_i(\bar{x})^T d = 0, \text{se } i \in \mathcal{E} \text{ e } \nabla c_i(\bar{x})^T d \leq 0, \text{se } i \in I(\bar{x})\}.$$

Note que o conjunto $D(\bar{x})$ pode ser visto como um conjunto viável, onde linearizamos as restrições de igualdade e as de desigualdade ativas. Isto se deve ao fato de que

$$\nabla c_i(\bar{x})^T d = c_i(\bar{x}) + \nabla c_i(\bar{x})^T d \approx c_i(\bar{x} + d)$$

para $i \in \mathcal{E} \cup I(\bar{x})$.

201

Na Figura 7.9 temos algumas das situações que surgem quando consideramos o cone $D(\bar{x})$. Na primeira, temos desigualdades e os gradientes ativos são linearmente independentes. Isto confere uma certa regularidade ao conjunto Ω, que é "bem" aproximado por $D(\bar{x})$ em uma vizinhança de $\bar{x}$. Na segunda, temos uma igualdade e também podemos dizer que $D(\bar{x})$ é uma boa aproximação para Ω. No entanto, a última situação mostra um caso onde o cone é uma reta, mas o conjunto viável é uma região do plano. Note que, neste caso, os gradientes ativos são linearmente dependentes.

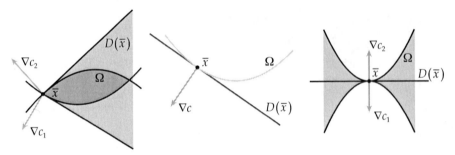

FIGURA 7.9 Exemplos ilustrando o cone viável linearizado.

Lema 7.16

O conjunto $D(\bar{x})$ é um cone convexo fechado não vazio.

DEMONSTRAÇÃO. De fato, basta notar que $D(\bar{x}) = P(S)$, onde

$$S = \{\nabla c_i(\bar{x}), -\nabla c_i(\bar{x}) \mid i \in \mathcal{E}\} \cup \{\nabla c_i(\bar{x}) \mid i \in I(\bar{x})\}$$

e aplicar o Lema 7.5. □

◆ Exemplo 7.17

Considere $c_1, c_2 : \mathbb{R}^2 \to \mathbb{R}$ definidas por $c_1(x) = x_1^2 - 2x_1 - x_2$ e $c_2(x) = x_1^2 - 2x_1 + x_2$. Representamos na Figura 7.10 o conjunto viável

$$\Omega = \{x \in \mathbb{R}^2 \mid c(x) \leq 0\}$$

Otimização com restrições

e o cone $D(\bar{x})$, em $\bar{x}=0$.

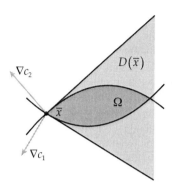

FIGURA 7.10 O cone $D(\bar{x})$ do Exemplo 7.17.

7.2.2 O cone gerado pelos gradientes das restrições

Outro cone relacionado com o problema de otimização é o cone gerado pelos gradientes das restrições. Mais precisamente, dado $\bar{x} \in \Omega$ tal que $\mathcal{E} \cup I(\bar{x}) \neq \emptyset$, definimos o conjunto

$$G(\bar{x}) = \left\{ \sum_{i \in \mathcal{E}} \lambda_i \nabla c_i(\bar{x}) + \sum_{i \in I(\bar{x})} \mu_i \nabla c_i(\bar{x}) \mid \mu_i \geq 0, \forall i \in I(\bar{x}) \right\}. \quad (7.7)$$

Caso $\mathcal{E} \cup I(\bar{x}) = \emptyset$, consideramos $G(\bar{x}) = \{0\}$. Este conjunto tem duas propriedades muito importantes, que provaremos a seguir. Uma delas é que seu polar é justamente o cone $D(\bar{x})$. A outra propriedade diz que $G(\bar{x})$ é um cone convexo fechado. Veja a Figura 7.11.

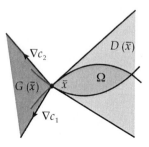

FIGURA 7.11 O cone $G(\bar{x})$.

Otimização contínua: Aspectos teóricos e computacionais

LEMA 7.18

Dado $\overline{x} \in \Omega$, temos que $D(\overline{x}) = P\big(G(\overline{x})\big)$.

Demonstração. Caso $\mathcal{E} \cup I(\overline{x}) = \varnothing$, temos $D(\overline{x}) = \mathbb{R}^n$ e o resultado segue. No outro caso, considere $d \in D(\overline{x})$ e $s \in G(\overline{x})$. Assim,

$$d^T s = \sum_{i \in \mathcal{E}} \lambda_i d^T \nabla c_i(\overline{x}) + \sum_{i \in I(\overline{x})} \mu_i d^T \nabla c_i(\overline{x}).$$

Como $d \in D(\overline{x})$, temos $d^T \nabla c_i(\overline{x}) = 0$ para todo $i \in \mathcal{E}$ e $d^T \nabla c_i(\overline{x}) \leq 0$ para todo $i \in I(\overline{x})$. Assim, $d^T s \leq 0$, pois $\mu_i \geq 0$. Portanto, $d \in P\big(G(\overline{x})\big)$. Para provar a inclusão contrária, tome $d \in P\big(G(\overline{x})\big)$. Então, $d^T s \leq 0$ para todo $s \in G(\overline{x})$. Em particular, para $i \in \mathcal{E}$, temos que $\nabla c_i(\overline{x})$ e $-\nabla c_i(\overline{x})$ são elementos de $G(\overline{x})$. Portanto,

$$d^T \nabla c_i(\overline{x}) \leq 0 \quad \text{e} \quad d^T\big(-\nabla c_i(\overline{x})\big) \leq 0,$$

donde segue que $d^T \nabla c_i(\overline{x}) = 0$. Além disso, para $i \in I(\overline{x})$, temos $\nabla c_i(\overline{x}) \in G(\overline{x})$ e assim $d^T \nabla c_i(\overline{x}) \leq 0$. Desta forma, $d \in D(\overline{x})$, o que completa a demonstração. $\square$

LEMA 7.19

O conjunto $G(\overline{x})$ é um cone convexo fechado.

Demonstração. O resultado é imediato se $\mathcal{E} \cup I(\overline{x}) = \varnothing$, pois $G(\overline{x}) = \{0\}$. Caso contrário, qualquer elemento do conjunto $G(\overline{x})$ pode ser escrito como

$$\sum_{\lambda_i \geq 0} \lambda_i \nabla c_i(\overline{x}) + \sum_{\lambda_i < 0} (-\lambda_i)\big(-\nabla c_i(\overline{x})\big) + \sum_{i \in I(\overline{x})} \mu_i \nabla c_i(\overline{x})$$

com $\mu_i \geq 0$ para todo $i \in I(\overline{x})$. Desta forma, temos

$$G(\overline{x}) = \{By \mid y \geq 0\},$$

onde B é a matriz cujas colunas são $\nabla c_i(\overline{x})$, $-\nabla c_i(\overline{x})$ e $\nabla c_j(\overline{x})$, com $i \in \mathcal{E}$ e $j \in I(\overline{x})$. Pelo Lema 7.12, temos o resultado desejado. $\square$

Tendo em vista os Lemas 7.11 e 7.19, podemos reescrever o Lema 7.18 como

$$P\big(D(\overline{x})\big) = G(\overline{x}). \tag{7.8}$$

Esta relação é a chave da demonstração das condições de KKT.

7.2.3 O cone tangente

Veremos nesta seção um outro cone que também aproxima o conjunto viável Ω, mas diferentemente do cone $D(\overline{x})$, que se baseia nas derivadas das restrições, este novo cone considera os vetores que tangenciam ou "penetram" em Ω.

DEFINIÇÃO 7.20

Uma direção $d \in \mathbb{R}^n$ é dita tangente a $\Omega \subset \mathbb{R}^n$ no ponto $\overline{x} \in \Omega$ quando é nula ou existe uma sequência de pontos viáveis $(x^k) \subset \Omega$ tal que $x^k \to \overline{x}$ e

$$\frac{x^k - \overline{x}}{\left\| x^k - \overline{x} \right\|} \to \frac{d}{\left\| d \right\|}.$$

Segue diretamente da definição que, se d é tangente, o mesmo vale para td, qualquer que seja $t \geq 0$. Assim, o conjunto formado pelos vetores tangentes a Ω em $\overline{x}$ é um cone, chamado de cone tangente a Ω no ponto $\overline{x}$ e denotado por $T(\overline{x})$.

Na Figura 7.12 ilustramos este conceito. Na esquerda o conjunto viável é uma curva definida por uma restrição de igualdade, na qual representamos uma direção tangente d e a convergência indicada na definição. Na outra ilustração o conjunto viável é uma região determinada por duas restrições de desigualdade. Nesta figura aparecem algumas direções tangentes. Note que uma direção que "penetra'" no conjunto viável também satisfaz a Definição 7.20.

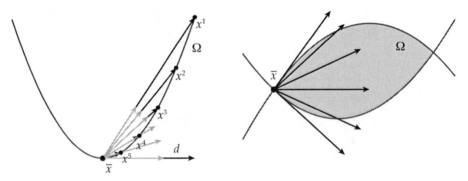

FIGURA 7.12 Direções tangentes.

◈ Exemplo 7.21

Considere as funções $c_1, c_2 : \mathbb{R}^2 \to \mathbb{R}$ dadas por $c_1(x) = x_1^2 - 2x_1 - x_2$ e $c_2(x) = x_1^2 - 2x_1 + x_2$. Determine o cone tangente $T(\bar{x})$, associado ao conjunto viável $\Omega = \{x \in \mathbb{R}^2 \mid c(x) \le 0\}$ em torno do ponto $\bar{x} = 0$.

Sejam $x^k = \begin{pmatrix} s_k \\ t_k \end{pmatrix}$ uma sequência de pontos de Ω e $d = \begin{pmatrix} d_1 \\ d_2 \end{pmatrix} \in \mathbb{R}^2$ tais que

$$x^k \to \bar{x} \quad \text{e} \quad \frac{x^k - \bar{x}}{\|x^k - \bar{x}\|} \to \frac{d}{\|d\|}. \qquad (7.9)$$

Vamos provar que $-2d_1 \le d_2 \le 2d_1$. Como $x^k \in \Omega$, temos $s_k^2 - 2s_k \le t_k \le 2s_k - s_k^2$. Portanto,

$$\frac{s_k^2 - 2s_k}{\sqrt{s_k^2 + t_k^2}} \le \frac{t_k}{\sqrt{s_k^2 + t_k^2}} \le \frac{2s_k - s_k^2}{\sqrt{s_k^2 + t_k^2}}. \qquad (7.10)$$

Otimização com restrições

Capítulo 7

De (7.9), podemos concluir que

$$s_k \to 0 \quad, \quad \frac{s_k}{\sqrt{s_k^2 + t_k^2}} \to \frac{d_1}{\|d\|} \quad \text{e} \quad \frac{t_k}{\sqrt{s_k^2 + t_k^2}} \to \frac{d_2}{\|d\|}.$$

Assim, passando o limite na relação (7.10), obtemos $\dfrac{-2d_1}{\|d\|} \le \dfrac{d_2}{\|d\|} \le \dfrac{2d_1}{\|d\|}$, donde segue que

$$T(\overline{x}) \subset \{d \in \mathbb{R}^2 \mid -2d_1 \le d_2 \le 2d_1\}.$$

Para provar a inclusão contrária, tome primeiro $d = \begin{pmatrix} 1 \\ 2 \end{pmatrix}$. Considere

$$s_k = \frac{1}{k} \quad, \quad t_k = 2s_k - s_k^2 \quad \text{e} \quad x^k = \begin{pmatrix} s_k \\ t_k \end{pmatrix}.$$

Assim, $x^k \to \overline{x}$, $\dfrac{s_k}{\sqrt{s_k^2 + t_k^2}} = \dfrac{1}{\sqrt{1 + (2 - s_k)^2}} \to \dfrac{1}{\sqrt{5}}$ e $\dfrac{t_k}{\sqrt{s_k^2 + t_k^2}} \to \dfrac{2}{\sqrt{5}}$. Portanto, $\dfrac{x^k - \overline{x}}{\|x^k - \overline{x}\|} \to \dfrac{d}{\|d\|}$. Considere agora $d = \begin{pmatrix} 1 \\ \gamma \end{pmatrix}$, com $\gamma \in [0, 2)$. Para todo $k \in \mathbb{N}$, suficientemente grande, temos $\gamma < 2 - \dfrac{1}{k}$, o que implica $y^k = \dfrac{1}{k} \begin{pmatrix} 1 \\ \gamma \end{pmatrix} \in \Omega$. Além disso, $y^k \to \overline{x}$ e $\dfrac{y^k - \overline{x}}{\|y^k - \overline{x}\|} \to \dfrac{d}{\|d\|}$.

Como $T(\overline{x})$ é um cone, podemos concluir que todo vetor $d \in \mathbb{R}^2$ tal que $0 \le d_2 \le 2d_1$ é tangente. O caso $-2d_1 \le d_2 \le 0$ é análogo. Com isto, obtemos

$$T(\overline{x}) = \{d \in \mathbb{R}^2 \mid -2d_1 \le d_2 \le 2d_1\}.$$

Na Figura 7.13 representamos o cone $T(\bar{x})$.

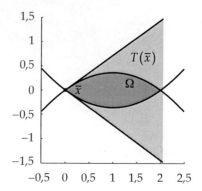

FIGURA 7.13 O cone tangente do Exemplo 7.21.

No Exemplo 7.21 temos a igualdade entre os cones $T(\bar{x})$ e $D(\bar{x})$, mas isto não é regra geral. Aliás, o cone tangente pode não ser convexo. No entanto, pode-se mostrar que é fechado (veja o Exercício 7.10).

◈ Exemplo 7.22

Considere $c: \mathbb{R}^2 \to \mathbb{R}^3$ definida por $c_1(x) = x_1 x_2$, $c_2(x) = -x_1$ e $c_3(x) = -x_2$. Determine os cones $D(\bar{x})$, $G(\bar{x})$ e $T(\bar{x})$, associados ao conjunto viável

$$\Omega = \{x \in \mathbb{R}^2 \mid c_1(x) = 0, c_2, c_3(x) \leq 0\}$$

em torno do ponto $\bar{x} = 0$.

Temos $\nabla c_1(\bar{x}) = \begin{pmatrix} 0 \\ 0 \end{pmatrix}$, $\nabla c_2(\bar{x}) = \begin{pmatrix} -1 \\ 0 \end{pmatrix}$ e $\nabla c_3(\bar{x}) = \begin{pmatrix} 0 \\ -1 \end{pmatrix}$. Assim,

$$D(\bar{x}) = \{d \in \mathbb{R}^2 \mid d_1 \geq 0, d_2 \geq 0\}, \quad G(\bar{x}) = \{d \in \mathbb{R}^2 \mid d_1 \leq 0, d_2 \leq 0\}$$

e

$$T(\bar{x}) = \{d \in \mathbb{R}^2 \mid d_1 \geq 0, d_2 \geq 0, d_1 d_2 = 0\}.$$

Na Figura 7.14 estão representados estes cones. Note que $T(\bar{x}) \neq D(\bar{x})$ e $T(\bar{x})$ não é convexo.

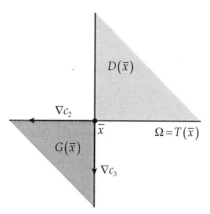

FIGURA 7.14 Exemplo onde $T(\bar{x}) \neq D(\bar{x})$.

O próximo resultado estabelece uma relação entre os cones $T(\bar{x})$ e $D(\bar{x})$.

LEMA 7.23

Dado $\bar{x} \in \Omega$, temos $T(\bar{x}) \subset D(\bar{x})$.

DEMONSTRAÇÃO. Considere $d \in T(\bar{x})$, $d \neq 0$. Então existe uma sequência $(x^k) \subset \Omega$ tal que $x^k \to \bar{x}$ e $\dfrac{x^k - \bar{x}}{\|x^k - \bar{x}\|} \to \dfrac{d}{\|d\|}$. Pela diferenciabilidade de c segue que $c_i(x^k) = c_i(\bar{x}) + \nabla c_i(\bar{x})^T (x^k - \bar{x}) + o(\|x^k - \bar{x}\|)$, para todo $i \in \mathcal{E} \cup I(\bar{x})$. Considere $i \in \mathcal{E}$ e $j \in I(\bar{x})$. Como $x^k, \bar{x} \in \Omega$, temos

$$\nabla c_i(\bar{x})^T \frac{(x^k - \bar{x})}{\|x^k - \bar{x}\|} + \frac{o(\|x^k - \bar{x}\|)}{\|x^k - \bar{x}\|} = 0 \quad \text{e} \quad \nabla c_j(\bar{x})^T \frac{(x^k - \bar{x})}{\|x^k - \bar{x}\|} + \frac{o(\|x^k - \bar{x}\|)}{\|x^k - \bar{x}\|} \leq 0.$$

Passando o limite, obtemos $\nabla c_i(\bar{x})^T \dfrac{d}{\|d\|} = 0$ e $\nabla c_j(\bar{x})^T \dfrac{d}{\|d\|} \leq 0$. Assim, $d \in D(\bar{x})$, completando a prova. $\square$

7.2.4 O teorema de Karush-Kuhn-Tucker

Temos agora todas as ferramentas para provar as condições de KKT. Vamos começar com um resultado que também pode ser visto como uma condição necessária de otimalidade.

Lema 7.24

Se $x^* \in \Omega$ é um minimizador local do problema (7.1), então $\nabla f(x^*)^T d \geq 0$, para todo $d \in T(x^*)$.

Demonstração. Seja $d \in T(x^*)$, $d \neq 0$. Então existe uma sequência $(x^k) \subset \Omega$ tal que $x^k \to x^*$ e $\dfrac{x^k - x^*}{\|x^k - x^*\|} \to \dfrac{d}{\|d\|}$. Por outro lado, temos

$$0 \leq f(x^k) - f(x^*) = \nabla f(x^*)^T (x^k - x^*) + o\left(\|x^k - x^*\|\right),$$

para todo k suficientemente grande. Dividindo por $\|x^k - x^*\|$ e passando o limite obtemos $\nabla f(x^*)^T d \geq 0$, completando a prova. $\square$

Na Figura 7.15 ilustramos uma situação que satisfaz as condições do Lema 7.24 e outra onde isto não se verifica.

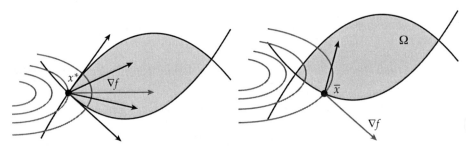

FIGURA 7.15 Relações entre direções tangentes e o gradiente da função objetivo.

O Lema 7.24 tem um interesse teórico, pois será usado para provar o Teorema de KKT. No entanto, este lema é pouco prático, no sentido de que não podemos usá-lo para calcular os possíveis minimizadores. O teorema seguinte nos dá esta possibilidade.

Otimização com restrições

Capítulo 7

▣ TEOREMA 7.25 (KKT)

Seja $x^* \in \Omega$ um minimizador local do problema (7.1) e suponha que $P(T(x^*)) = P(D(x^*))$. Então existem vetores λ^* e μ^* tais que

$$-\nabla f(x^*) = \sum_{i \in \mathcal{E}} \lambda_i^* \nabla c_i(x^*) + \sum_{i \in \mathcal{I}} \mu_i^* \nabla c_i(x^*),$$

$$\mu_i^* \geq 0, \quad i \in \mathcal{I},$$

$$\mu_i^* c_i(x^*) = 0, \quad i \in \mathcal{I}.$$

Demonstração. Pelo Lema 7.24, temos $-\nabla f(x^*)^T d \leq 0$, para todo $d \in T(x^*)$. Assim, usando a hipótese e a relação (7.8), obtemos

$$-\nabla f(x^*) \in P(T(x^*)) = P(D(x^*)) = G(x^*).$$

Isto significa que existem vetores λ e μ, tais que $\mu \geq 0$ e

$$-\nabla f(x^*) = \sum_{i \in \mathcal{E}} \lambda_i \nabla c_i(x^*) + \sum_{i \in I(x^*)} \mu_i \nabla c_i(x^*).$$

Definindo $\mu_i^* = \begin{cases} \mu_i, & \text{para } i \in I(x^*) \\ 0, & \text{para } i \in \mathcal{I} \setminus I(x^*) \end{cases}$ e $\lambda^* = \lambda$, completamos a prova. $\square$

DEFINIÇÃO 7.26

Um ponto viável $\bar{x} \in \Omega$ é dito estacionário quando cumpre as condições necessárias do Teorema 7.25.

A hipótese sobre os cones $T(x^*)$ e $D(x^*)$ feita no Teorema 7.25 é chamada de condição de qualificação. Ela foi introduzida por Guignard [18] para dimensão infinita e reformulada para o caso finito por Gould e Tolle [16], onde se estabelece que esta condição, além de suficiente, também é necessária para que tenhamos KKT. Entretanto, como já vimos em exem-

211

Otimização contínua: Aspectos teóricos e computacionais

plos já vistos, pode ser muito difícil obter os cones $T(x^*)$ e $D(x^*)$ e verificar se a condição $P(T(x^*)) = P(D(x^*))$ é satisfeita. Veremos na Seção 7.3 outras condições de qualificação, tais como Slater, Mangasarian-Fromovitz, independência linear dos gradientes, que implicam na que usamos na página anterior e são mais facilmente verificadas.

◈ Exemplo 7.27

Vamos refazer o Exemplo 7.1 usando KKT. O problema é dado por

$$\text{minimizar} \quad f(x) = (x_1 - 2)^2 + (x_2 - 1)^2$$

$$\text{sujeito a} \quad c_1(x) = x_1 + x_2 - 2 \leq 0$$

$$c_2(x) = x_1^2 - x_2 \leq 0.$$

Note primeiro que o conjunto viável é compacto. De fato, como

$$x_1^2 \leq x_2 \leq 2 - x_1,$$

temos $x_1^2 + x_1 - 2 \leq 0$. Portanto, $-2 \leq x_1 \leq 1$ e $0 \leq x_2 \leq 4$. Além disso, temos $T(x) = D(x)$ para todo ponto viável x. Portanto, o minimizador deve satisfazer

$$-2\begin{pmatrix} x_1 - 2 \\ x_2 - 1 \end{pmatrix} = \mu_1 \begin{pmatrix} 1 \\ 1 \end{pmatrix} + \mu_2 \begin{pmatrix} 2x_1 \\ -1 \end{pmatrix} \qquad \textbf{(7.11)}$$

além de $\mu_i \geq 0$ e $\mu_i c_i(x) = 0$, $i = 1,2$. Como nenhum ponto de Ω cumpre $x_1 = 2$, pelo menos um dos multiplicadores deve ser não nulo. Veremos agora que os dois são não nulos. De fato, se fosse $\mu_1 = 0$ e $\mu_2 > 0$, teríamos $x_1^2 - x_2 = 0$ (restrição ativa) e $x_2 > 1$ (relação (7.11)). Assim, $x_1 \leq -1$, o que contradiz (7.11). Por outro lado, se $\mu_1 > 0$ e $\mu_2 = 0$, então $x_1 + x_2 = 2$ (restrição ativa) e $x_1 - 2 = x_2 - 1$ (relação (7.11)). Assim, $x_1 = \dfrac{3}{2}$, o que também

Otimização com restrições

Capítulo 7

é uma contradição. Agora fica fácil resolver o sistema KKT, pois $x_1 + x_2 = 2$ e $x_1^2 = x_2$ fornecem $x^* = \begin{pmatrix} 1 \\ 1 \end{pmatrix}$ e $\tilde{x} = \begin{pmatrix} -2 \\ 4 \end{pmatrix}$. Como $\tilde{x}$ não satisfaz (7.11) para $\mu_i \geq 0$, a solução é x^* com multiplicador $\mu^* = \begin{pmatrix} 2/3 \\ 2/3 \end{pmatrix}$. Reveja a Figura 7.1, que ilustra este problema.

Quando o problema de otimização possui apenas restrições de igualdade, é conveniente escrever as condições de KKT de outra forma. Para isto, denote a matriz Jacobiana de c no ponto x por $A(x)$ e defina o Lagrangiano associado ao problema por

$$x \in \mathbb{R}^n, \lambda \in \mathbb{R}^m \mapsto \ell(x,\lambda) = f(x) + \lambda^T c(x),$$

onde o vetor λ é chamado multiplicador de Lagrange. Neste caso, as condições de otimalidade de primeira ordem, dadas pelo Teorema 7.25, podem ser escritas como

$$\nabla \ell(x^*, \lambda^*) = \begin{pmatrix} \nabla f(x^*) + A(x^*)^T \lambda^* \\ c(x^*) \end{pmatrix} = \begin{pmatrix} 0 \\ 0 \end{pmatrix}.$$

7.2.5 Medidas de estacionariedade

Vamos apresentar nesta seção duas caracterizações alternativas de estacionariedade para o problema (7.1). Para isso, considere um ponto $\bar{x} \in \mathbb{R}^n$ e a aproximação linear do conjunto viável dada por

$$\mathcal{L}(\bar{x}) = \{\bar{x} + d \in \mathbb{R}^n \mid c_{\mathcal{E}}(\bar{x}) + A_{\mathcal{E}}(\bar{x})d = 0 \, , \, c_{\mathcal{I}}(\bar{x}) + A_{\mathcal{I}}(\bar{x})d \leq 0\}, \qquad \textbf{(7.12)}$$

onde A_ε e $A_{\mathcal{I}}$ denotam as Jacobianas de c_ε e $c_{\mathcal{I}}$, respectivamente. Definimos a direção do gradiente projetado por

$$d^c(\bar{x}) = \text{proj}_{\mathcal{L}(\bar{x})}\big(\bar{x} - \nabla f(\bar{x})\big) - \bar{x}. \qquad \textbf{(7.13)}$$

Otimização contínua: Aspectos teóricos e computacionais

Note que $\mathcal{L}(\overline{x})$ é um conjunto convexo e fechado. Portanto, o Lema 3.6 garante que esta direção está bem definida. O próximo teorema relaciona tal direção com a estacionariedade de $\overline{x}$.

▣ TEOREMA 7.28

Um ponto viável $\overline{x} \in \Omega$ cumpre as condições de KKT se, e somente se, $d^c(\overline{x})=0$. Além disso, se $\overline{x}$ não é estacionário, então $\nabla f(\overline{x})^T d^c(\overline{x})<0$.

DEMONSTRAÇÃO. Considere o cone $G(\overline{x})$, definido na Seção 7.2.2. Se $\overline{x}$ satisfaz KKT, então $-\nabla f(\overline{x}) \in G(\overline{x})$. Assim, pela relação (7.8), temos que $-\nabla f(\overline{x}) \in P(D(\overline{x}))$, o que significa que

$$-\nabla f(\overline{x})^T d \le 0, \tag{7.14}$$

para todo $d \in D(\overline{x})$. Dado $x = \overline{x} + \overline{d} \in \mathcal{L}(\overline{x})$, como $\overline{x}$ é viável, temos

$$A_{\mathcal{E}}(\overline{x})\overline{d}=0 \quad \text{e} \quad c_{\mathcal{I}}(\overline{x})+A_{\mathcal{I}}(\overline{x})\overline{d} \le 0,$$

donde segue que $\overline{d} \in D(\overline{x})$. Portanto, por (7.14), obtemos

$$\left(\overline{x}-\nabla f(\overline{x})-\overline{x}\right)^T (x-\overline{x})=-\nabla f(\overline{x})^T \overline{d} \le 0.$$

Pelo Lema 3.8, segue que $\text{proj}_{\mathcal{L}(\overline{x})}\left(\overline{x}-\nabla f(\overline{x})\right)=\overline{x}$, ou seja, $d^c(\overline{x})=0$. Para provar a recíproca, note que dado $d \in D(\overline{x})$, temos

$$A_{\mathcal{E}}(\overline{x})(td)=0 \quad \text{e} \quad A_{I(\overline{x})}(\overline{x})(td) \le 0,$$

para todo $t > 0$. Além disso, para $i \in \mathcal{I} \setminus I(\overline{x})$, podemos tomar $t > 0$ suficientemente pequeno, tal que

$$c_i(\overline{x})+\nabla c_i(\overline{x})^T(td) \le 0.$$

214

Assim, considerando a direção $\tilde{d}=td$, temos $\overline{x}+\tilde{d}\in\mathcal{L}(\overline{x})$ e, como $\text{proj}_{\mathcal{L}(\overline{x})}(\overline{x}-\nabla f(\overline{x}))=\overline{x}$, o Teorema 3.7 nos fornece

$$-\nabla f(\overline{x})^T\tilde{d}=\left(\overline{x}-\nabla f(\overline{x})-\overline{x}\right)^T(\overline{x}+\tilde{d}-\overline{x})\leq 0.$$

Portanto, $-\nabla f(\overline{x})^T d\leq 0$, o que implica $-\nabla f(\overline{x})\in P\big(D(\overline{x})\big)=G(\overline{x})$ e assim podemos concluir que $\overline{x}$ cumpre as condições de KKT. Finalmente, vamos provar que $d^c(\overline{x})$ é uma direção de descida quando $\overline{x}$ não cumprir as condições de KKT. Definindo

$$\overline{z}=\text{proj}_{\mathcal{L}(\overline{x})}\big(\overline{x}-\nabla f(\overline{x})\big),$$

temos $d^c(\overline{x})=\overline{z}-\overline{x}$ e, novamente pelo Teorema 3.7,

$$\big(d^c(\overline{x})+\nabla f(\overline{x})\big)^T d^c(\overline{x})=\big(\overline{x}-\nabla f(\overline{x})-\overline{z}\big)^T(\overline{x}-\overline{z})\leq 0.$$

Como $\overline{x}$ não satisfaz KKT, podemos usar o que foi provado na primeira parte do teorema para concluir que $d^c(\overline{x})\neq 0$. Portanto,

$$\nabla f(\overline{x})^T d^c(\overline{x})\leq -\big\|d^c(\overline{x})\big\|^2<0,$$

completando a demonstração. $\square$

Salientamos que a igualdade $d^c(\overline{x})=0$ não pode ser vista como uma condição necessária de otimalidade, como ocorre no Teorema 3.9. De fato, aqui podemos ter um minimizador no qual d^c não se anula, conforme vemos no seguinte exemplo.

◈ Exemplo 7.29

Considere $c:\mathbb{R}^2\to\mathbb{R}^2$ definida por $c_1(x)=x_1 x_2$, $c_2(x)=-x_1-x_2$ e o problema de minimizar $f(x)=x_1+2x_2$ no conjunto

$$\Omega=\{x\in\mathbb{R}^2\,|\,c_1(x)=0\,,\,c_2(x)\leq 0\}.$$

Verifique que o ponto $\bar{x}=0$ é uma solução global, mas $d^c(\bar{x}) \neq 0$.

Note que qualquer ponto viável, que não seja $\bar{x}$, tem uma componente nula e a outra positiva. Portanto, $\bar{x}=0$ é o minimizador global de f em Ω. Além disso, temos

$$\nabla c_1(\bar{x}) = \begin{pmatrix} 0 \\ 0 \end{pmatrix}, \nabla c_2(\bar{x}) = \begin{pmatrix} -1 \\ -1 \end{pmatrix} \quad \text{e} \quad \nabla f(\bar{x}) = \begin{pmatrix} 1 \\ 2 \end{pmatrix}.$$

Assim, $\mathcal{L}(\bar{x}) = \{d \in \mathbb{R}^2 \mid d_1 + d_2 \geq 0\}$ e

$$\bar{z} = \text{proj}_{\mathcal{L}(\bar{x})}(\bar{x} - \nabla f(\bar{x})) = \frac{1}{2}\begin{pmatrix} 1 \\ -1 \end{pmatrix} \neq \bar{x}.$$

A Figura 7.16 ilustra este exemplo.

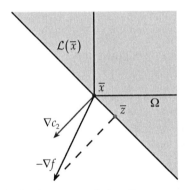

FIGURA 7.16 Um minimizador no qual $d^c \neq 0$.

A outra forma de avaliar a estacionariedade de um ponto viável faz uso da medida

$$\chi(x) = \left| \min_{x+d \in \mathcal{L}(x), \|d\| \leq 1} \nabla f(x)^T d \right|.$$

A primeira propriedade desta função é que ela se anula em pontos estacionários.

Otimização com restrições

Capítulo 7

◉ TEOREMA 7.30

Dado $\bar{x} \in \Omega$, temos $\chi(\bar{x}) \le \left\| \text{proj}_{D(\bar{x})} \left(-\nabla f(\bar{x}) \right) \right\|$. Em particular, se $\bar{x}$ satisfaz KKT, então $\chi(\bar{x}) = 0$.

DEMONSTRAÇÃO. Considere d^* uma solução global do problema

$$\begin{aligned} \text{minimizar} \quad & \nabla f(\bar{x})^T d \\ \text{sujeito a} \quad & \bar{x} + d \in \mathcal{L}(\bar{x}). \\ & \|d\| \le 1 \end{aligned} \qquad \textbf{(7.15)}$$

Como $\bar{x} \in \Omega$, o vetor $d = 0$ cumpre as restrições do problema (7.15), donde segue que $\chi(\bar{x}) = -\nabla f(\bar{x})^T d^*$. Por outro lado, aplicando o Lema 7.9, obtemos

$$-\nabla f(\bar{x})^T d^* = \text{proj}_{D(\bar{x})} \left(-\nabla f(\bar{x}) \right)^T d^* + \text{proj}_{P(D(\bar{x}))} \left(-\nabla f(\bar{x}) \right)^T d^*.$$

Notando que $d^* \in D(\bar{x})$, podemos concluir que

$$\chi(\bar{x}) \le \text{proj}_{D(\bar{x})} \left(-\nabla f(\bar{x}) \right)^T d^*.$$

Pela desigualdade de Cauchy-Schwarz e por $\|d^*\| \le 1$, temos provada a primeira afirmação do teorema. Para concluir a prova, note que se $\bar{x}$ satisfaz KKT, então

$$-\nabla f(\bar{x}) \in G(\bar{x}) = P\left(D(\bar{x}) \right).$$

Aplicando novamente o Lema 7.9, obtemos $\text{proj}_{D(\bar{x})} \left(-\nabla f(\bar{x}) \right) = 0$, completando a demonstração. $\square$

O próximo resultado estabelece a recíproca da segunda afirmação feita no Teorema 7.30.

217

▣ TEOREMA 7.31

Dado $\bar{x} \in \Omega$, se $\chi(\bar{x}) = 0$, então $\bar{x}$ é estacionário.

DEMONSTRAÇÃO. Supondo $\chi(\bar{x}) = 0$, temos $\nabla f(\bar{x})^T d \geq 0$, para todo $d \in \mathbb{R}^n$ tal que $\bar{x} + d \in \mathcal{L}(\bar{x})$ e $\|d\| \leq 1$. Considere agora $d \in D(\bar{x})$. Com o mesmo argumento usado na prova do Teorema 7.28, podemos concluir que $\bar{x} + td \in \mathcal{L}(\bar{x})$ e $\|td\| \leq 1$, para todo $t > 0$ suficientemente pequeno. Consequentemente, $\nabla f(\bar{x})^T (td) \geq 0$, donde segue que

$$-\nabla f(\bar{x}) \in P\big(D(\bar{x})\big) = G(\bar{x}),$$

completando a demonstração. $\square$

7.3 Condições de qualificação

Vimos neste capítulo que pode ser muito difícil verificar se a hipótese sobre os cones $T(\bar{x})$ e $D(\bar{x})$ feita no Teorema 7.25 é satisfeita. Veremos agora outras condições de qualificação, mais simples de serem verificadas, que também garantem que um minimizador satisfaz as relações de KKT. Salientamos que se não for verificada nenhuma hipótese sobre as restrições, podemos ter minimizadores que não cumprem KKT, dificultando assim a caracterização de tais pontos. Tal fato pode ser visto no seguinte exemplo.

◈ EXEMPLO 7.32

Considere o problema

$$\text{minimizar} \quad f(x) = x_1$$

$$\text{sujeito a} \quad c_1(x) = -x_1^3 + x_2 \leq 0$$

$$c_2(x) = -x_2 \leq 0.$$

Otimização com restrições

O ponto $x^* = 0$ é o minimizador deste problema, mas não cumpre as condições de KKT.

De fato, de $0 \leq x_2 \leq x_1^3$, segue que $f(x) = x_1 \geq 0 = f(x^*)$, para todo ponto viável x. Além disso,

$$\nabla f(x^*) = \begin{pmatrix} 1 \\ 0 \end{pmatrix}, \quad \nabla c_1(x^*) = \begin{pmatrix} 0 \\ 1 \end{pmatrix} \quad \text{e} \quad \nabla c_2(x^*) = \begin{pmatrix} 0 \\ -1 \end{pmatrix},$$

o que significa que não vale KKT. Note que $P(T(x^*)) \neq P(D(x^*))$. Veja uma ilustração deste exemplo na Figura 7.17.

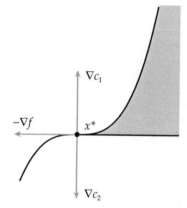

FIGURA 7.17 Ilustração do Exemplo 7.32.

Para continuar nossa discussão, vamos apresentar uma definição precisa de condição de qualificação. Considere $c_i : \mathbb{R}^n \to \mathbb{R}$, $i \in \mathcal{E} \cup \mathcal{I}$, funções continuamente diferenciáveis em $\mathbb{R}^n$ e o conjunto viável

$$\Omega = \{x \in \mathbb{R}^n \mid c_{\mathcal{E}}(x) = 0, c_{\mathcal{I}}(x) \leq 0\}. \tag{7.16}$$

Definição 7.33

Dizemos que as restrições $c_{\mathcal{E}}(x) = 0$ e $c_{\mathcal{I}}(x) \leq 0$ cumprem uma condição de qualificação em $x^* \in \Omega$ quando, dada qualquer função diferenciável f, que tenha mínimo em x^*, relativamente a Ω, sejam satisfeitas as condições de otimalidade de KKT.

Trataremos primeiramente de uma situação particular, mas de muita importância, em que as restrições são lineares.

7.3.1 Problemas com restrições lineares

Considere o problema

$$\text{minimizar} \quad f(x)$$
$$\text{sujeito a} \quad Ax = b \tag{7.17}$$
$$Mx \le r,$$

onde $A \in \mathbb{R}^{m \times n}$, $M \in \mathbb{R}^{p \times n}$, $b \in \mathbb{R}^m$ e $r \in \mathbb{R}^p$. Como veremos no próximo teorema, as condições de otimalidade de KKT se verificam em um minimizador.

▣ TEOREMA 7.34

Se x^* é um minimizador local do problema (7.17), então x^* satisfaz as condições de KKT.

DEMONSTRAÇÃO. Usando o Lema 7.23 e o Teorema 7.25, basta provar que $D(x^*) \subset T(x^*)$. Dado $d \in D(x^*)$, temos $Ad = 0$ e $Md \le 0$. Se $d = 0$, temos trivialmente $d \in T(x^*)$. Caso $d \ne 0$, defina $x^k = x^* + \dfrac{1}{k}d$. Assim,

$$Ax^k = b \, , \, Mx^k \le r \, , \, x^k \to x^* \quad \text{e} \quad \frac{x^k - x^*}{\left\| x^k - x^* \right\|} = \frac{d}{\left\| d \right\|}.$$

Portanto, $d \in T(x^*)$, completando a prova. $\square$

A próxima condição de qualificação exige a existência de um ponto no interior relativo do conjunto viável.

Otimização com restrições

7.3.2 Condição de qualificação de Slater

Considere o conjunto Ω, definido em (7.16). Dizemos que a condição de qualificação de Slater é satisfeita quando $c_{\mathcal{E}}$ é linear, cada componente c_i, $i \in \mathcal{I}$ é convexa e existe $\tilde{x} \in \Omega$ tal que

$$c_{\mathcal{E}}(\tilde{x}) = 0 \quad \text{e} \quad c_{\mathcal{I}}(\tilde{x}) < 0. \tag{7.18}$$

Vejamos que Slater é, de fato, uma condição de qualificação.

▣ TEOREMA 7.35

Se vale a condição de Slater, então $T(\overline{x}) = D(\overline{x})$, para todo $\overline{x} \in \Omega$.

DEMONSTRAÇÃO. Em virtude do Lema 7.23, basta provar que $D(\overline{x}) \subset T(\overline{x})$. Considere uma direção arbitrária $d \in D(\overline{x})$ e defina $\overline{d} = \tilde{x} - \overline{x}$, onde $\tilde{x} \in \Omega$ é o ponto que satisfaz (7.18). Pela convexidade de c_i, temos

$$0 > c_i(\tilde{x}) \geq c_i(\overline{x}) + \nabla c_i(\overline{x})^T \overline{d}.$$

Assim, para $i \in I(\overline{x})$, temos $\nabla c_i(\overline{x})^T \overline{d} < 0$. Dado $t \in (0,1)$, defina

$$\hat{d} = (1-t)d + t\overline{d}.$$

Vamos provar que $\hat{d} \in T(\overline{x})$, para todo $t \in (0,1)$ (veja a Figura 7.18). Dado $i \in I(\overline{x})$, temos $\nabla c_i(\overline{x})^T d \leq 0$ e $\nabla c_i(\overline{x})^T \overline{d} < 0$. Consequentemente, $\nabla c_i(\overline{x})^T \hat{d} < 0$. Definindo $x^k = \overline{x} + \frac{1}{k}\hat{d}$ e aplicando o Teorema 4.2, podemos concluir que

$$c_i(x^k) < c_i(\overline{x}) = 0,$$

para todo k suficientemente grande. Por outro lado, se $i \notin I(\overline{x})$, vale $c_i(\overline{x}) < 0$. Assim, pela continuidade de c_i, temos $c_i(x^k) < 0$, para todo

221

k suficientemente grande. Além disso, como $c_\mathcal{E}$ é linear, digamos, $c_\mathcal{E}(x) = Ax - b$, temos $Ad = \nabla c_\mathcal{E}(\bar{x})^T d = 0$, pois $d \in D(\bar{x})$. Também temos que $A\bar{d} = A(\tilde{x} - \bar{x}) = c_\mathcal{E}(\tilde{x}) - c_\mathcal{E}(\bar{x}) = 0$. Consequentemente, $A\hat{d} = 0$. Portanto,

$$c_\mathcal{E}(x^k) = Ax^k - b = A\bar{x} - b + \frac{1}{k} A\hat{d} = 0.$$

Concluímos então que a sequência (x^k) é viável. Além disso, como

$$\frac{x^k - \bar{x}}{\|x^k - \bar{x}\|} = \frac{\hat{d}}{\|\hat{d}\|},$$

temos que $\hat{d} \in T(\bar{x})$. Mas $T(\bar{x})$ é fechado (veja o Exercício 7.10). Logo $d \in T(\bar{x})$, completando a prova. □

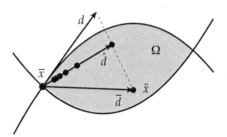

FIGURA 7.18 Ilustração auxiliar para o Teorema 7.35.

7.3.3 Condição de qualificação de independência linear

Apresentamos agora uma das condições de qualificação mais conhecidas e comuns na literatura.

DEFINIÇÃO 7.36

Dizemos que a condição de qualificação de independência linear (LICQ) é satisfeita em $\bar{x}$ quando o conjunto formado pelos gradientes das restrições de igualdade e das restrições de desigualdade ativas é linearmente independente, isto é,

$$\{\nabla c_i(\overline{x}) \,|\, i \in \mathcal{E} \cup I(\overline{x})\} \text{ é LI.}$$

Esta condição é bem mais fácil de verificar do que aquela que colocamos na hipótese do Teorema 7.25, envolvendo cones. Para exemplificar, vamos retomar as restrições do Exemplo 7.21, onde apenas a determinação do cone tangente $T(\overline{x})$ já foi consideravelmente trabalhosa.

◈ **Exemplo 7.37**

Considere duas restrições de desigualdades definidas por $c_1, c_2 : \mathbb{R}^2 \to \mathbb{R}$, onde $c_1(x) = x_1^2 - 2x_1 - x_2$ e $c_2(x) = x_1^2 - 2x_1 + x_2$. Verifique que o ponto $\overline{x} = 0$ cumpre LICQ.

As duas restrições são ativas em $\overline{x}$ e os vetores $\nabla c_1(\overline{x}) = \begin{pmatrix} -2 \\ -1 \end{pmatrix}$ e $\nabla c_2(\overline{x}) = \begin{pmatrix} -2 \\ 1 \end{pmatrix}$ são linearmente independentes.

Apesar desta simplicidade, LICQ tem a desvantagem de ser uma hipótese muito forte para garantir KKT. Existem muitos problemas em que temos KKT sem que LICQ seja satisfeita.

◈ **Exemplo 7.38**

Considere o problema

$$\text{minimizar} \quad f(x) = x_1$$

$$\text{sujeito a} \quad c_1(x) = x_1^2 - 2x_1 - x_2 \leq 0$$

$$c_2(x) = x_1^2 - 2x_1 + x_2 \leq 0$$

$$c_3(x) = -x_1 \leq 0.$$

O ponto $x^* = 0$ é o minimizador deste problema, cumpre as condições de KKT mas não satisfaz LICQ.

De fato, as três restrições são ativas em x^* e os vetores

$$\nabla c_1(x^*) = \begin{pmatrix} -2 \\ -1 \end{pmatrix}, \quad \nabla c_2(x^*) = \begin{pmatrix} -2 \\ 1 \end{pmatrix} \quad \text{e} \quad \nabla c_3(x^*) = \begin{pmatrix} -1 \\ 0 \end{pmatrix}$$

são linearmente dependentes. Além disso, $-\nabla f(x^*) = \begin{pmatrix} -1 \\ 0 \end{pmatrix} = \nabla c_3(x^*)$, ou seja, vale KKT.

Este exemplo motiva o estudo de hipóteses mais fracas mas que ainda sejam facilmente verificadas. Uma delas, atribuída a Mangasarian e Fromovitz, é apresentada na próxima seção, onde também provamos que LICQ é realmente uma condição de qualificação.

7.3.4 Condição de qualificação de Mangasarian--Fromovitz

Enquanto que na condição de Slater exigimos um ponto no interior relativo do conjunto viável, aqui pedimos que o conjunto viável linearizado, $D(\bar{x})$, tenha interior relativo não vazio.

DEFINIÇÃO 7.39

A condição de qualificação de Mangasarian-Fromovitz (MFCQ) é satisfeita em $\bar{x}$ quando os gradientes das restrições de igualdade são linearmente independentes e existir um vetor $d \in \mathbb{R}^n$ tal que

$$\nabla c_i(\bar{x})^T d = 0 \quad \text{e} \quad \nabla c_j(\bar{x})^T d < 0,$$

para todos $i \in \mathcal{E}$ e $j \in I(\bar{x})$.

As restrições do Exemplo 7.38 cumprem MFCQ no ponto $\bar{x} = 0$, pois o vetor $d = \begin{pmatrix} 1 \\ 0 \end{pmatrix}$ satisfaz $\nabla c_i(\bar{x})^T d < 0$, $i = 1, 2, 3$.

Otimização com restrições

Capítulo 7

Vamos agora provar que MFCQ e LICQ são, de fato, condições de qualificação. Isto será feito em duas etapas. Primeiro, veremos que LICQ implica MFCQ. Em seguida, provaremos que MFCQ implica $T(\overline{x}) = D(\overline{x})$.

▣ TEOREMA 7.40

Se $\overline{x} \in \Omega$ satisfaz LICQ, então $\overline{x}$ satisfaz MFCQ.

DEMONSTRAÇÃO. Podemos supor, sem perda de generalidade, que $\mathcal{E} = \{1, \ldots, m\}$ e $I(\overline{x}) = \{m+1, \ldots, m+q\}$. Considere a matriz

$$M = \left(\nabla c_1(\overline{x}) \cdots \nabla c_m(\overline{x}) \, \nabla c_{m+1}(\overline{x}) \cdots \nabla c_{m+q}(\overline{x}) \right)$$

e $b \in \mathbb{R}^{m+q}$ dado por $b_i = 0$, para $i = 1, \ldots, m$ e $b_i = -1$, para $i = m+1, \ldots, m+q$. Como as colunas de M são linearmente independentes, o sistema $M^T d = b$ é possível, já que a matriz de coeficientes tem posto linha completo e portanto igual ao posto da matriz ampliada. Sendo d uma solução do sistema, temos

$$\nabla c_i(\overline{x})^T d = 0 \quad \text{e} \quad \nabla c_j(\overline{x})^T d = -1 < 0,$$

para todos $i \in \mathcal{E}$ e $j \in I(\overline{x})$. Assim, MFCQ é satisfeita, completando a prova. $\square$

Para provar a outra afirmação precisaremos de dois resultados auxiliares, apresentados nos seguintes lemas.

LEMA 7.41

Sejam $\overline{x}, d \in \mathbb{R}^n$ tais que $c_{\mathcal{E}}(\overline{x}) = 0$ e $\nabla c_i(\overline{x})^T d = 0$, para todo $i \in \mathcal{E}$. Suponha que os gradientes $\nabla c_i(\overline{x})$, $i \in \mathcal{E}$, são linearmente independentes. Então, existe uma curva diferenciável $\gamma : (-\varepsilon, \varepsilon) \to \mathbb{R}^n$ tal que $c_{\mathcal{E}}(\gamma(t)) = 0$, para todo $t \in (-\varepsilon, \varepsilon)$, $\gamma(0) = \overline{x}$ e $\gamma'(0) = d$.

DEMONSTRAÇÃO. Como anteriormente, vamos considerar $\mathcal{E} = \{1, \ldots, m\}$. Assim, a matriz $M = (\nabla c_1(\overline{x}) \cdots \nabla c_m(\overline{x})) \in \mathbb{R}^{n \times m}$ tem posto m. Portanto, exis-

225

te uma matriz $Z \in \mathbb{R}^{n \times (n-m)}$, cujas colunas formam uma base de $\mathcal{N}(M^T)$. Como $\text{Im}(M) \oplus \mathcal{N}(M^T) = \mathbb{R}^n$, a matriz $(M\ Z) \in \mathbb{R}^{n \times n}$ é inversível. Defina $\varphi : \mathbb{R}^{n+1} \to \mathbb{R}^n$ por

$$\varphi \begin{pmatrix} x \\ t \end{pmatrix} = \begin{pmatrix} c_\varepsilon(x) \\ Z^T(x - \bar{x} - td) \end{pmatrix}.$$

Como $\nabla_x \varphi = (M\ Z)$ é inversível e $\varphi \begin{pmatrix} \bar{x} \\ 0 \end{pmatrix} = 0$, o Teorema 1.60 (teorema da função implícita) garante a existência de uma curva diferenciável $\gamma : (-\varepsilon, \varepsilon) \to \mathbb{R}^n$ tal que $\gamma(0) = \bar{x}$ e $\varphi \begin{pmatrix} \gamma(t) \\ t \end{pmatrix} = 0$, para todo $t \in (-\varepsilon, \varepsilon)$. Assim,

$$c_\varepsilon(\gamma(t)) = 0 \quad \text{e} \quad Z^T(\gamma(t) - \bar{x} - td) = 0. \tag{7.19}$$

Derivando a primeira equação de (7.19) em $t = 0$, obtemos

$$M^T \gamma'(0) = 0. \tag{7.20}$$

Dividindo a segunda equação de (7.19) por $t \neq 0$ e tomando o limite quando $t \to 0$, sai

$$Z^T(\gamma'(0) - d) = 0. \tag{7.21}$$

Como $M^T d = 0$, usando (7.20) e (7.21), obtemos

$$\begin{pmatrix} M^T \\ Z^T \end{pmatrix} \gamma'(0) = \begin{pmatrix} M^T \\ Z^T \end{pmatrix} d,$$

donde segue que $\gamma'(0) = d$, completando a prova. $\square$

Otimização com restrições

Capítulo 7

LEMA 7.42

Seja $\gamma:(-\varepsilon,\varepsilon)\to\mathbb{R}^n$ uma curva diferenciável tal que $c_\varepsilon(\gamma(t))=0$, para todo $t\in(-\varepsilon,\varepsilon)$. Se $\gamma(0)=\overline{x}$ e $\gamma'(0)=d\neq 0$, então existe uma sequência (x^k) tal que $c_\varepsilon(x^k)=0$, $x^k\to\overline{x}$ e

$$\frac{x^k-\overline{x}}{\|x^k-\overline{x}\|}\to\frac{d}{\|d\|}.$$

DEMONSTRAÇÃO. Temos

$$\lim_{t\to 0}\frac{\gamma(t)-\overline{x}}{t}=\lim_{t\to 0}\frac{\gamma(t)-\gamma(0)}{t}=\gamma'(0)=d\neq 0,$$

o que implica $\gamma(t)\neq\overline{x}$, para todo $t\neq 0$ suficientemente pequeno. Tomando uma sequência (t_k), com $t_k>0$ e $t_k\to 0$, defina $x^k=\gamma(t_k)$. Assim,

$$\frac{x^k-\overline{x}}{\|x^k-\overline{x}\|}=\frac{x^k-\overline{x}}{t_k}\frac{t_k}{\|x^k-\overline{x}\|}\to\frac{d}{\|d\|},$$

completando a prova. $\square$

▣ TEOREMA 7.43

Se $\overline{x}$ satisfaz MFCQ, então $T(\overline{x})=D(\overline{x})$.

DEMONSTRAÇÃO. Considere uma direção arbitrária $d\in D(\overline{x})$ e $\overline{d}$ um vetor que cumpre MFCQ. Dado $t\in(0,1)$, defina

$$\hat{d}=(1-t)d+t\overline{d}.$$

227

Vamos provar que $\hat{d} \in T(\overline{x})$. Como $d, \overline{d} \in D(\overline{x})$, temos $\nabla c_i(\overline{x})^T \hat{d} = 0$, para todo $i \in \mathcal{E}$. Pelo Lema 7.41, existe uma curva diferenciável $\gamma : (-\varepsilon, \varepsilon) \to \mathbb{R}^n$ tal que $c_\varepsilon(\gamma(t)) = 0$, para todo $t \in (-\varepsilon, \varepsilon)$, $\gamma(0) = \overline{x}$ e $\gamma'(0) = \hat{d}$. Aplicando o Lema 7.42, concluímos que existe uma sequência (x^k) tal que $c_\varepsilon(x^k) = 0$, $x^k \to \overline{x}$ e

$$\frac{x^k - \overline{x}}{\|x^k - \overline{x}\|} \to \frac{\hat{d}}{\|\hat{d}\|}.$$

Para concluir que $\hat{d} \in T(\overline{x})$ basta mostrar que $c_{\mathcal{I}}(x^k) \le 0$, para todo k suficientemente grande. Se $i \in \mathcal{I} \setminus I(\overline{x})$, então $c_i(\overline{x}) < 0$ e, pela continuidade de c_i, temos $c_i(x^k) \le 0$, para todo k suficientemente grande. Por outro lado, se $i \in I(\overline{x})$, temos $\nabla c_i(\overline{x})^T d \le 0$ e $\nabla c_i(\overline{x})^T \overline{d} < 0$. Portanto, $\nabla c_i(\overline{x})^T \hat{d} < 0$. Pela diferenciabilidade de c_i, segue que

$$c_i(x^k) = c_i(\overline{x}) + \nabla c_i(\overline{x})^T (x^k - \overline{x}) + o(\|x^k - \overline{x}\|).$$

Assim,

$$\frac{c_i(x^k)}{\|x^k - \overline{x}\|} = \nabla c_i(\overline{x})^T \frac{x^k - \overline{x}}{\|x^k - \overline{x}\|} + \frac{o(\|x^k - \overline{x}\|)}{\|x^k - \overline{x}\|} \to \nabla c_i(\overline{x})^T \frac{\hat{d}}{\|\hat{d}\|} < 0,$$

o que implica $c_i(x^k) < 0$, para todo k suficientemente grande. Concluímos então que $\hat{d} \in T(\overline{x})$. Como $T(\overline{x})$ é fechado, temos que $d \in T(\overline{x})$, completando a prova. $\square$

Os Teoremas 7.40 e 7.43 nos permitem concluir que tanto LICQ quanto MFCQ são condições de qualificação. Desta forma, sob uma destas hipóteses, o Teorema 7.25 garante a existência de multiplicadores de Lagrange associados a um minimizador. No caso da hipótese LICQ, é imediato verificar a unicidade de tais multiplicadores. Por outro lado,

Otimização com restrições

supondo MFCQ, podemos provar que o conjunto dos multiplicadores é compacto (veja o Exercício 7.27).

Também é importante notar que a condição de MFCQ, apesar de ser uma hipótese mais fraca, não é necessária para termos KKT, conforme ocorre no seguinte exemplo.

◈ Exemplo 7.44

Considere o problema

$$\text{minimizar} \quad f(x) = x_1$$

$$\text{sujeito a} \quad c_1(x) = -x_1^3 + x_2 \leq 0$$

$$c_2(x) = -x_1^3 - x_2 \leq 0$$

$$c_3(x) = -x_1 \leq 0.$$

O ponto $x^* = 0$ é o minimizador e satisfaz KKT, mas não cumpre a condição de qualificação MFCQ.

De fato, as três restrições são ativas em x^* e

$$\nabla c_1(x^*) = \begin{pmatrix} 0 \\ 1 \end{pmatrix}, \quad \nabla c_2(x^*) = \begin{pmatrix} 0 \\ -1 \end{pmatrix} \quad \text{e} \quad \nabla c_3(x^*) = \begin{pmatrix} -1 \\ 0 \end{pmatrix}.$$

Note que não existe um vetor $d \in \mathbb{R}^2$ tal que $\nabla c_i(\bar{x})^T d < 0$ para $i = 1, 2, 3$. Além disso, temos KKT, pois $-\nabla f(x^*) = \begin{pmatrix} -1 \\ 0 \end{pmatrix} = \nabla c_3(x^*)$. A Figura 7.19 ilustra este exemplo.

Salientamos que algoritmos de otimização que tem convergência estabelecida utilizando hipóteses mais fracas são mais abrangentes, ou seja, resolvem mais problemas. Assim, um algoritmo que usa a hipótese MFCQ para provar sua convergência é mais poderoso que um algoritmo baseado em LICQ. Neste sentido, se um certo algoritmo se baseia apenas na condição $P(T(\bar{x})) = P(D(\bar{x}))$, então ele é mais poderoso ainda e pode resolver uma classe muito maior de problemas. Existem muitas outras condições de qualificação na literatura. Para um estudo mais detalhado, indicamos [1, 8].

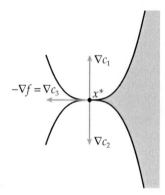

FIGURA 7.19 Ilustração do Exemplo 7.44.

7.4 Condições de otimalidade de segunda ordem

Vimos na Seção 7.2.4 as condições de otimalidade de primeira ordem que caracterizam minimizadores de problemas com restrições. Veremos agora as condições que levam em conta as informações sobre a curvatura das funções envolvidas no problema. Para simplificar a discussão, vamos considerar inicialmente problemas que envolvem apenas restrições de igualdade. Em seguida, trataremos dos problemas gerais de otimização, com igualdades e desigualdades.

7.4.1 Problemas com restrições de igualdade

Considere o problema

$$\begin{aligned} \text{minimizar} \quad & f(x) \\ \text{sujeito a} \quad & c(x) = 0, \end{aligned} \qquad (7.22)$$

onde $f:\mathbb{R}^n \to \mathbb{R}$ e $c:\mathbb{R}^n \to \mathbb{R}^m$ são funções de classe $\mathcal{C}^2$.

O Lagrangiano associado ao problema (7.22) é dado por

$$(x,\lambda) \in \mathbb{R}^n \times \mathbb{R}^m \mapsto \ell(x,\lambda) = f(x) + \lambda^T c(x),$$

onde o vetor λ é chamado multiplicador de Lagrange. Denotamos a matriz Jacobiana de c no ponto x por $A(x)$, o gradiente parcial do Lagrangiano por

$$\nabla_x \ell(x,\lambda) = \nabla f(x) + \sum_{i=1}^{m} \lambda_i \nabla c_i(x) = \nabla f(x) + A(x)^T \lambda$$

e a Hessiana parcial do Lagrangiano,

$$\nabla_{xx}^2 \ell(x,\lambda) = \nabla^2 f(x) + \sum_{i=1}^{m} \lambda_i \nabla^2 c_i(x).$$

Nos dois resultados que seguem vamos estabelecer as condições necessárias e suficientes de 2ª ordem para o problema (7.22).

▣ TEOREMA 7.45 (Condições necessárias de 2ª ordem)

Suponha que x^* é um minimizador local do problema (7.22) e que a condição de qualificação de independência linear é satisfeita em x^*. Então, existe $\lambda^* \in \mathbb{R}^m$ tal que

$$d^T \nabla_{xx}^2 \ell(x^*,\lambda^*) d \geq 0,$$

para todo $d \in \mathcal{N}\big(A(x^*)\big)$.

Demonstração. Considere $d \in \mathcal{N}\big(A(x^*)\big)$ arbitrário. Pelo Lema 7.41 e pelo fato de $c \in \mathcal{C}^2$, podemos concluir que existe uma curva duas vezes diferenciável $\gamma:(-\varepsilon,\varepsilon) \to \mathbb{R}^n$ tal que $c(\gamma(t)) = 0$, para todo $t \in (-\varepsilon,\varepsilon)$, $\gamma(0) = x^*$ e

$\gamma'(0)=d$. Fazendo $\gamma''(0)=w$ e utilizando o Exercício 1.28 obtemos, para cada $i=1,\dots,m$,

$$d^T\nabla^2 c_i(x^*)d+\nabla c_i(x^*)^T w=0. \qquad (7.23)$$

Pelo Teorema 7.25, existe $\lambda^*\in\mathbb{R}^m$ tal que

$$\nabla_x\ell(x^*,\lambda^*)=\nabla f(x^*)+A(x^*)^T\lambda^*=0. \qquad (7.24)$$

Multiplicando cada equação de (7.23) pelo correspondente λ_i^* e fazendo o somatório, obtemos

$$d^T\sum_{i=1}^{m}\lambda_i^*\nabla^2 c_i(x^*)d+\left(A(x^*)^T\lambda^*\right)^T w=0. \qquad (7.25)$$

Além disso, $t=0$ é um minimizador local da função $\varphi(t)=f\left(\gamma(t)\right)$. Portanto, novamente pelo Exercício 1.28,

$$d^T\nabla^2 f(x^*)d+\nabla f(x^*)^T w=\varphi''(0)\geq 0.$$

Somando com (7.25) e levando em conta (7.24), segue que

$$d^T\nabla^2_{xx}\ell(x^*,\lambda^*)d\geq 0,$$

completando a demonstração. $\square$

Cabe salientar aqui que o multiplicador $\lambda^*\in\mathbb{R}^m$, satisfazendo (7.24) é único. De fato, se

$$\nabla f(x^*)+A(x^*)^T\lambda^*=\nabla f(x^*)+A(x^*)^T\xi^*,$$

então $A(x^*)^T(\lambda^*-\xi^*)=0$. Como posto$\left(A(x^*)\right)=m$, concluímos que $\lambda^*=\xi^*$.

Otimização com restrições

Capítulo 7

▣ TEOREMA 7.46 (Condições suficientes de 2ᴬ ordem)

Sejam $x^* \in \mathbb{R}^n$ e $\lambda^* \in \mathbb{R}^m$ tais que $c(x^*)=0$ e $\nabla f(x^*)+A(x^*)^T\lambda^*=0$. Suponha que

$$d^T\nabla^2_{xx}\ell(x^*,\lambda^*)d > 0,$$

para todo $d \in \mathcal{N}\left(A(x^*)\right)\backslash\{0\}$. Então, existem $\delta > 0$ e uma vizinhança V de x^* tal que

$$f(x)-f(x^*) \geq \delta\|x-x^*\|^2,$$

para todo $x \in V$ com $c(x)=0$. Em particular, segue que x^* é um minimizador local estrito do problema (7.22).

DEMONSTRAÇÃO. Suponha, por absurdo, que exista uma sequência (x^k) tal que $c(x^k)=0$, $x^k \to x^*$ e

$$f(x^k)-f(x^*) < \frac{1}{k}\|x^k-x^*\|^2.$$

Então, fazendo $y^k = x^k - x^*$, obtemos

$$\nabla f(x^*)^T y^k + \frac{1}{2}(y^k)^T \nabla^2 f(x^*)y^k + o\left(\|y^k\|^2\right) < \frac{1}{k}\|y^k\|^2. \qquad \textbf{(7.26)}$$

Como $c(x^k)=c(x^*)=0$, temos, para cada $i=1,\ldots,m$,

$$\nabla c_i(x^*)^T y^k + \frac{1}{2}(y^k)^T \nabla^2 c_i(x^*)y^k + o\left(\|y^k\|^2\right)=0,$$

233

donde segue que

$$\left(A(x^*)^T\lambda^*\right)^T y^k + \frac{1}{2}(y^k)^T \sum_{i=1}^{m} \lambda_i^* \nabla^2 c_i(x^*)y^k + o\left(\left\|y^k\right\|^2\right) = 0.$$

Somando com (7.26) e lembrando que $\nabla f(x^*) + A(x^*)^T\lambda^* = 0$, obtemos

$$(y^k)^T \nabla_{xx}^2 \ell(x^*,\lambda^*)y^k + o\left(\left\|y^k\right\|^2\right) < \frac{2}{k}\left\|y^k\right\|^2. \qquad \textbf{(7.27)}$$

Além disso, existe uma subsequência convergente $\dfrac{y^k}{\|y^k\|} \xrightarrow{N'} d \neq 0$. Pelo Lema 7.23, temos que $d \in D(x^*) = \mathcal{N}\left(A(x^*)\right)$. Por outro lado, dividindo (7.27) por $\|y^k\|^2$ e passando o limite, obtemos

$$d^T \nabla_{xx}^2 \ell(x^*,\lambda^*)d \leq 0,$$

fornecendo uma contradição e completando a demonstração. $\square$

7.4.2 Problemas com restrições de igualdade e desigualdade

Vamos agora discutir as condições de $2^{\underline{a}}$ ordem para problemas gerais de otimização, da forma (7.1). Neste caso, o Lagrangiano associado é dado por

$$(x,\lambda,\mu) \in \mathbb{R}^n \times \mathbb{R}^m \times \mathbb{R}^q \mapsto \ell(x,\lambda,\mu) = f(x) + \lambda^T c_{\mathcal{E}}(x) + \mu^T c_{\mathcal{I}}(x),$$

Indicando as Jacobianas de $c_{\mathcal{E}}$ e $c_{\mathcal{I}}$ por $A_{\mathcal{E}}$ e $A_{\mathcal{I}}$, respectivamente, temos

$$\nabla_x \ell(x,\lambda,\mu) = \nabla f(x) + A_{\mathcal{E}}(x)^T \lambda + A_{\mathcal{I}}(x)^T \mu$$

Otimização com restrições

e

$$\nabla^2_{xx}\ell(x,\lambda,\mu)=\nabla^2 f(x)+\sum_{i\in\mathcal{E}}\lambda_i\nabla^2 c_i(x)+\sum_{i\in\mathcal{I}}\mu_i\nabla^2 c_i(x).$$

Lembramos que o conjunto de índices das restrições ativas em um ponto viável x é indicado por

$$I(x)=\{i\in\mathcal{I}\,|\,c_i(x)=0\}.$$

▣ **TEOREMA 7.47 (Condições necessárias de 2ª ordem)**

Suponha que x^* é um minimizador local do problema (7.1) e que a condição de qualificação de independência linear é satisfeita em x^*. Considere os multiplicadores λ^* e μ^*, que satisfazem as condições de KKT, dadas no Teorema 7.25. Então,

$$d^T\nabla^2_{xx}\ell(x^*,\lambda^*,\mu^*)d\geq 0,$$

para todo $d\in\mathcal{N}\big(A_{\mathcal{E}}(x^*)\big)\cap\mathcal{N}\big(A_{I(x^*)}(x^*)\big).$

Demonstração. A prova segue os mesmos passos da que foi feita no Teorema 7.45, considerando as restrições de desigualdade ativas como sendo de igualdades. □

Assim como no caso para igualdades, aqui também temos a unicidade dos multiplicadores.

Agora provaremos que um ponto estacionário é minimizador, contanto que a Hessiana do Lagrangiano seja definida positiva em um espaço maior do que o utilizado no Teorema 7.47. Isso se deve ao fato de existirem restrições ativas degeneradas, isto é, com o correspondente multiplicador nulo.

235

▣ TEOREMA 7.48 (Condições suficientes de 2ᴬ ordem)

Suponha que x^* é viável para o problema (7.1) e que existem $\lambda^* \in \mathbb{R}^m$ e $\mu^* \in \mathbb{R}^q_+$ tais que $(\mu^*)^T c_{\mathcal{I}}(x^*) = 0$ e

$$\nabla f(x^*) + A_{\mathcal{E}}(x^*)^T \lambda^* + A_{\mathcal{I}}(x^*)^T \mu^* = 0.$$

Considere $I^+ = \{i \in I(x^*) \mid \mu_i^* > 0\}$. Se

$$d^T \nabla^2_{xx} \ell(x^*, \lambda^*, \mu^*) d > 0,$$

para todo $d \in \mathcal{N}\left(A_{\mathcal{E}}(x^*)\right) \cap \mathcal{N}\left(A_{I^+}(x^*)\right) \backslash \{0\}$, então existem $\delta > 0$ e uma vizinhança V de x^* tal que

$$f(x) - f(x^*) \geq \delta \|x - x^*\|^2,$$

para todo ponto viável $x \in V$. Em particular, segue que x^* é um minimizador local estrito do problema (7.1).

Demonstração. Suponha, por absurdo, que exista uma sequência viável $x^k \to x^*$ tal que

$$f(x^k) - f(x^*) < \frac{1}{k} \|x^k - x^*\|^2.$$

Então, fazendo $y^k = x^k - x^*$, obtemos

$$\nabla f(x^*)^T y^k + \frac{1}{2}(y^k)^T \nabla^2 f(x^*) y^k + o\left(\|y^k\|^2\right) < \frac{1}{k} \|y^k\|^2. \qquad \textbf{(7.28)}$$

Como $c_{\mathcal{E}}(x^k) = c_{\mathcal{E}}(x^*) = 0$, temos, para cada $i \in \mathcal{E}$,

$$\nabla c_i(x^*)^T y^k + \frac{1}{2}(y^k)^T \nabla^2 c_i(x^*) y^k + o\left(\|y^k\|^2\right) = 0,$$

donde segue que

$$\left(A_{\mathcal{E}}(x^*)^T \lambda^*\right)^T y^k + \frac{1}{2}(y^k)^T \sum_{i \in \mathcal{E}} \lambda_i^* \nabla^2 c_i(x^*) y^k + o\left(\|y^k\|^2\right) = 0. \qquad \textbf{(7.29)}$$

Além disso, como $c_{I^+}(x^k) \leq 0$ e $c_{I^+}(x^*) = 0$, temos

$$\left(A_{I^+}(x^*)^T \mu_{I^+}^*\right)^T y^k + \frac{1}{2}(y^k)^T \sum_{i \in I^+} \mu_i^* \nabla^2 c_i(x^*) y^k + o\left(\|y^k\|^2\right) \leq 0.$$

Somando com (7.28) e (7.29) e notando que

$$\nabla f(x^*) + A_{\mathcal{E}}(x^*)^T \lambda^* + A_{I^+}(x^*)^T \mu_{I^+}^* = 0, \qquad \textbf{(7.30)}$$

obtemos

$$(y^k)^T \nabla_{xx}^2 \ell(x^*, \lambda^*, \mu^*) y^k + o\left(\|y^k\|^2\right) < \frac{2}{k}\|y^k\|^2. \qquad \textbf{(7.31)}$$

Além disso, existe uma subsequência convergente $\dfrac{y^k}{\|y^k\|} \xrightarrow{N'} d \neq 0$. Pelo Lema 7.23, temos que

$$d \in D(x^*) = \{d \in \mathbb{R}^n \mid \nabla c_i(x^*)^T d = 0, \text{se } i \in \mathcal{E} \text{ e } \nabla c_i(x^*)^T d \leq 0, \text{se } i \in I(x^*)\}.$$

Dividindo (7.31) por $\|y^k\|^2$ e passando o limite, obtemos

$$d^T \nabla_{xx}^2 \ell(x^*, \lambda^*, \mu^*) d \leq 0.$$

Portanto, pela hipótese de positividade, $d \notin \mathcal{N}\left(A_{I^+}(x^*)\right)$, o que significa que existe $i \in I^+$, tal que $\nabla c_i(x^*)^T d < 0$. Assim, por (7.30), $\nabla f(x^*)^T d > 0$.

No entanto, dividindo (7.28) por $\|y^k\|$ e passando o limite, obtemos $\nabla f(x^*)^T d \le 0$. Esta contradição completa a demonstração. $\square$

Cabe salientar que a hipótese de positividade no Teorema 7.48 não pode ser enfraquecida trocando $\mathcal{N}\left(A_{I^+}(x^*)\right)$ por $\mathcal{N}\left(A_{I(x^*)}(x^*)\right)$. Por outro lado, a conclusão obtida no Teorema 7.47 não é válida se considerarmos $\mathcal{N}\left(A_{I^+}(x^*)\right)$ no lugar de $\mathcal{N}\left(A_{I(x^*)}(x^*)\right)$. É um bom exercício identificar na demonstração sugerida para este teorema, bem como na demonstração do Teorema 7.48, o ponto onde elas iriam falhar com as referidas substituições. Os exemplos a seguir confirmam que, de fato, tais trocas não podem ser feitas.

◈ Exemplo 7.49

Considere o problema

$$\text{minimizar} \quad f(x) = x_1 + x_2^2 + 3x_2 x_3 + x_3^2$$
$$\text{sujeito a} \quad c_1(x) = -x_1 \le 0$$
$$c_2(x) = -x_2 \le 0$$
$$c_3(x) = -x_3 \le 0.$$

Verifique que o ponto $x^* = 0$ é um minimizador para este problema, o qual cumpre as hipóteses do Teorema 7.47, mas existe $d \in \mathcal{N}\left(A_{I^+}(x^*)\right)$ tal que $d^T \nabla_{xx}^2 \ell(x^*, \mu^*) d < 0$.

Temos $I(x^*) = \{1, 2, 3\}$,

$$\nabla f(x^*) = \begin{pmatrix} 1 \\ 0 \\ 0 \end{pmatrix}, \nabla c_1(x^*) = \begin{pmatrix} -1 \\ 0 \\ 0 \end{pmatrix}, \nabla c_2(x^*) = \begin{pmatrix} 0 \\ -1 \\ 0 \end{pmatrix} \quad e \quad \nabla c_3(x^*) = \begin{pmatrix} 0 \\ 0 \\ -1 \end{pmatrix}.$$

Portanto, $\mu_1^* = 1$, $\mu_2^* = \mu_3^* = 0$ e

Otimização com restrições

$$\nabla_{xx}^2 \ell(x^*, \mu^*) = \begin{pmatrix} 0 & 0 & 0 \\ 0 & 2 & 3 \\ 0 & 3 & 2 \end{pmatrix}.$$

Além disso, $\mathcal{N}\left(A_{I^+}(x^*)\right) = \left[\begin{pmatrix} 0 \\ 1 \\ 0 \end{pmatrix}, \begin{pmatrix} 0 \\ 0 \\ 1 \end{pmatrix} \right]$. Tomando $d = \begin{pmatrix} 0 \\ 1 \\ -1 \end{pmatrix} \in \mathcal{N}\left(A_{I^+}(x^*)\right)$,

temos que $d^T \nabla_{xx}^2 \ell(x^*, \mu^*) d < 0$.

◈ **Exemplo 7.50**

Considere o problema

$$\text{minimizar} \quad f(x) = -(x_1 - 2)^2 - x_2^2 + x_3^2$$

$$\text{sujeito a} \quad c_1(x) = -x_1^2 - x_2^2 + 1 \leq 0$$

$$c_2(x) = -x_2 \leq 0.$$

Verifique que o ponto $\bar{x} = \begin{pmatrix} 1 \\ 0 \\ 0 \end{pmatrix}$ cumpre as hipóteses do Teorema 7.48,

com $I(\bar{x})$ no lugar de I^+, mas não é um minimizador local deste problema.

Temos $I(\bar{x}) = \{1, 2\}$,

$$\nabla f(\bar{x}) = \begin{pmatrix} 2 \\ 0 \\ 0 \end{pmatrix}, \nabla c_1(\bar{x}) = \begin{pmatrix} -2 \\ 0 \\ 0 \end{pmatrix} \quad \text{e} \quad \nabla c_2(\bar{x}) = \begin{pmatrix} 0 \\ -1 \\ 0 \end{pmatrix}.$$

Portanto, $\bar{\mu}_1 = 1$, $\bar{\mu}_2 = 0$ e

$$\nabla^2_{xx}\ell(\overline{x},\overline{\mu})=\begin{pmatrix}-4 & 0 & 0\\ 0 & -4 & 0\\ 0 & 0 & 2\end{pmatrix}.$$

Além disso, $\mathcal{N}\left(A_{I(\overline{x})}(\overline{x})\right)=\left[\begin{pmatrix}0\\0\\1\end{pmatrix}\right]$, donde segue que

$$d^T\nabla^2_{xx}\ell(\overline{x},\overline{\mu})d>0,$$

para todo $d\in\mathcal{N}\left(A_{I(\overline{x})}(\overline{x})\right)\backslash\{0\}$. Para ver que $\overline{x}$ não é minimizador local, note que $f(1,t,0)<f(\overline{x})$, para todo $t>0$. Observe também que $d=\begin{pmatrix}0\\1\\0\end{pmatrix}\in\mathcal{N}\left(A_{I^+}(\overline{x})\right)$ e que $d^T\nabla^2_{xx}\ell(\overline{x},\overline{\mu})d<0$.

É possível, no entanto, mostrar que os dois teoremas podem ser melhorados, trabalhando com um conjunto intermediário, entre $\mathcal{N}\left(A_{I(x^*)}(x^*)\right)$ e $\mathcal{N}\left(A_{I^+}(x^*)\right)$. Para isto, considere o conjunto $I^0=\{i\in I(x^*)\mid\mu_i^*=0\}$ e o cone

$$\hat{D}(x^*)=\{d\in\mathbb{R}^n\mid\nabla c_i(x^*)^T d=0, i\in\mathcal{E}\cup I^+, \nabla c_i(x^*)^T d\le 0, i\in I^0\}. \qquad \textbf{(7.32)}$$

Note que

$$\mathcal{N}\left(A_{\mathcal{E}}(x^*)\right)\cap\mathcal{N}\left(A_{I(x^*)}(x^*)\right)\subset\hat{D}(x^*)\subset\mathcal{N}\left(A_{\mathcal{E}}(x^*)\right)\cap\mathcal{N}\left(A_{I^+}(x^*)\right).$$

Nos Exercícios 7.29 e 7.30, discutimos as condições de segunda ordem necessárias e suficientes, respectivamente, considerando o conjunto $\hat{D}(x^*)$.

Otimização com restrições

Capítulo 7

7.5 Exercícios do capítulo

7.1. Seja $S = \{d \in \mathbb{R}^2 \mid d \geq 0, d_1 d_2 = 0\}$.

    (a) Mostre que S é um cone não convexo;

    (b) Determine $P(S) = \{p \in \mathbb{R}^2 \mid p^T d \leq 0, \forall d \in S\}$, o polar de S;

    (c) Represente geometricamente os conjuntos S e $P(S)$.

7.2. Para cada um dos conjuntos abaixo, diga se é um cone e represente geometricamente.

    (a) $S = \{d \in \mathbb{R}^2 \mid d_1^2 - d_2 \leq 0\}$;

    (b) $S = \{d \in \mathbb{R}^2 \mid d_1^2 - d_2 \geq 0\}$.

7.3. Suponha que S_1 e S_2 sejam cones do $\mathbb{R}^n$. Mostre que $S = S_1 \cup S_2$ é um cone e que $P(S) = P(S_1) \cap P(S_2)$.

7.4. Sejam $u = \begin{pmatrix} 1 \\ 2 \end{pmatrix}$, $v = \begin{pmatrix} 3 \\ 1 \end{pmatrix}$ e $\bar{x} = \begin{pmatrix} 4 \\ 3 \end{pmatrix}$. Represente geometricamente o cone $S = \{\mu_1 u + \mu_2 v \mid \mu_j \geq 0, j = 1, 2\}$ e a sua translação $\bar{x} + S = \{\bar{x} + d \mid d \in S\}$.

7.5. Se $S \subset \mathbb{R}^n$ e $0 \in \text{int} S$, então $P(S) = \{0\}$.

7.6. Seja $V \subset \mathbb{R}^n$ um espaço vetorial. Mostre que V é um cone e que $P(V) = V^\perp$.

7.7. Sejam $B \in \mathbb{R}^{n \times m}$ e $C = \{By \mid y \in \mathbb{R}^m, y \geq 0\}$. Usando o Lema 7.13, mostre que $P(P(C)) = C$.

7.8. **[Caratheodory]** Sejam $B = (v^1\, v^2\, \cdots\, v^m) \in \mathbb{R}^{n \times m}$ e $C = \{By \mid y \in \mathbb{R}^m, y \geq 0\}$. Considere o conjunto $\mathcal{J} = \{J \subset \{1, \ldots, m\} \mid \{v^j \mid j \in J\}$ é LI$\}$. Usando ideias da demonstração do Lema 7.12, mostre que $C = \bigcup_{J \in \mathcal{J}} C_J$, onde $C_J = \{B_J y_J \mid y_J \geq 0\}$.

7.9. Sejam $B \in \mathbb{R}^{n \times m}$ e $C = \{By \mid y \in \mathbb{R}^m, y \geq 0\}$. Usando o Exercício 7.8, mostre que C é um conjunto fechado.

7.10. Considere $\Omega \subset \mathbb{R}^n$ e $\bar{x} \in \Omega$. Então $T(\bar{x})$ é um conjunto fechado.

241

Otimização contínua: Aspectos teóricos e computacionais

7.11. Considere $c : \mathbb{R}^2 \to \mathbb{R}^2$ dada por

$$c(x) = \begin{pmatrix} -x_1^2 - x_2 \\ -x_1^2 + x_2 \end{pmatrix}.$$

Usando ideias similares às do Exemplo 7.21, determine o cone $T(\bar{x})$, associado ao conjunto viável $\Omega = \{x \in \mathbb{R}^2 \mid c(x) \le 0\}$ em torno do ponto $\bar{x} = 0$. Obtenha também o cone $D(\bar{x})$.

7.12. Escreva as condições de KKT para o problema de minimizar $f(x) = x_1 x_2$ na circunferência $x_1^2 + x_2^2 = 1$. Encontre os minimizadores e represente geometricamente.

7.13. Dadas $f(x) = (x_1 - 3)^2 + 2\left(x_2 - \frac{1}{3}\right)^2$, $c_1(x) = \dfrac{x_1^2}{3} - x_2$ e $c_2(x) = \dfrac{x_1^2}{2} + x_2 - \dfrac{5}{6}$, considere $\Omega = \{x \in \mathbb{R}^2 \mid c(x) \le 0\}$. Encontre, geometricamente, o minimizador de f em Ω. Escreva as condições de KKT.

7.14. Considere o problema

$$\begin{aligned} \text{minimizar} \quad & -x_1 \\ \text{sujeito a} \quad & x_2 - (1 - x_1)^3 \le 0 \\ & -x_2 \le 0. \end{aligned}$$

Mostre que $x^* = \begin{pmatrix} 1 \\ 0 \end{pmatrix}$ é um minimizador, mas as condições KKT não se verificam.

7.15. Faça o mesmo para o problema

$$\begin{aligned} \text{minimizar} \quad & -x_1 \\ \text{sujeito a} \quad & x_2 + (x_1 - 1)^3 \le 0 \\ & -x_2 + (x_1 - 1)^3 \le 0. \end{aligned}$$

7.16. Formule e resolva algebricamente, por meio das condições de otimalidade de primeira ordem, o problema de encontrar o ponto da curva $x_2 = x_1(3-x_1)$ que está mais próximo do ponto $\begin{pmatrix} 3 \\ 3 \end{pmatrix}$. Qual a garantia de que o ponto obtido é de fato a solução desejada? Explique. Sugestão: explore a visualização geométrica dos elementos do problema para auxiliá-lo na análise algébrica.

7.17. Seja $L = \{x \in \mathbb{R}^n \mid Ax + b = 0\}$, onde $A \in \mathbb{R}^{m \times n}$ é tal que $\text{posto}(A) = m$ e $b \in \mathbb{R}^m$. Dado $a \in \mathbb{R}^n$, faça o mesmo que foi pedido no Exercício 7.16 para o problema de encontrar $\text{proj}_L(a)$. Conclua que $\text{proj}_L(a) = a - A^T(AA^T)^{-1}(Aa+b)$. Depois reveja o Exercício 3.8.

7.18. Mostre que o problema abaixo tem um minimizador global e encontre-o usando KKT.

$$\begin{aligned} \text{minimizar} \quad & x_1 + x_2 + \cdots + x_n \\ \text{sujeito a} \quad & x_1 x_2 \cdots x_n = 1 \\ & x \geq 0. \end{aligned}$$

Conclua que $\sqrt[n]{x_1 x_2 \cdots x_n} \leq \dfrac{x_1 + x_2 + \cdots + x_n}{n}$.

7.19. Princípio de Fermat na ótica. Sejam $\Omega = \{x \in \mathbb{R}^2 \mid c(x) = 0\}$ e $a, b \in \mathbb{R}^2$ conforme a figura abaixo. Mostre que se x^* minimiza a soma das distâncias aos pontos a e b, dentre os pontos de Ω, então o vetor $\nabla c(x^*)$ forma ângulos iguais com $a - x^*$ e $b - x^*$. (Sugestão: mostre primeiro que se $u, v \in \mathbb{R}^2$ são vetores de mesma norma e $w = u + v$, então w forma ângulos iguais com u e v.)

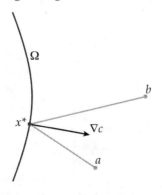

Otimização contínua: Aspectos teóricos e computacionais

7.20. Mostre que o problema abaixo tem 4 minimizadores globais e encontre-os usando KKT.

$$\text{minimizar} \quad x_1^2 + x_2^2 + x_3^2$$
$$\text{sujeito a} \quad x_1 x_2 x_3 = 1.$$

7.21. Mostre que o problema abaixo pode ter 1 ou 2 minimizadores globais, dependendo do valor de $\alpha > 0$. Faça uma representação geométrica.

$$\text{minimizar} \quad x_1^2 + (x_2 - 1)^2$$
$$\text{sujeito a} \quad x_2 \le \alpha x_1^2.$$

7.22. Seja $A \in \mathbb{R}^{n \times n}$ uma matriz definida positiva. Considere os problemas

$$\text{minimizar} \quad x^T x \qquad \text{minimizar} \quad x^T A x$$
$$\text{sujeito a} \quad x^T A x = 1 \qquad e \qquad \text{sujeito a} \quad x^T x = 1.$$

Mostre que minimizadores destes problemas são autovetores de A e obtenha o autovalor como função do autovetor correspondente.

7.23. [13, Exerc. 9.6] Considere os problemas primal e dual de programação linear

$$\text{minimizar} \quad c^T x$$
$$\text{sujeito a} \quad Ax = b \qquad e \qquad \text{maximizar} \quad b^T y$$
$$x \ge 0 \qquad \qquad \text{sujeito a} \quad A^T y \le c.$$

Suponha que x^* seja um minimizador do primal e λ^* o multiplicador associado à restrição de igualdade $b - Ax = 0$.

244

Otimização com restrições

(a) Mostre que $b^T y \le c^T x$, para todos x e y viáveis;

(b) Prove que $c^T x^* = b^T \lambda^*$;

(c) Prove que λ^* é solução do problema dual;

(d) Conclua que o valor ótimo primal e dual coincidem.

7.24. Seja $f : \mathbb{R}^n \to \mathbb{R}$ dada por $f(x) = \dfrac{1}{2} x^T A x + b^T x + c$, onde $A \in \mathbb{R}^{n \times n}$ é uma matriz indefinida, $b \in \mathbb{R}^n$, $c \in \mathbb{R}$ e $\Delta > 0$. Considere o problema

$$\begin{aligned} \text{minimizar} \quad & f(x) \\ \text{sujeito a} \quad & x^T x \le \Delta^2. \end{aligned}$$

Mostre que este problema possui pelo menos um minimizador global e que tal ponto está na fronteira do conjunto viável.

7.25. Considere a função quadrática

$$f(x) = \frac{1}{2} x^T A x + b^T x,$$

com $A \in \mathbb{R}^{n \times n}$ simétrica e $b \in \mathbb{R}^n$. No Exercício 3.18 vimos que se f é limitada inferiormente, então f possui um único minimizador global pertencente a $\text{Im}(A)$. Mostre que este ponto é exatamente a solução do problema

$$\begin{aligned} \text{minimizar} \quad & x^T x \\ \text{sujeito a} \quad & A x + b = 0. \end{aligned}$$

7.26. Considere o problema quadrático

$$\begin{aligned} \text{minimizar} \quad & f(x) = \frac{1}{2} x^T B x + b^T x \\ \text{sujeito a} \quad & A x + c = 0, \end{aligned}$$

onde $A \in \mathbb{R}^{m \times n}$ e $B \in \mathbb{R}^{n \times n}$ são tais que posto$(A) = m$ e B é definida positiva no núcleo de A, isto é, $d^T B d > 0$ para todo $d \neq 0$, $d \in \mathcal{N}(A)$. Mostre que este problema tem um único ponto estacionário, que é minimizador global.

7.27. Considere vetores $u^1, u^2, \ldots, u^m, v^1, v^2, \ldots, v^q \in \mathbb{R}^n$ tais que $\{u^1, u^2, \ldots, u^m\}$ é linearmente independente. Suponha que existe $d \in \mathbb{R}^n$ tal que $d^T u^i = 0$ e $d^T v^j < 0$, para todos $i = 1, \ldots, m$ e $j = 1, \ldots, q$. Dado $w \in \mathbb{R}^n$, mostre que o conjunto

$$\left\{ \begin{pmatrix} \lambda \\ \mu \end{pmatrix} \in \mathbb{R}^{m+q} \mid \sum_{i=1}^{m} \lambda_i u^i + \sum_{j=1}^{q} \mu_j v^j = w \quad \text{e} \quad \mu \geq 0 \right\}$$

é compacto.

7.28. Considere os vetores $v^1, v^2, \ldots, v^q \in \mathbb{R}^n$ tais que

$$\sum_{j=1}^{q} \mu_j v^j = 0 \, , \, \mu \geq 0$$

implica $\mu = 0$. Mostre que existe $d \in \mathbb{R}^n$ tal que $d^T v^j < 0$, para todo $j = 1, \ldots, q$.

7.29. Suponha que x^* é um minimizador local do problema (7.1) e que a condição de qualificação de independência linear é satisfeita em x^*. Considere os multiplicadores λ^* e μ^*, que satisfazem as condições de KKT, dadas no Teorema 7.25. Então,

$$d^T \nabla_{xx}^2 \ell(x^*, \lambda^*, \mu^*) d \geq 0,$$

para todo $d \in \hat{D}(x^*)$, o cone definido em (7.32).

7.30. Seja x^* um ponto viável para o problema (7.1), no qual a condição de qualificação de independência linear é satisfeita. Suponha que existem $\lambda^* \in \mathbb{R}^m$ e $\mu^* \in \mathbb{R}_+^q$ tais que $(\mu^*)^T c_{\mathcal{I}}(x^*) = 0$ e

$$\nabla f(x^*) + A_{\mathcal{E}}(x^*)^T \lambda^* + A_{\mathcal{I}}(x^*)^T \mu^* = 0.$$

Se

$$d^T \nabla_{xx}^2 \ell(x^*, \lambda^*, \mu^*) d > 0,$$

para todo $d \in \hat{D}(x^*)$, então existem $\delta > 0$ e uma vizinhança V de x^* tal que

$$f(x) - f(x^*) \geq \delta \|x - x^*\|^2,$$

para todo ponto viável $x \in V$.

Métodos para otimização com restrições

Capítulo 8

No Capítulo 7 vimos as condições que caracterizam minimizadores de problemas de otimização com restrições. Vamos agora discutir alguns métodos cujo objetivo é obter pontos estacionários para tais problemas.

Nossa intenção não é abordar os diversos métodos existentes, mas sim apresentar o clássico método de programação quadrática sequencial e em seguida algumas ideias de uma classe particular de algoritmos de otimização, conhecidos como algoritmos de filtro. Algumas referências para o que trataremos neste capítulo são [4, 6, 33, 37, 39, 40].

8.1 Programação quadrática sequencial

O método de programação quadrática sequencial (PQS) é um dos métodos mais eficazes para otimização não linear com restrições. O princípio que norteia este método é comum quando se pretende resolver, de forma aproximada, um problema matemático: a solução de um problema "difícil" vai sendo aproximada por uma sequência de pontos obtidos como solução de um problema "fácil", que muda a cada iteração de acordo com as informações disponíveis no ponto corrente. O método de Newton para a resolução de sistemas de equações não lineares é um exemplo disso. Neste caso os problemas "fáceis" são obtidos tomando-se a linearização do sistema que queremos resolver, em torno do ponto corrente. Temos assim um sistema de equações lineares, cuja solução é tomada como próximo ponto da sequência.

Nos métodos de programação quadrática sequencial a ideia consiste em substituir, a cada iteração, a função objetivo por um modelo quadrático do Lagrangiano e as restrições por equações ou inequações lineares, aproximações de Taylor de primeira ordem em torno do ponto corrente.

Para simplificar a exposição vamos considerar problemas apenas com restrições de igualdade, ou seja,

$$\text{minimizar} \quad f(x)$$
$$\text{sujeito a} \quad c(x) = 0, \tag{8.1}$$

onde $f : \mathbb{R}^n \to \mathbb{R}$ e $c : \mathbb{R}^n \to \mathbb{R}^m$ são funções de classe $\mathcal{C}^2$.

Denotamos a matriz Jacobiana de c no ponto x por $A(x)$. O Lagrangiano associado ao problema (8.1) é dado por

$$x \in \mathbb{R}^n, \lambda \in \mathbb{R}^m \mapsto \ell(x,\lambda) = f(x) + \lambda^T c(x),$$

onde λ é o multiplicador de Lagrange. A Hessiana parcial do lagrangiano, $\nabla_{xx}^2 \ell(x,\lambda)$, é denotada por $B(x,\lambda)$.

8.1.1 Algoritmo

Dados x^k e λ^k, o algoritmo básico de PQS consiste em resolver a cada iteração o seguinte problema quadrático

$$\text{minimizar} \quad \ell(x^k,\lambda^k) + \nabla_x \ell(x^k,\lambda^k)^T d + \frac{1}{2} d^T B(x^k,\lambda^k) d$$
$$\text{sujeito a} \quad A(x^k)d + c(x^k) = 0, \tag{8.2}$$

que sob certas hipóteses tem solução única d^k. Definimos então $x^{k+1} = x^k + d^k$, calculamos o multiplicador de Lagrange λ^{k+1} e repetimos o processo com o novo problema quadrático. Com este procedimento, esperamos obter uma sequência que tenha algum ponto de acumulação (x^*, λ^*) que satisfaça as

Métodos para otimização com restrições

Capítulo 8

condições de otimalidade de primeira ordem para o problema (8.1), dadas pelo Teorema 7.25. Tais condições podem ser escritas como

$$\nabla \ell(x^*, \lambda^*) = \begin{pmatrix} \nabla f(x^*) + A(x^*)^T \lambda^* \\ c(x^*) \end{pmatrix} = \begin{pmatrix} 0 \\ 0 \end{pmatrix}.$$

Podemos colocar a discussão anterior de modo mais preciso no seguinte algoritmo.

ALGORITMO 8.1 PQS BÁSICO

Dados: $k = 0$, $(x^0, \lambda^0) \in \mathbb{R}^n \times \mathbb{R}^m$

ENQUANTO $\nabla \ell(x^k, \lambda^k) \neq 0$

Resolva o problema (8.2), obtendo uma solução primal-dual (d^k, ξ^k)

Faça $x^{k+1} = x^k + d^k$

Defina $\lambda^{k+1} = \lambda^k + \xi^k$

$k = k + 1$

Quando falamos em obter uma solução primal-dual (d^k, ξ^k) do subproblema quadrático (8.2), queremos dizer que devemos resolver as condições de KKT para este subproblema. Isto significa resolver o sistema

$$\begin{cases} B(x^k, \lambda^k)d + A(x^k)^T \xi & = & -\nabla_x \ell(x^k, \lambda^k) \\ A(x^k)d & = & -c(x^k). \end{cases} \tag{8.3}$$

Veremos agora que este procedimento, quando iniciado em uma vizinhança de um ponto estacionário onde são satisfeitas as condições suficientes de segunda ordem, está bem definido e produz uma sequência que converge quadraticamente para este ponto.

251

8.1.2 Convergência local

Para estabelecer a convergência do algoritmo vamos considerar uma solução primal-dual (x^*, λ^*) do problema (8.1) e assumir que valem as seguintes condições.

H1 As funções $\nabla^2 f$ e $\nabla^2 c_i$, $i = 1, \ldots, m$, são lipschitzianas em uma vizinhança de x^*.

H2 A Jacobiana das restrições, $A(x^*)$, tem posto linha completo e a Hessiana parcial $B(x^*, \lambda^*)$ é definida positiva no espaço nulo de $A(x^*)$, isto é, $d^T B(x^*, \lambda^*) d > 0$ para todo $d \neq 0$, $d \in \mathcal{N}(A(x^*))$.

O seguinte lema garante que se (x^k, λ^k) está próximo de (x^*, λ^*), o passo (d^k, ξ^k) satisfazendo (8.3) está bem definido e é único.

LEMA 8.1

Seja (x^*, λ^*) uma solução primal-dual do problema (8.1) e suponha que a Hipótese H2 seja satisfeita. Então existe uma vizinhança V_1 de (x^*, λ^*), tal que se $(x^k, \lambda^k) \in V_1$, o (8.3) tem uma única solução (d^k, ξ^k).

DEMONSTRAÇÃO. Usando o Exercício 1.20, podemos concluir que a matriz

$$\begin{pmatrix} B(x^*, \lambda^*) & A(x^*)^T \\ A(x^*) & 0 \end{pmatrix}$$

é não singular. Por continuidade, segue que existe uma vizinhança V_1 de (x^*, λ^*) tal que se $(x^k, \lambda^k) \in V_1$, então

$$\begin{pmatrix} B(x^k, \lambda^k) & A(x^k)^T \\ A(x^k) & 0 \end{pmatrix}$$

também é não singular. Mas isto significa que o (8.3), que pode ser escrito como

Métodos para otimização com restrições

Capítulo 8

$$
\begin{pmatrix} B(x^k,\lambda^k) & A(x^k)^T \\ A(x^k) & 0 \end{pmatrix} \begin{pmatrix} d \\ \xi \end{pmatrix} = \begin{pmatrix} -\nabla_x \ell(x^k,\lambda^k) \\ -c(x^k) \end{pmatrix},
$$

tem uma única solução (d^k,ξ^k), completando a demonstração. $\square$

Nas condições do Lema 8.1, o vetor d^k é minimizador global do subproblema (8.2), de acordo com o Exercício 7.26.

Vamos agora provar o principal resultado desta seção, que estabelece a convergência local do Algoritmo 8.1 ao mesmo tempo que evidencia a relação com o método de Newton.

▣ TEOREMA 8.2

Seja (x^*,λ^*) uma solução primal-dual do problema (8.1) e suponha que as Hipóteses H1 e H2 sejam satisfeitas. Então existe uma vizinhança V de (x^*,λ^*), tal que se $(x^0,\lambda^0) \in V$, o Algoritmo 8.1 está bem definido e, se o critério de parada não for satisfeito, gera uma sequência $(x^k,\lambda^k)_{k \in \mathbb{N}}$ que converge quadraticamente para esta solução.

DEMONSTRAÇÃO. Basta notar que o passo (d^k,ξ^k) definido pelo Algoritmo 8.1 é exatamente o passo de Newton para o sistema de equações

$$
\nabla \ell(x,\lambda) = \begin{pmatrix} \nabla f(x) + A(x)^T \lambda \\ c(x) \end{pmatrix} = \begin{pmatrix} 0 \\ 0 \end{pmatrix}. \tag{8.4}
$$

De fato, a Jacobiana da função $(x,\lambda) \mapsto \nabla \ell(x,\lambda)$ é a matriz

$$
\begin{pmatrix} B(x,\lambda) & A(x)^T \\ A(x) & 0 \end{pmatrix}
$$

e assim o passo de Newton para (8.4), (d_N^k,ξ_N^k), é dado por

$$
\begin{pmatrix} B(x^k,\lambda^k) & A(x^k)^T \\ A(x^k) & 0 \end{pmatrix} \begin{pmatrix} d_N^k \\ \xi_N^k \end{pmatrix} = -\begin{pmatrix} \nabla f(x^k) + A(x^k)^T \lambda^k \\ c(x^k) \end{pmatrix} = \begin{pmatrix} -\nabla_x \ell(x^k,\lambda^k) \\ -c(x^k) \end{pmatrix},
$$

ou seja, pelo (8.3). Se (x^k, λ^k) está na vizinhança dada no Lema 8.1, bem como na região de convergência do método de Newton, então o passo PQS coincide com o passo (d_N^k, ξ_N^k) e o Algoritmo 8.1 está bem definido. Além disso, a convergência quadrática segue do Teorema 5.13. $\square$

Ressaltamos que a convergência quadrática estabelecida no Teorema 8.2 é da sequência $(x^k, \lambda^k)_{k \in \mathbb{N}}$ e isto não implica que a convergência de (x^k) seja quadrática (veja o Exercício 8.5). Entretanto, é possível modificar o Algoritmo 8.1 de modo a transformá-lo em um algoritmo puramente primal e ter convergência quadrática na sequência (x^k). Podemos encontrar tal abordagem em [4, Teorema 12.5].

O algoritmo PQS, discutido aqui, pode ser interpretado de outro modo. Fazendo $\mu = \xi + \lambda^k$, a relação (8.3) pode ser reescrita como

$$\begin{cases} B(x^k, \lambda^k)d + \nabla f(x^k) + A(x^k)^T \mu & = & 0 \\ A(x^k)d + c(x^k) & = & 0, \end{cases}$$

que representa as condições de otimalidade do problema quadrático

$$\begin{aligned} \text{minimizar} \quad & f(x^k) + \nabla f(x^k)^T d + \frac{1}{2} d^T B(x^k, \lambda^k)d \\ \text{sujeito a} \quad & A(x^k)d + c(x^k) = 0. \end{aligned}$$

$$(8.5)$$

Podemos assim fazer uma releitura do algoritmo PQS e dizer que minimizamos a cada iteração um modelo quadrático da função objetivo, sujeito a linearização das restrições. Entretanto, neste modelo quadrático incorporamos na Hessiana informações sobre a curvatura das restrições.

É interessante notar que considerando em (8.5) o modelo

$$f(x^k) + \nabla f(x^k)^T d + \frac{1}{2} d^T \nabla^2 f(x^k)d, \qquad (8.6)$$

isto é, a aproximação de Taylor de segunda ordem de f, o algoritmo pode não funcionar bem, conforme nos mostra o exemplo seguinte.

Métodos para otimização com restrições

Capítulo 8

◈ Exemplo 8.3

[4, Exercício 12.1] Considere o problema

$$\text{minimizar} \quad f(x) = -\frac{x_1^2}{2} + 2x_2$$

$$\text{sujeito a} \quad c(x) = x_1^2 + x_2^2 - 1 = 0, \tag{8.7}$$

cuja solução (única e global) é o ponto $x^* = \begin{pmatrix} 0 \\ -1 \end{pmatrix}$, com multiplicador correspondente $\lambda^* = 1$. Suponha que o ponto corrente seja $x = \begin{pmatrix} \delta \\ -\sqrt{1-\delta^2} \end{pmatrix}$, com $\delta > 0$ suficientemente pequeno. Mostre que se o passo for calculado utilizando (8.6) como modelo, então o novo ponto se distancia da solução. Calcule também o passo obtido por PQS.

O subproblema quadrático associado a (8.7), utilizando o modelo (8.6), fica

$$\text{minimizar} \quad -\frac{d_1^2}{2} - \delta d_1 + 2d_2$$

$$\text{sujeito a} \quad \delta d_1 - \sqrt{1-\delta^2}\, d_2 = 0, \tag{8.8}$$

já desconsiderando os termos constantes. Resolvendo as condições de KKT para (8.8), obtemos

$$d_1 = \frac{2\delta}{\sqrt{1-\delta^2}} - \delta \quad \text{e} \quad d_2 = \frac{2\delta^2}{1-\delta^2} - \frac{\delta^2}{\sqrt{1-\delta^2}}.$$

Para δ suficientemente pequeno o ponto x fica muito próximo da solução x^*. No entanto, temos

$$\|x + d - x^*\| \approx 2\|x - x^*\|.$$

Ou seja, mesmo estando o ponto corrente arbitrariamente próximo da solução, o passo determinado por (8.8) aproximadamente duplica a

255

distância ao minimizador. Vamos agora calcular o passo verdadeiro de PQS, solução do subproblema

$$\text{minimizar} \quad \frac{1}{2}(d_1^2 + 2d_2^2) - \delta d_1 + 2d_2$$

$$\text{sujeito a} \quad \delta d_1 - \sqrt{1-\delta^2}\, d_2 = 0,$$

(8.9)

que é o problema (8.5) com $B(x^k, \lambda^k) = \nabla^2_{xx}\ell(x^k, \lambda^*) = \begin{pmatrix} 1 & 0 \\ 0 & 2 \end{pmatrix}$. A solução de (8.9) é o vetor

$$d_{\text{pqs}} = \frac{(\sqrt{1-\delta^2} - 2)\delta}{1+\delta^2} \begin{pmatrix} \sqrt{1-\delta^2} \\ \delta \end{pmatrix}.$$

Neste caso temos

$$\frac{\|x + d_{\text{pqs}} - x^*\|}{\|x - x^*\|^2} \approx \frac{1}{2},$$

o que está em conformidade com o Teorema 8.2. A Figura 8.1 ilustra este exemplo, onde o conjunto viável está representado pela linha circular cheia, as curvas de nível da função objetivo pelas linhas tracejadas e $x^+ = x + d_{\text{pqs}}$.

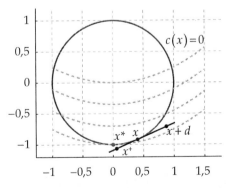

FIGURA 8.1 O passo de "Pseudo" PQS para o Exemplo 8.3.

Métodos para otimização com restrições

Capítulo 8

8.2 Métodos de filtro

Do mesmo modo como acontece com o método de Newton, não temos a convergência global para PQS, isto é, se o ponto inicial não estiver suficientemente próximo de uma solução, não se garante que a sequência gerada pelo algoritmo seja convergente, nem mesmo que tenha algum ponto de acumulação estacionário. Isto se deve ao fato de que os passos obtidos não passam por nenhum critério de aceitação.

É necessário, portanto, considerar estratégias que submetem o passo calculado a um teste, só aceitando se for razoavelmente bom. As formas clássicas são a busca linear e região de confiança com função de mérito. Nesta seção, entretanto, discutiremos outra abordagem, apresentada com mais detalhes em [39, 40], que também permite estabelecer convergência global.

Vamos considerar problemas gerais de otimização, dados por (7.1). Como o método apresentado aqui é iterativo e aceita pontos inviáveis no decorrer das iterações, vamos definir uma função para medir o quanto um iterando está próximo do conjunto viável. Desta forma, definimos a medida de inviabilidade $h : \mathbb{R}^n \to \mathbb{R}_+$ dada por

$$h(x) = \|c^+(x)\|, \qquad \textbf{(8.10)}$$

onde $\|\cdot\|$ é uma norma arbitrária e $c^+ : \mathbb{R}^n \to \mathbb{R}^m$ é definida por

$$c_i^+(x) = \begin{cases} c_i(x), & \text{se } i \in \mathcal{E} \\ \max\{0, c_i(x)\}, & \text{se } i \in \mathcal{I}. \end{cases} \qquad \textbf{(8.11)}$$

Os métodos de filtro, introduzidos por Fletcher e Leyffer em [10], definem uma *região proibida* armazenando pares $(f(x^j), h(x^j))$ escolhidos convenientemente das iterações anteriores, formando assim um conjunto de pares que denominamos *filtro*. Um ponto tentativo x^+ é aceito se o par $(f(x^+), h(x^+))$ não for dominado por nenhum elemento do filtro, segundo a regra: $(f(x^+), h(x^+))$ é dominado por $(f(x), h(x))$ se, e somente se, $f(x^+) \geq f(x)$ e $h(x^+) \geq h(x)$. No entanto, para garantir propriedades de convergência global dos métodos de filtro, esses mesmos autores sugerem que uma margem seja criada em torno da região proibida, na qual os pontos também serão considerados proibidos.

Desta forma, o método de filtro proposto em [10] evita pontos nas regiões

$$\mathcal{R}_j = \left\{ x \in \mathbb{R}^n \mid f(x) \geq f(x^j) - \alpha h(x^j) \text{ e } h(x) \geq (1-\alpha)h(x^j) \right\} \quad \textbf{(8.12)}$$

onde $\alpha \in (0,1)$ é uma constante dada. Temos também uma maneira um pouco diferente de definir a regra de dominação, proposta por Chin e Fletcher [5], que considera as regiões

$$\mathcal{R}_j = \left\{ x \in \mathbb{R}^n \mid f(x) + \alpha h(x) \geq f(x^j) \text{ e } h(x) \geq (1-\alpha)h(x^j) \right\}. \quad \textbf{(8.13)}$$

O algoritmo de filtro baseado na regra (8.12) é denominado *filtro original* e aquele baseado em (8.13) é chamado *filtro inclinado*.

Na Figura 8.2 ilustramos as regiões em $\mathbb{R}^2$ formadas pelos pares $(f(x), h(x))$ associados aos pontos $x \in \mathcal{R}_j$, com $\mathcal{R}_j$ dado em (8.12) e (8.13), respectivamente. Tais pontos são recusados pelo filtro e, por esse motivo, denominamos cada uma dessas regiões de *região proibida no plano* $f \times h$. Nesta figura, e sempre que for conveniente, simplificamos a notação usando (f^j, h^j) para representar o par $(f(x^j), h(x^j))$.

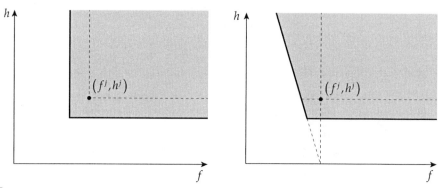

FIGURA 8.2 Região proibida.

Métodos para otimização com restrições

8.2.1 O algoritmo geral de filtro

Apresentamos aqui um algoritmo geral de filtro que permite uma grande liberdade no cálculo do passo e na escolha do critério de filtro, original ou inclinado.

O algoritmo constrói uma sequência de conjuntos $F_0, F_1, \ldots, F_k$, compostos de pares $(f^j, h^j) \in \mathbb{R}^2$, onde F_k é denominado filtro corrente. Em nossa análise consideramos também o conjunto $\mathcal{F}_k$, que é uma região permanentemente proibida em $\mathbb{R}^n$ e uma região temporariamente proibida dada por $\overline{\mathcal{F}}_k = \mathcal{F}_k \cup \mathcal{R}_k$.

Na Figura 8.3 temos o filtro permanente, representado pelo conjunto

$$F_k = \{(f^i, h^i), (f^j, h^j), (f^l, h^l)\},$$

e o filtro temporário, dado por $\overline{F}_k = F_k \cup \{(f^k, h^k)\}$, para ambos os critérios, original e inclinado. As regiões hachuradas são formadas pelos pares $(f(x), h(x))$ correspondentes aos pontos $x \in \overline{\mathcal{F}}_k$.

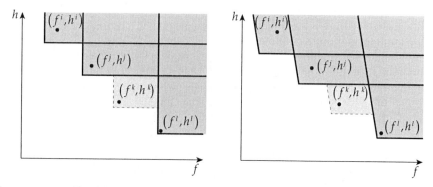

FIGURA 8.3 Regiões proibidas no plano $f \times h$.

Algoritmo 8.2 Filtro

Dados: $x^0 \in \mathbb{R}^n$, $F_0 = \emptyset$, $\mathcal{F}_0 = \emptyset$, $\alpha \in (0,1)$.

$k = 0$

REPITA

Defina $\overline{F}_k = F_k \cup \{(f^k, h^k)\}$ e

$\overline{\mathcal{F}}_k = \mathcal{F}_k \cup \mathcal{R}_k$, com $\mathcal{R}_k$ dado em (8.12) ou (8.13)

Passo:

 SE x^k é estacionário, pare com sucesso

 SENÃO, calcule $x^{k+1} \notin \overline{\mathcal{F}}_k$.

Atualização do filtro:

 SE $f(x^{k+1}) < f(x^k)$,

$$F_{k+1} = F_k, \quad \mathcal{F}_{k+1} = \mathcal{F}_k \quad (\text{iteração } f)$$

 SENÃO,

$$F_{k+1} = \overline{F}_k, \quad \mathcal{F}_{k+1} = \overline{\mathcal{F}}_k \quad (\text{iteração } h)$$

$k = k + 1$.

No início de cada iteração, o par (f^k, h^k) é temporariamente introduzido no filtro, definindo a região proibida $\mathcal{R}_k$. Ao final da iteração, o par (f^k, h^k) se tornará permanente no filtro somente se a iteração não produzir uma redução em f, ou seja, se a iteração for do tipo h. Na iteração do tipo f o novo elemento é descartado, ou seja, não haverá atualização do filtro.

Note que se x^k é viável, então qualquer ponto x não proibido deve satisfazer $f(x) < f(x^k)$. A Figura 8.4 ilustra esta situação para ambos os critérios de filtro, original e inclinado.

O Lema 8.4, apresentado a seguir, estabelece que o Algoritmo 8.2 é bem definido. Dada a generalidade do algoritmo, é suficiente mostrar que sempre que o ponto corrente é não estacionário, um novo ponto não proibido pode ser escolhido, a menos que o ponto corrente seja uma solução global do problema (7.1).

Métodos para otimização com restrições

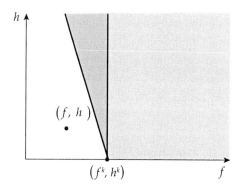

FIGURA 8.4 Caso em que x^k é viável.

LEMA 8.4

Considere o Algoritmo 8.2. Para todo $k \in \mathbb{N}$ tal que x^k é não estacionário, as seguintes afirmações são válidas:

(i) Temos $h^j > 0$, para todo $j \in \mathbb{N}$ tal que $(f^j, h^j) \in F_k$;

(ii) Existe $x^{k+1} \notin \overline{\mathcal{F}}_k$.

DEMONSTRAÇÃO. Vamos provar este lema por indução. Para $k = 0$, temos que $F_0 = \varnothing$ e $\overline{F}_0 = \{(f^0, h^0)\}$, logo (i) é válida. Para provar (ii), considere inicialmente que $h^0 > 0$. Nesse caso, podemos tomar x^1 como qualquer ponto viável. Por outro lado, se $h^0 = 0$, existe um ponto viável x^1 tal que $f^1 < f^0$, uma vez que x^0 não é um minimizador do problema (7.1). Em ambos os casos, concluímos que $x^1 \notin \overline{\mathcal{F}}_0$. Agora, suponha que (i) e (ii) são válidas para $k-1$. Se a iteração $k-1$ é uma iteração f, então $F_k = F_{k-1}$ e, consequentemente, pela hipótese de indução, temos que a afirmação (i) é verdadeira para k. Caso contrário, $k-1$ é uma iteração h e $F_k = F_{k-1} \cup \{(f^{k-1}, h^{k-1})\}$. Nesse caso, é suficiente provar que $h^{k-1} > 0$. Suponha por contradição que $h^{k-1} = 0$. Pela hipótese de indução, existe $x^k \notin \overline{\mathcal{F}}_{k-1}$. Isto significa que $f^k < f^{k-1}$, contradizendo o fato de que k é uma iteração h. Então, $h^{k-1} > 0$ e, deste modo, (i) é válida para k. Resta provar (ii). Se $h^k > 0$, podemos tomar x^{k+1} como qualquer ponto viável. Por outro lado, se $h^k = 0$, como x^k não é um minimizador

Otimização contínua: Aspectos teóricos e computacionais

do problema (7.1), existe um ponto viável x^{k+1} tal que $f^{k+1} < f^k$. Em ambos os casos, usando (i), concluímos que $x^{k+1} \notin \overline{\mathcal{F}}_k$. $\square$

Desta forma, vamos assumir que o Algoritmo 8.2 gera uma sequência infinita (x^k) e, na próxima seção, provaremos que este algoritmo é globalmente convergente.

8.2.2 Convergência global

Assumindo uma hipótese sobre desempenho do passo, vamos provar nesta seção que qualquer sequência gerada pelo Algoritmo 8.2 tem pelo menos um ponto de acumulação estacionário. No decorrer desta seção procuramos enfatizar as diferenças entre as propriedades de convergência que uma escolha particular da regra de filtro proporciona.

Primeiramente, vamos estabelecer as hipóteses necessárias para a análise de convergência do Algoritmo 8.2.

H3 A sequência (x^k) permanece em um conjunto convexo e compacto $X \subset \mathbb{R}^n$.

H4 As funções $f, c_i, i \in \mathcal{E} \cup \mathcal{I}$, são duas vezes continuamente diferenciáveis.

H5 Dado um ponto viável não estacionário $\bar{x} \in X$, existem $M > 0$ e uma vizinhança V de $\bar{x}$ tal que se $x^k \in V$, então

$$f(x^k) - f(x^{k+1}) \geq M v_k,$$

onde $v_k = \min\{1, \min\{(1-\alpha)h^j \mid (f^j, h^j) \in F_k\}\}$ é definido como a altura do filtro.

As duas primeiras hipóteses são clássicas e, embora H3 seja uma hipótese sobre a sequência gerada pelo algoritmo, esta pode ser garantida incluindo restrições de caixa ao problema. Por outro lado, a Hipótese H5, proposta por Ribeiro, Karas e Gonzaga [44], assume que o passo deve ser eficiente no sentido de que, perto de um ponto viável não estacionário, a redução na função objetivo é relativamente grande.

Considere o conjunto das iterações h dado por

Métodos para otimização com restrições

$$\mathcal{K}_a = \{k \in \mathbb{N} \mid \left(f^k, h^k\right) \text{ é adicionado ao filtro}\}. \tag{8.14}$$

No lema a seguir vamos mostrar o que acontece quando este conjunto é infinito.

Lema 8.5

Suponha que as Hipóteses H3 e H4 sejam satisfeitas. Se o conjunto $\mathcal{K}_a$ é infinito, então

$$h(x^k) \overset{\mathcal{K}_a}{\to} 0.$$

Demonstração. Assuma por contradição que, para algum $\delta > 0$, o conjunto

$$\mathcal{K} = \{k \in \mathcal{K}_a \mid h(x^k) \geq \delta\}$$

é infinito. A suposição de compacidade em H3 e a continuidade de (f, h), assegurada por H4, garantem que existe uma subsequência convergente $(f^k, h^k)_{k \in \mathcal{K}_1}$, $\mathcal{K}_1 \subset \mathcal{K}$. Portanto, como $\alpha \in (0,1)$, podemos tomar índices $j, k \in \mathcal{K}_1$, com $j < k$ tais que

$$\left\| (f^k, h^k) - (f^j, h^j) \right\| < \frac{\alpha\delta}{2} \leq \frac{\alpha h(x^j)}{2}.$$

Este resultado implica $x^k \in \overline{\mathcal{F}}_j = \mathcal{F}_{j+1}$ (veja a Figura 8.5), o que é uma contradição, uma vez que, devido ao critério de atualização do filtro e à definição de $\overline{\mathcal{F}}$, temos que

$$x^k \notin \overline{\mathcal{F}}_{k-1} \supset \mathcal{F}_k \supset \mathcal{F}_{j+1}. \ \square$$

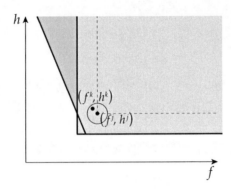

FIGURA 8.5 Ilustração auxiliar para o Lema 8.5.

Vamos provar agora que a sequência (x^k) tem um ponto de acumulação viável.

Lema 8.6

Suponha que as Hipóteses H3 e H4 sejam satisfeitas e considere a sequência $(x^k)_{k\in\mathbb{N}}$ gerada pelo Algoritmo 8.2. Então, existe um conjunto infinito $\mathbb{N}' \subset \mathbb{N}$ tal que $h(x^k) \xrightarrow{\mathbb{N}'} 0$.

DEMONSTRAÇÃO. Se $\mathcal{K}_u$ é infinito, este resultado segue diretamente do Lema 8.5 e, nesse caso, $\mathbb{N}' = \mathcal{K}_u$. Por outro lado, se $\mathcal{K}_u$ é finito, existe $k_0 \in \mathbb{N}$ tal que toda iteração $k \geq k_0$ é uma iteração f. Deste modo, $(f(x^k))_{k \geq k_0}$ é decrescente e, pelas Hipóteses H3 e H4,

$$f(x^k) - f(x^{k+1}) \to 0. \qquad (8.15)$$

Considere agora o conjunto

$$\mathcal{K}_1 = \{k \in \mathbb{N} \mid \alpha h(x^j) < f(x^k) - f(x^{k+1})\}$$

onde $j = k$ se usamos o filtro original e $j = k+1$ se o filtro inclinado é usado. Se $\mathcal{K}_1$ é finito, existe $k_1 \in \mathbb{N}$ tal que $h(x^{k+1}) < (1-\alpha)h(x^k)$ para todo $k \geq k_1$, o

Métodos para otimização com restrições

que implica $h(x^k) \to 0$. Caso contrário, usando (8.15) concluímos que $h(x^k) \overset{\mathbb{N}'}{\to} 0$, com $\mathbb{N}' = \mathcal{K}_1$ ou $\mathbb{N}' = \{k+1 \mid k \in \mathcal{K}_1\}$, dependendo da regra de filtro, original ou inclinado, respectivamente. De qualquer modo, $(x^k)_{k \in \mathbb{N}}$ tem um ponto de acumulação viável. $\square$

No lema a seguir apresentamos um resultado de convergência para pontos viáveis mais forte do que o apresentado no lema anterior. Este resultado, cuja prova é dada em [25], estabelece que se a regra de filtro inclinado é usada, então qualquer ponto de acumulação da sequência gerada pelo algoritmo é viável. Isto também é provado por Chin e Fletcher [5] e por Fletcher, Leyffer e Toint [11], assumindo que um número infinito de pares (f^j, h^j) são adicionados ao filtro. Já Karas, Oening e Ribeiro [25] não fazem esta exigência.

Lema 8.7

Suponha que as Hipóteses H3 e H4 sejam satisfeitas e considere a sequência $(x^k)_{k \in \mathbb{N}}$ gerada pelo Algoritmo 8.2, com $\mathcal{R}_k$ é definido por (8.13). Então $h(x^k) \to 0$ e, consequentemente, qualquer ponto de acumulação da sequência (x^k) é viável.

DEMONSTRAÇÃO. [25, Teorema 2.3]. $\square$

O próximo lema mostra que se $\bar{x}$ é um ponto não estacionário, em uma vizinhança de $\bar{x}$, toda iteração k é uma iteração do tipo f.

Lema 8.8

Suponha que as Hipóteses H3-H5 sejam satisfeitas. Se $\bar{x} \in X$ é um ponto não estacionário, então nenhuma subsequência de $(x^k)_{k \in \mathcal{K}_a}$ converge para $\bar{x}$.

DEMONSTRAÇÃO. Se $\bar{x}$ é um ponto viável, então pela Hipótese H5 existem $M > 0$ e uma vizinhança V de $\bar{x}$ tais que para todo $x^k \in V$,

$$f(x^k) - f(x^{k+1}) \geq M v_k.$$

Como $v_k > 0$, temos que $f(x^{k+1}) < f(x^k)$. Assim, $k \notin \mathcal{K}_a$. Agora, assuma que $\bar{x}$ é inviável e suponha por contradição que existe um conjunto infinito $\mathcal{K} \subset \mathcal{K}_a$ tal que $x^k \xrightarrow{\mathcal{K}} \bar{x}$. Como h é contínua, temos que $h(x^k) \xrightarrow{\mathcal{K}} h(\bar{x})$. Por outro lado, o Lema 8.5 garante que $h(x^k) \xrightarrow{\mathcal{K}} 0$. Assim, $h(\bar{x}) = 0$, o que contradiz a hipótese de que $\bar{x}$ é inviável, completando a prova. $\square$

Apresentamos a seguir a prova de que o Algoritmo 8.2 é globalmente convergente.

▣ TEOREMA 8.9

Suponha que as Hipóteses H3-H5 sejam satisfeitas. Então a sequência (x^k) tem um ponto de acumulação estacionário.

DEMONSTRAÇÃO. Se $\mathcal{K}_a$ é infinito, então pela Hipótese H3 existem $\mathcal{K} \subset \mathcal{K}_a$ e $\bar{x} \in X$ tais que $x^k \xrightarrow{\mathcal{K}} \bar{x}$. Portanto, pelo Lema 8.8, $\bar{x}$ é estacionário. Caso contrário, existe $k_0 \in \mathbb{N}$ tal que toda iteração $k \geq k_0$ é uma iteração do tipo f. Deste modo, $\left(f(x^k)\right)_{k \geq k_0}$ é decrescente e por H3 e H4,

$$f(x^k) - f(x^{k+1}) \to 0. \tag{8.16}$$

Além disso, por construção do Algoritmo 8.2, temos $F_k = F_{k_0}$ para todo $k \geq k_0$. Portanto, a sequência (v_k), definida em H5, satisfaz

$$v_k = v_{k_0} > 0 \tag{8.17}$$

para todo $k \geq k_0$. Seja $\bar{x}$ um ponto de acumulação viável de (x^k), cuja existência é garantida pelo Lema 8.6. Vamos provar que este ponto é estacionário. Seja $\mathcal{K}$ um conjunto de índices tal que $x^k \xrightarrow{\mathcal{K}} \bar{x}$. Assuma por contradição que $\bar{x}$ é não estacionário. Pela Hipótese H5, existem $M > 0$ e uma vizinhança V de $\bar{x}$ tal que se $x^k \in V$, então

$$f(x^k) - f(x^{k+1}) \geq M v_k.$$

Métodos para otimização com restrições

Capítulo 8

Como $x^k \xrightarrow{\mathcal{K}} \overline{x}$, existe $k_1 > k_0$ tal que para todo $k > k_1$, $k \in \mathcal{K}$, temos $x^k \in V$. Portanto, para todo $k > k_1$, $k \in \mathcal{K}$, temos $f(x^k) - f(x^{k+1}) \geq Mv_k = Mv_{k_0} > 0$, contradizendo (8.16). $\square$

O Teorema 8.9 estabelece que o Algoritmo 8.2 gera uma sequência infinita (x^k) que tem um ponto de acumulação estacionário. No entanto, se a regra de filtro inclinado é usada e se o conjunto $\mathcal{K}_a$ é finito, podemos mostrar que qualquer ponto de acumulação da sequência gerada pelo algoritmo é estacionário. Provamos este resultado no próximo teorema.

▣ **TEOREMA 8.10**

Se $\mathcal{K}_a$ é finito e $\mathcal{R}_k$ é definido por (8.13), então qualquer ponto de acumulação de (x^k) é estacionário.

DEMONSTRAÇÃO. Do Lema 8.7, temos que qualquer ponto de acumulação da sequência (x^k) é viável. Assim, pelos mesmos argumentos usados na prova do Teorema 8.9 quando $\mathcal{K}_a$ é finito, podemos concluir que qualquer ponto de acumulação de (x^k) é estacionário. $\square$

Salientamos que a teoria de convergência apresentada nesta seção só é válida se existirem formas de calcular o ponto $x^{k+1} \notin \overline{\mathcal{F}}_k$ de modo que a Hipótese H5 seja satisfeita. De fato, pode-se provar que existem pelo menos duas maneiras de se fazer isso. Uma delas, baseada em programação quadrática sequencial, pode ser encontrada em [39]. A outra usa as ideias de restauração inexata [31,32] e foi estabelecida em [15].

8.3 Exercícios do capítulo

8.1. Considere $c(x) = x_1^2 + x_2^2 - 1$. Obtenha o conjunto linearizado

$$\mathcal{L}(\overline{x}) = \{\overline{x} + d \in \mathbb{R}^2 \mid c(\overline{x}) + \nabla c(\overline{x})^T d = 0\}$$

> para $\bar{x} = \begin{pmatrix} 2 \\ -1 \end{pmatrix}$ e faça uma representação geométrica juntamente com o conjunto viável $\Omega = \{x \in \mathbb{R}^2 \mid c(x) = 0\}$. Faça o mesmo para $\tilde{x} = \frac{1}{4}\bar{x}$.

8.2. Considere o problema

$$\begin{aligned} \text{minimizar} \quad & \left(x_1 - 2\right)^2 + \left(x_2 - \tfrac{1}{2}\right)^2 \\ \text{sujeito a} \quad & x_1^2 - x_2 = 0. \end{aligned} \tag{8.18}$$

(a) Escreva e resolva o subproblema quadrático (8.5), com
$$x^k = \begin{pmatrix} 2 \\ -1 \end{pmatrix}, \lambda^k = 1 \text{ e } B(x^k, \lambda^k) = \nabla^2_{xx}\ell(x^k, \lambda^k);$$

(b) Encontre o minimizador x^* do problema (8.18) e calcule
$$\frac{\left\| x^{k+1} - x^* \right\|}{\left\| x^k - x^* \right\|^2};$$

(c) Represente este exercício geometricamente.

8.3. Mostre que se o par (x^k, λ^k) cumpre as condições de KKT para o problema (8.1), então $d = 0$ é um ponto estacionário para o subproblema (8.2). Mostre também que se $d = 0$ é um ponto estacionário para o subproblema (8.2), então x^k é um ponto estacionário para o problema (8.1).

8.4. No contexto do Teorema 8.2, mostre que a Jacobiana da função $(x, \lambda) \mapsto \nabla\ell(x, \lambda)$ é lipschitziana em uma vizinhança de (x^*, λ^*).

8.5. [4, Exerc. 12.8] Defina $x^0 = \lambda^0 = 1$ e, para $k \geq 1$,

$$x^k = \begin{cases} \beta^{2^k}, & \text{se } k \text{ é ímpar} \\ x^{k-1}, & \text{se } k \text{ é par} \end{cases} \quad \text{e} \quad \lambda^k = \beta^{2^{k-1}},$$

onde $\beta \in (0,1)$. Mostre que a sequência $(x^k, \lambda^k)_{k\in\mathbb{N}}$ converge quadraticamente para $(0,0)$, mas a convergência de (x^k) para 0 não é sequer linear.

Referências bibliográficas

[1] ANDREANI, R.; MARTÍNEZ, J. M.; SCHUVERDT, M. L. On the relation between constant positive linear dependence condition and quasinormality constraint qualification. *Journal of Optimization theory and Applications*, v. 125, n. 2, p.473-485, 2005.

[2] BAZARAA, M. S.; SHERALI, H. D.; SHETTY, C. M. *Nonlinear programming theory and algorithms*. NewYork: John Wiley, 2. ed., 1993.

[3] BERTSEKAS, D. P.; NEDIC, A.; OZDAGLAR, A. E. *Convex analysis and optimization*. Belmont: Athena Scientific, 2003.

[4] BONNANS, J. F.; GILBERT, J. C.; LEMARÉCHAL, C.; SAGASTIZÁBAL, C. A. *Numerical optimization: theoretical and practical aspects*. Berlin: Springer-Verlag, 2002.

[5] CHIN, C. M.; FLETCHER, R. On the global convergence of an SLP-filter algorithm that takes EQP steps. *Mathematical Programming*, v. 96, n. 1, p.161-177, 2003.

[6] CONN, A. R.; GOULD, N. I. M.;TOINT, Ph. L. *Trust-region methods*. Philadelphia: MPS-SIAM Series on Optimization, SIAM, 2000.

[7] DOLAN, E. D.; MORÉ, J. J. Benchmarking optimization software with performance profiles. *Mathematical Programming*. v. 91, p.201-213, 2002.

[8] EUSTÁQUIO, R. G. Condições de otimalidade e de qualificação para problemas de programação não linear. Dissertação de mestrado, Universidade Federal do Paraná, 2007.

[9] FERNANDES, F. M.Velocidade de convergência de métodos de otimização irrestrita. Trabalho de conclusão de curso, Universidade Federal do Paraná, 2010.

[10] FLETCHER, R.; LEYFFER, S. Nonlinear programming without a penalty function. *Mathematical Programming - Ser. A*, v. 91, n. 2, p. 239-269, 2002.

[11] FLETCHER, R.; LEYFFER, S.; TOINT, Ph. L. On the global convergence of a filter-SQP algorithm. *SIAM J. Optimization*, v. 13, n. 1, p.44-59, 2002.

[12] FLETCHER, R.; REEVES, C. M. Function minimization by conjugate gradients. *Computer J.*, v. 7, p.149-154, 1964.

[13] FRIEDLANDER, A. *Elementos de programação não-linear*. Campinas: Unicamp, 1994.

[14] GONZAGA, C. C. *Um curso de programação não linear*. Notas de aula, Universidade Federal de Santa Catarina, 2004.

Otimização contínua: Aspectos teóricos e computacionais

[15] GONZAGA, C. C.; KARAS, E. W.; VANTI, M. A globally convergent filter method for nonlinear programming. *SIAM J. Optimization,* v. 14, n. 3, p.646-669, 2003.

[16] GOULD, F. J.; TOLLE, J. W. A necessary and sufficient qualification for constrained optimization. *SIAM Journal on Applied Mathematics,* v. 20, p.164-172, 1971.

[17] GOULD, N. I. M.; ORBAN, D.; TOINT, Ph. L. CUTEr, a constrained and unconstrained testing environment, revisited. *ACM Transactions on Mathematical Software,* .v. 29, n. 4, p.373-394, 2003.

[18] GUIGNARD, M. Generalized Kuhn-Tucker conditions for mathematical programming problems in a Banach space. *SIAM Journal on Control and Optimization,* v. 7, p.232-241, 1969.

[19] HIRIART-URRUTY, J-B.; LEMARECHAL, C. *Convex analysis and minimization algorithms* I. New York: Springer-Verlag, 1993.

[20] HOCK, W.; SCHITTKOWSKI, K. *Test examples for nonlinear programming codes,* v. 187. Lecture Notes in Economics and Mathematical Systems, Springer, 1981.

[21] HOWARD, A.; RORRES, C. *Álgebra linear com aplicações,* 8. ed. Porto Alegre: Bookman, 2001.

[22] IZMAILOV, A.; SOLODOV, M. *Otimização: condições de otimalidade, elementos de análise convexa e dualidade,* v. 1. Rio de Janeiro: IMPA, 2005.

[23] IZMAIOLV, A.; SOLODOV, M. *Otimização: métodos computacionais,* v. 2. Rio de Janeiro: IMPA, 2007.

[24] JOHN, F. Extremum Problems with inequalities as subsidiary conditions. In NEUGEBAUER, O. E.; FRIEDRICHS, K. O; . STOKER, J. J. (editores). *Studies and essays: courant anniversary volume,* p. 187-204. New York: Wiley-Interscience, 1948.

[25] KARAS, E. W.; OENING, A. P.; RIBEIRO, A. A. Global convergence of slanting filter methods for nonlinear programming. *Applied Mathematics and Computation,* v. 200, n. 2, p. 486-500, 2007.

[26] KUHN, H. W.; TUCKER, A. W. Nonlinear programming. In . NEYMAN, J. (editor). *Proceedings of the Second Berkeley Symposium on Mathematical Statistics and Probability,* p. 481-492. University of California Press, Berkeley, CA, 1951.

[27] LEON, S. J. *Álgebra linear com aplicações.* Rio de Janeiro: LTC, 1999.

[28] LIMA, E. L. *Curso de análise,* v. 1. Rio de Janeiro: IMPA, 1981.

[29] LIMA, E. L. *Curso de análise,* v. 2. Rio de Janeiro: IMPA, 1981.

[30] LUENBERGER, D. G. *Linear and nonlinear programming.* New York: Addison – Wesley Publishing Company, 1986.

Referências Bibliográficas

[31] MARTÍNEZ, J. M. Inexact-restoration method with Lagrangian tangent decrease and a new merit function for nonlinear programming. *Journal of Optimization Theory and Applications*, v. 111, p.39-58, 2001.

[32] MARTÍNEZ, J. M.; PILOTTA, E. A. Inexact restoration algorithm for constrained optimization. *Journal of Optimization Theory and Applications*, v. 104, p.135-163, 2000.

[33] MARTÍNEZ, J. M.; SANTOS, S. A. Métodos computacionais de otimização. 20° Colóquio Brasileiro de Matemática – IMPA, 1995.

[34] MORÉ, J. J.; GARBOW, B. S.; HILLSTROM, K. E. Testing unconstrained optimization software. *ACM Transactions on Mathematical Software*, v. 7, n. 1, p.17-41, 1981.

[35] MOTA, A. M. Convergência de algoritmos para programação não linear. Dissertação de mestrado, Universidade Federal do Paraná, 2005.

[36] MURTY, K. G. *Linear programming*. New York: John Wiley, 1983.

[37] NOCEDAL, J.; WRIGHT, S. J. *Numerical optimization*. Springer Series in Operations Research. Springer-Verlag, 1999.

[38] PERESSINI, A. L.; SULLIVAN, F. E.; UHL, J. J. Jr. *The Mathematics of nonlinear programming,* 1. ed. New York: Springer-Verlag, 1988.

[39] PERIÇARO, G. A. Algoritmos de filtro globalmente convergentes: teoria, implementação e aplicação. Tese de doutorado, Universidade Federal do Paraná, 2011.

[40] PERIÇARO, G. A.; RIBEIRO, A. A.; KARAS, E. W. Global convergence of a general filter algorithm based on an efficiency condition of the step. *Applied Mathematics and Computation*, v. 219, n. 17, p. 9581-9597, 2013.

[41] POLAK, E. *Computational Methods in Optimization: A Unified Approach*. New York: Academic Press, 1971.

[42] POLAK, E.; RIBIÈRE, G. Note sur la convergence de méthodes de directions conjuguées. *Revue Française d'Informatique et de Recherche Opérationnelle*, v. 16, p.35-43, 1969.

[43] POLYAK, B. T. *Introduction to optimization*. New York: Optimization Software, Inc, 1987.

[44] RIBEIRO, A. A.; KARAS, E. W.; GONZAGA, C. C. Global convergence of filter methods for nonlinear programming. *SIAM Journal on Optimization*, v. 19, n. 3, p.1231-1249, 2008.

[45] STEIHAUG, T. The conjugate gradient method and trust regions in large scale optimization. *SIAM Journal on Numerical Analysis*, v. 20, p.626-637, 1983.

Dicas ou soluções dos exercícios

Apêndice A

A presentamos aqui dicas ou soluções para alguns dos exercícios propostos no texto. Convém lembrar que tais exercícios têm basicamente três finalidades. Alguns servem para fixar os conceitos, outros para verificar se o leitor consegue identificar e aplicar os conhecimentos adquiridos para resolver um determinado problema e outros ainda servem para complementar a teoria. Em qualquer caso, recomendamos fortemente que o estudante tente fazer os exercícios antes de ver a solução, de modo a garantir um aprendizado mais sólido.

Capítulo 1

1.1. Usaremos indução em (a) e (b).

(a) Temos $1 \leq x^0 \leq 2$. Supondo agora $1 \leq x^k \leq 2$, temos $2 \leq 1 + x^k \leq 3$. Portanto, $1 \leq \sqrt{1 + x^k} \leq 2$, ou seja, $1 \leq x^{k+1} \leq 2$.

(b) Temos $x^1 = \sqrt{2} > x^0$. Além disso, se $x^{k+1} > x^k$, então $1 + x^{k+1} > 1 + x^k$, donde segue que $x^{k+2} = \sqrt{1 + x^{k+1}} > \sqrt{1 + x^k} = x^{k+1}$.

(c) Pelo que foi provado em (a) e (b), (x^k) é convergente, digamos $x^k \to \bar{x}$. Assim, $x^{k+1} \to \bar{x}$ e também $x^{k+1} = \sqrt{1 + x^k} \to \sqrt{1 + \bar{x}}$. Desta forma, temos $\bar{x} = \sqrt{1 + \bar{x}}$, o que fornece $\bar{x} = \dfrac{1 + \sqrt{5}}{2}$, o inverso do número de ouro.

1.2. Também por indução em (a) e (b).

(a) Temos $0 \le y^0 \le 1$. Supondo agora $0 \le y^k \le 1$, temos $1 \le 1 + 2y^k \le 3$. Portanto, $0 \le y^{k+1} \le 1$.

(b) Temos $y^2 > y^0$ e $y^3 < y^1$. Além disso, supondo $y^{2k+2} > y^{2k}$ e $y^{2k+1} < y^{2k-1}$, temos $1 + 2y^{2k+2} > 1 + 2y^{2k}$, que implica $y^{2k+3} < y^{2k+1}$. Isto por sua vez implica $1 + 2y^{2k+3} < 1 + 2y^{2k+1}$, donde segue que $y^{2k+4} > y^{2k+2}$.

(c) Como $(y^{2k})_{k \in \mathbb{N}}$ e $(y^{2k+1})_{k \in \mathbb{N}}$ são monótonas e limitadas, ambas convergem, digamos $y^{2k} \to a$ e $y^{2k+1} \to b$. Vamos mostrar que $a = b = \dfrac{1}{2}$. Note que $y^{2k+1} = \dfrac{1}{1 + 2y^{2k}}$ e $y^{2k+2} = \dfrac{1}{1 + 2y^{2k+1}}$. Logo, como (y^{2k+2}) é subsequência de (y^{2k}), obtemos $b = \dfrac{1}{1 + 2a}$ e $a = \dfrac{1}{1 + 2b}$. Portanto, $b + 2ab = 1$ e $a + 2ab = 1$, donde segue que $a = b$. Para ver que este valor é $\dfrac{1}{2}$, basta notar que $a + 2a^2 = 1$ e $a = \lim\limits_{k \to \infty} y^{2k} \ge 0$.

1.5. (a) Para todo $k \in \mathbb{N}$, temos

$$a_0 \le a_1 \le \cdots \le a_k \le b_k \le \cdots b_1 \le b_0.$$

Portanto, (a_k) e (b_k) são convergentes. Como $b_k - a_k = \dfrac{1}{2^k}(b_0 - a_0) \to 0$, temos que o limite é o mesmo, digamos, $a_k \to c$ e $b_k \to c$.

(b) Como $a_i \le x^{k_i} \le b_i$, segue que $\lim\limits_{i \to \infty} x^{k_i} = c$.

1.8. Temos $\dfrac{x^{k+1}}{x^k} = \dfrac{2^{k+1}}{(k+1)!} \dfrac{k!}{2^k} = \dfrac{2}{k+1} \to 0$, o que implica a convergência superlinear. Além disso, $\dfrac{x^{k+1}}{(x^k)^2} = \dfrac{2^{k+1}}{(k+1)!} \dfrac{(k!)^2}{(2^k)^2} = \dfrac{k}{k+1} \dfrac{(k-1)!}{2^{k-1}}$. Mas podemos verificar por indução que $\dfrac{(k-1)!}{2^{k-1}} > \dfrac{k-1}{2}$, para todo $k \ge 6$. Portanto, $\dfrac{x^{k+1}}{(x^k)^2} \to \infty$.

Dicas ou soluções dos exercícios

Apêndice A

1.9. Usaremos indução em (a) e (b).

(a) Temos $1 \le x^0 \le 2$. Supondo agora $1 \le x^k \le 2$, temos $3 \le 2 + x^k$ ≤ 4. Portanto, $1 \le \sqrt{2 + x^k} \le 2$, ou seja, $1 \le x^{k+1} \le 2$.

(b) Temos $x^1 = \sqrt{2 + \sqrt{2}} > \sqrt{2} = x^0$. Além disso, se $x^{k+1} > x^k$, então $2 + x^{k+1} > 2 + x^k$, donde segue que $x^{k+2} = \sqrt{2 + x^{k+1}} > \sqrt{2 + x^k} = x^{k+1}$.

(c) Por (a) e (b), (x^k) é convergente, digamos $x^k \to \overline{x}$. Assim, $x^{k+1} \to \overline{x}$ e também $x^{k+1} = \sqrt{2 + x^k} \to \sqrt{2 + \overline{x}}$. Desta forma, temos $\overline{x} = \sqrt{2 + \overline{x}}$, o que fornece $\overline{x} = 2$.

Finalmente, para ver que a convergência é linear, temos

$$\frac{|x^{k+1} - 2|}{|x^k - 2|} = \frac{\sqrt{2 + x^k} - 2}{x^k - 2} = \frac{1}{\sqrt{2 + x^k} + 2} \to \frac{1}{4}.$$

1.10. Note primeiro que $Ax = 0$ se, e somente se, $x = 0$. Assim, $c = \min_{\|y\|=1} \{\|Ay\|\} > 0$, o que significa que $\|Ax\| \ge c\|x\|$, para todo $x \in \mathbb{R}^n$. Portanto,

$$\frac{\|y^{k+1} - \overline{y}\|}{\|y^k - \overline{y}\|} = \frac{\|A(x^{k+1} - \overline{x})\|}{\|A(x^k - \overline{x})\|} \le \frac{\|A\|\|x^{k+1} - \overline{x}\|}{c\|x^k - \overline{x}\|},$$

provando então que a convergência superlinear não é afetada por transformações injetivas. No entanto, o mesmo não se pode afirmar para a convergência linear, conforme vemos no seguinte exemplo. Considere $A = \begin{pmatrix} -1 & 1 \\ 0 & 1 \end{pmatrix}$ e defina $x^{2k} = \frac{1}{2^k}\begin{pmatrix} 1 \\ 1 \end{pmatrix}$ e $x^{2k+1} = \frac{1}{2^k}\begin{pmatrix} \frac{1}{2} \\ 1 \end{pmatrix}$.

A sequência (x^k) converge linearmente, pois

$$\frac{\|x^{2k+1}\|}{\|x^{2k}\|} = \sqrt{\frac{5}{8}} \quad \text{e} \quad \frac{\|x^{2k+2}\|}{\|x^{2k+1}\|} = \sqrt{\frac{2}{5}}.$$

A3

No entanto, $\dfrac{\|Ax^{2k+1}\|}{\|Ax^{2k}\|} = \dfrac{\sqrt{5}}{2}$.

1.11. Suponha que X é fechado e considere $(x^k) \subset X$ tal que $x^k \to \overline{x}$. Caso $\overline{x} \in \operatorname{Fr} X$, temos $\overline{x} \in X$. Por outro lado, se $\overline{x} \notin \operatorname{Fr} X$, então existe uma vizinhança de $\overline{x}$ que não possui nenhum ponto do complementar de X. Isto significa que esta vizinhança está contida em X, provando a necessidade. Reciprocamente, suponha que dada $(x^k) \subset X$ tal que $x^k \to \overline{x}$, temos $\overline{x} \in X$. Vamos provar que $X \supset \operatorname{Fr} X$. Dado $\overline{x} \in \operatorname{Fr} X$, temos que existe $(x^k) \subset X$ tal que $x^k \to \overline{x}$. Logo, $\overline{x} \in X$.

1.12. Suponha que X é compacto e considere $(x^k) \subset X$. Como X é limitado, a sequência (x^k) também é limitada. Pelo Teorema 1.8, existe uma subsequência convergente, digamos $x^k \overset{N'}{\to} \overline{x}$. Usando o Exercício 1.11, temos que $\overline{x} \in X$. Para provar a recíproca, note que a hipótese implica que X é fechado. Além disso, se X não fosse limitado, existiria uma sequência $(x^k) \subset X$ tal que $\|x^k\| > k$, para todo $k \in \mathbb{N}$. Tal sequência não poderia ter uma subsequência convergente, contradizendo a hipótese.

1.13. Dado $\varepsilon > 0$, existe $k \in \mathbb{N}$ tal que $\|z^k - a\| < \dfrac{\varepsilon}{2}$. Além disso, como $z^k \in \operatorname{Fr} X$, existem $x \in X$ e $y \notin X$, tais que $\|x - z^k\| < \dfrac{\varepsilon}{2}$ e $\|y - z^k\| < \dfrac{\varepsilon}{2}$. Portanto, $\|x - a\| < \varepsilon$ e $\|y - a\| < \varepsilon$.

1.16. $(\Rightarrow)$ Seja $Q = \begin{pmatrix} A & B \\ B^T & C \end{pmatrix}$, onde $A \in \mathbb{R}^{k \times k}$. Se $x \in \mathbb{R}^k$ é não nulo, então

$$x^T A x = \begin{pmatrix} x^T & 0 \end{pmatrix} \begin{pmatrix} A & B \\ B^T & C \end{pmatrix} \begin{pmatrix} x \\ 0 \end{pmatrix} = y^T Q y > 0.$$

Portanto, A é definida positiva, o que implica que seus autovalores são positivos e assim $\det(A) > 0$.

Dicas ou soluções dos exercícios

Apêndice A

($\Leftarrow$) Vamos provar por indução em n. Para $n = 1$ não há o que provar. Suponha que a propriedade é válida para $n - 1$ e considere $Q = \begin{pmatrix} A & b \\ b^T & c \end{pmatrix}$, onde $A \in \mathbb{R}^{(n-1) \times (n-1)}$, $b \in \mathbb{R}^{n-1}$ e $c \in \mathbb{R}$. Assim, os determinantes principais de A são positivos. Pela hipótese de indução, A é definida positiva. Dado $y \in \mathbb{R}^n$, caso $y_n = 0$, temos

$$y^T Q y = \begin{pmatrix} x^T & 0 \end{pmatrix} \begin{pmatrix} A & b \\ b^T & c \end{pmatrix} \begin{pmatrix} x \\ 0 \end{pmatrix} = x^T A x > 0.$$

Caso $y_n \neq 0$, podemos escrever $y = y_n \begin{pmatrix} x \\ 1 \end{pmatrix}$. Deste modo temos

$$y^T Q y = y_n^2 \begin{pmatrix} x^T & 1 \end{pmatrix} \begin{pmatrix} A & b \\ b^T & c \end{pmatrix} \begin{pmatrix} x \\ 1 \end{pmatrix} = y_n^2 \left(x^T A x + 2 b^T x + c \right).$$

Para concluir a demonstração basta mostrar que $f(x) = x^T A x + 2 b^T x + c > 0$, o que será feito provando que $f(x) \geq f(x^*) > 0$, onde $x^* = -A^{-1} b$. Note que A é de fato inversível pois $\det(A) > 0$. Fazendo $v = x - x^*$, temos

$$\begin{aligned} f(x) &= (x^* + v)^T A (x^* + v) + 2 b^T (x^* + v) + c \\ &= f(x^*) + 2 v^T (A x^* + b) + v^T A v \\ &= f(x^*) + v^T A v \geq f(x^*). \end{aligned}$$

Além disso,

$$\begin{aligned} f(x^*) &= (x^*)^T A x^* + 2 b^T x^* + c \\ &= (x^*)^T (-b) + 2 (x^*)^T b + c \\ &= b^T x^* + c = c - b^T A^{-1} b. \end{aligned}$$

A5

Finalmente,

$$Q = \begin{pmatrix} A & b \\ b^T & c \end{pmatrix} = \begin{pmatrix} I & 0 \\ b^T A^{-1} & 1 \end{pmatrix} \begin{pmatrix} A & b \\ 0 & c - b^T A^{-1} b \end{pmatrix}.$$

Como $(c - b^T A^{-1} b) \det(A) = \det(Q) > 0$ e $\det(A) > 0$, temos $f(x^*) = c - b^T A^{-1} b > 0$.

1.17. Temos $x^T A x = y^T D y = \sum_{i=1}^{n} \lambda_i y_i^2$, onde $y = P^T x$. Como P é inversível, $x \neq 0$ se, e somente se, $y \neq 0$. Suponha que A é definida positiva. Em particular, para $x = P e_j \neq 0$, temos $0 < x^T A x = \lambda_j$. Reciprocamente, se todos os autovalores forem positivos, então $x^T A x = \sum_{i=1}^{n} \lambda_i y_i^2 > 0$, para todo $x \neq 0$.

1.19. Considere $\{v^1, \ldots, v^n\}$ uma base de autovetores de A e $\lambda_1, \ldots, \lambda_n$ os autovalores associados. Dado $j = 1, \ldots, n$, afirmamos que $B v^j = \lambda_j v^j$. De fato, se não fosse assim, o vetor $u = B v^j - \lambda_j v^j$ seria autovetor de B com um autovalor negativo, pois

$$Bu = B^2 v^j - \lambda_j B v^j = A^2 v^j - \lambda_j B v^j = \lambda_j^2 v^j - \lambda_j B v^j = -\lambda_j u.$$

Portanto, $B v^j = \lambda_j v^j = A v^j$, para todo $j = 1, \ldots, n$. Isto significa que $A = B$.

1.20. Suponha que $\begin{pmatrix} B & A^T \\ A & 0 \end{pmatrix} \begin{pmatrix} x \\ y \end{pmatrix} = \begin{pmatrix} 0 \\ 0 \end{pmatrix}$. Então, $\begin{cases} Bx + A^T y & = 0 \\ Ax & = 0. \end{cases}$ Multiplicando a primeira equação por x^T e usando a segunda equação, obtemos $x^T B x = 0$. Portanto, a positividade de B no núcleo de A implica $x = 0$. Substituindo na primeira equação, segue que $A^T y = 0$. Finalmente, usando o fato de que as linhas de A são linearmente independentes, obtemos $y = 0$.

Dicas ou soluções dos exercícios

Apêndice A

1.21. Para $i=1,\ldots,\ell-1$ e $j=\ell,\ldots,n$, temos

$$Av^i = 0 \quad \text{e} \quad v^j = A\left(\frac{1}{\lambda_j}v^j\right).$$

Desta forma, $[v^1,\ldots,v^{\ell-1}] \subset \mathcal{N}(A)$ e $[v^\ell,\ldots,v^n] \subset \text{Im}(A)$. Por outro lado, temos $\dim(\mathcal{N}(A)) + \dim(\text{Im}(A)) = n$, donde segue que

$$[v^1,\ldots,v^{\ell-1}] = \mathcal{N}(A) \quad \text{e} \quad [v^\ell,\ldots,v^n] = \text{Im}(A).$$

1.22. Temos que $\text{Im}(A^2) \subset \text{Im}(A)$ e $\dim(\text{Im}(A^2)) = \dim(\text{Im}(A^TA)) = \dim(\text{Im}(A))$. Assim, $\text{Im}(A^2) = \text{Im}(A)$. Como $b \in \text{Im}(A) = \text{Im}(A^2)$, existe $u \in \mathbb{R}^n$ tal que $A^2u = b$. Isto significa que $A(-Au) + b = 0$, ou seja, $x^* = -Au \in \text{Im}(A)$ e $Ax^* + b = 0$. Para provar a unicidade, note que se $x^*, \bar{x} \in \text{Im}(A)$ são tais que $Ax^* + b = 0$ e $A\bar{x} + b = 0$, então $x^* - \bar{x} \in \text{Im}(A) = \text{Im}(A^T)$ e $A(x^* - \bar{x}) = 0$. Mas isto significa que $x^* - \bar{x} = 0$. Para estabelecer a desigualdade, considere $\{v^1,\ldots,v^n\}$ uma base ortonormal de autovetores tal que $v^1,\ldots,v^{\ell-1}$ são os autovetores associados ao autovalor nulo e $v^\ell,\ldots,v^n$ os autovetores associados aos autovalores positivos. Definindo $P = (v^1 \cdots v^n)$, $D = \text{diag}(\lambda_1,\ldots,\lambda_n)$ e $c = P^Tb$, temos que se

$$z^* \in \text{Im}(D) \quad \text{e} \quad Dz^* + c = 0, \tag{A.1}$$

então $x^* = Pz^* \in \text{Im}(A)$ e $Ax^* + b = 0$. De fato,

$$x^* = Pz^* = PDw^* = APw^* \in \text{Im}(A)$$

e

$$Ax^* + b = P(Dz^* + c) = 0.$$

Vamos agora encontrar z^* satisfazendo (A.1). Defina $w^* \in \mathbb{R}^n$ por

A7

$$w_i^* = \begin{cases} 0, & \text{se } i=1,\ldots,\ell-1 \\ \dfrac{-c_i}{\lambda_i^2}, & \text{se } i=\ell,\ldots,n \end{cases}$$

e $z^* = Dw^*$. Pelo Exercício 1.21, $b \in \mathcal{N}(A)^\perp = [v^1,\ldots,v^{\ell-1}]^\perp$. Assim, $c_i = (v^i)^T b = 0$, para $i = 1,\ldots,\ell-1$ e, consequentemente, $Dz^* + c = 0$. Para concluir, note que

$$\|z^*\|^2 = \sum_{i=\ell}^n \left(\frac{c_i}{\lambda_i}\right)^2 \le \frac{1}{\lambda_\ell^2}\sum_{i=\ell}^n c_i^2 = \frac{1}{\lambda_\ell^2}\|c\|^2.$$

Como $x^* = Pz^*$, $Ax^* + b = 0$ e $c = P^T b$, temos $\|x^*\| = \|z^*\|$ e $\|Ax^*\| = \|b\| = \|c\|$. Portanto,

$$\|x^*\|^2 \le \frac{1}{\lambda_\ell^2}\|b\|^2 = \frac{1}{\lambda_\ell^2}\|Ax^*\|^2.$$

1.23. Suponha, por absurdo, que para todo $k \in \mathbb{N}$, exista $x^k \in \mathbb{R}^n$ com

$$\|Ax^k\| < \frac{1}{k}\|x^k\|. \tag{A.2}$$

Então, definindo $y^k = \dfrac{x^k}{\|x^k\|}$, temos $y^k \xrightarrow{\mathbb{N}'} y$, com $\|y\| = 1$. Portanto, usando (A.2), obtemos $Ay^k \xrightarrow{\mathbb{N}'} Ay = 0$, contradizendo o fato de as colunas de A serem linearmente independentes.

1.24. Primeiramente, note que dados $x, y \in \mathbb{R}^n$, temos

$$\det(I + xy^T) = 1 + y^T x.$$

De fato, se $v \in y^\perp$, então $(I + xy^T)v = v$. Além disso, $(I + xy^T)x = (1 + y^Tx)x$. Portanto, a matriz $1 + xy^T$ tem um autovalor $\lambda = 1$, com multiplicidade $n - 1$ e o autovalor simples $1 + y^Tx$. Para provar a primeira parte do exercício note que

Dicas ou soluções dos exercícios

Apêndice A

$$\det(I+Q^{-1}uv^T)=1+v^TQ^{-1}u$$

e $Q+uv^T$ é inversível se, e somente se, a matriz

$$I+Q^{-1}uv^T=Q^{-1}(Q+uv^T)$$

também é inversível. Finalmente, para verificar a fórmula para a inversa, basta desenvolver o produto

$$(Q+uv^T)\left(Q^{-1}-\frac{Q^{-1}uv^TQ^{-1}}{1+v^TQ^{-1}u}\right).$$

1.27. Considere $x\in\mathbb{R}^n$ arbitrário. Caso $f(x)<0$, temos $f<0$ em uma vizinhança de x e portanto, $f^+=0$ e $g=0$ nesta vizinhança, donde segue a relação desejada. Por outro lado, se $f(x)>0$, então $f>0$ em uma vizinhança de x. Assim, $g=f^2$ nesta vizinhança, o que nos permite concluir que

$$\nabla g(x)=2f(x)\nabla f(x)=2f^+(x)\nabla f(x).$$

Finalmente, caso $f(x)=0$, temos $g(x)=0$. Portanto, definindo os conjuntos

$$X_+=\{t\neq0\mid f(x+te_i)>0\}\quad\text{e}\quad X_-=\{t\neq0\mid f(x+te_i)\leq0\},$$

temos

$$\frac{g(x+te_i)-g(x)}{t}=f(x+te_i)\frac{f(x+te_i)-f(x)}{t}$$

para $t\in X_+$ e

$$\frac{g(x+te_i)-g(x)}{t}=0$$

A9

Otimização contínua: Aspectos teóricos e computacionais

para $t \in X_-$. De qualquer modo, o limite se anula, provando que

$$\nabla g(x) = 0 = 2f^+(x)\nabla f(x).$$

1.28. Temos

$$\varphi'(t) = \nabla f\big(\gamma(t)\big)^T \gamma'(t) = \sum_{i=1}^{n} \frac{\partial f}{\partial x_i}\big(\gamma(t)\big)\gamma_i'(t).$$

Usando isto, obtemos

$$\varphi''(t) = \sum_{i=1}^{n} \nabla \frac{\partial f}{\partial x_i}\big(\gamma(t)\big)^T \gamma'(t)\gamma_i'(t) + \sum_{i=1}^{n} \frac{\partial f}{\partial x_i}\big(\gamma(t)\big)\gamma_i''(t)$$

que pode ser escrito como

$$\varphi''(t) = \gamma'(t)^T \nabla^2 f\big(\gamma(t)\big)\gamma'(t) + \nabla f\big(\gamma(t)\big)^T \gamma''(t).$$

Capítulo 2

2.3. Temos $\nabla f(x) = 2\begin{pmatrix} 2ax_1(x_1^2 - x_2) + b(x_1 - 1) \\ a(x_2 - x_1^2) \end{pmatrix}$. Logo, o único

ponto estacionário de f é $x^* = \begin{pmatrix} 1 \\ 1 \end{pmatrix}$. Além disso, $\nabla^2 f(x) = 2$

$\begin{pmatrix} 6ax_1^2 - 2ax_2 + b & -2ax_1 \\ -2ax_1 & a \end{pmatrix}$ e portanto, $\nabla^2 f(x^*) = 2\begin{pmatrix} 4a+b & -2a \\ -2a & a \end{pmatrix} > 0$,

o que significa que x^* é minimizador local de f. A última parte do exercício decorre de $\det\big(\nabla^2 f(x)\big) = 8a^2(x_1^2 - x_2) + 4ab$.

2.4. Suponha por absurdo que x^* não seja um minimizador global de f. Então existe $\hat{x} \in \mathbb{R}^n$ tal que $f(\hat{x}) < f(x^*)$. Considere

A10

Dicas ou soluções dos exercícios

Apêndice A

$A = \{x \in \mathbb{R}^n \mid f(x) \geq f^*\}$. O conexo $[x^*, \hat{x}]$ tem um ponto de A e um ponto de A^c. Pelo Teorema da Alfândega, existe $y \in [x^*, \hat{x}] \cap \mathrm{Fr}\, A$. Vejamos que $f(y) = f^*$. De fato, existem sequências $(y^k) \subset A$ e $(z^k) \subset A^c$ tais que $y^k \to y$ e $z^k \to y$. Portanto, $f(y^k) \to f(y)$ e $f(z^k) \to f(y)$. Como $f(y^k) \geq f^*$ e $f(z^k) < f^*$, temos $f(y) = f^*$. Além disso, y não é minimizador local, pois $f(z^k) < f^* = f(y)$.

Agora veremos outra solução, sem usar o teorema da Alfândega. Defina $g:[0, 1] \to \mathbb{R}$ por $g(t) = f(x(t))$, onde $x(t) = (1-t)x^* + t\hat{x}$. Seja $t^* = \sup\{t \in [0, 1] \mid g(t) \geq f^*\}$. Temos $g(t^*) \geq f^*$. Além disso, $g(1) < f^*$, o que implica $t^* < 1$. Então existe uma sequência $(s_k) \subset (t^*, 1]$ com $s_k \to t^*$. Portanto $g(s_k) < f^*$ e, por continuidade, $g(t^*) \leq f^*$. Concluímos assim que $x^* = x(t^*)$ satisfaz $f(x^*) = f^*$, mas não é minimizador local, pois $f(x(s_k)) < f^*$.

2.5. Temos $\nabla f(x) = \begin{pmatrix} \cos x_1 \mathrm{sen}\, x_2 + 2x_1 e^u \\ \mathrm{sen}\, x_1 \cos x_2 + 2x_2 e^u \end{pmatrix}$ e

$$\nabla^2 f(x) = \begin{pmatrix} -\mathrm{sen}\, x_1 \mathrm{sen}\, x_2 + 2e^u(1 + 2x_1^2) & \cos x_1 \cos x_2 + 4x_1 x_2 e^u \\ \cos x_1 \cos x_2 + 4x_1 x_2 e^u & -\mathrm{sen}\, x_1 \mathrm{sen}\, x_2 + 2e^u(1 + 2x_2^2) \end{pmatrix}$$

onde $u = x_1^2 + x_2^2$. O ponto $\bar{x}$ é estacionário, pois $\nabla f(\bar{x}) = 0$. Além disso, temos $\nabla^2 f(\bar{x}) = \begin{pmatrix} 2 & 1 \\ 1 & 2 \end{pmatrix}$ definida positiva, garantindo que $\bar{x}$ é minimizador local de f.

2.6. Temos $\nabla f(x) = \begin{pmatrix} 2(x_1 + x_2) + 3x_1^2 \\ 2(x_1 + x_2) \end{pmatrix}$. Assim, $\nabla f(x) = 0$ se, e somente se, $x = 0$. Além disso, temos $f(t, -t) = t^3$, o que significa que $x = 0$ é um ponto de sela. Note que $\nabla^2 f(0) = \begin{pmatrix} 2 & 2 \\ 2 & 2 \end{pmatrix}$ é semidefinida positiva, não permitindo concluir que o ponto seja sela usando o Teorema 2.16.

AII

2.7. Temos $\nabla f(x) = \dfrac{2(1-u)}{e^u} x$, onde $u = x_1^2 + x_2^2$. Assim, o ponto $x^* = 0$ é estacionário. Mais ainda, é minimizador global estrito, pois $f(x^*) = 0 < f(x)$, para todo $x \in \mathbb{R}^2 \setminus \{0\}$. Os outros pontos estacionários são os pontos da circunferência $C = \{x \in \mathbb{R}^2 \mid x_1^2 + x_2^2 = 1\}$. Tais pontos são maximizadores globais pois, se $\tilde{x} \in C$, então $f(\tilde{x}) = \dfrac{1}{e} \geq \dfrac{u}{e^u}$, para todo $u \in \mathbb{R}$ (note que a função $u \mapsto \dfrac{u}{e^u}$ é crescente em $(-\infty, 1]$ e decrescente em $[1, \infty)$). Veja a Figura A.1.

FIGURA A.1 Ilustração da função do Exercício 2.7.

2.8. Temos $\nabla f(x) = \begin{pmatrix} 2x_1 - x_2^2 \\ 2x_2 - 2x_1 x_2 \end{pmatrix}$ e $\nabla^2 f(x) = \begin{pmatrix} 2 & -2x_2 \\ -2x_2 & 2 - 2x_1 \end{pmatrix}$. Portanto, $\nabla^2 f(x)$ é definida positiva se, e somente se, $x_1 < 1 - x_2^2$. Veja a Figura A.2.

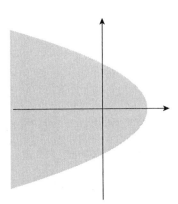

FIGURA A.2 Ilustração do Exercício 2.8.

Dicas ou soluções dos exercícios

Apêndice A

2.9. Temos $\nabla f(x) = \begin{pmatrix} 2x_1 - x_2 - 2 + e^u \\ -x_1 + 4x_2 + \dfrac{2}{3} + e^u \end{pmatrix}$ e $\nabla^2 f(x) = \begin{pmatrix} 2 + e^u & -1 + e^u \\ -1 + e^u & 4 + e^u \end{pmatrix}$,

onde $u = x_1 + x_2$.

(a) $\nabla f(\bar{x}) = 0$. Logo, $\bar{x}$ é um ponto estacionário de f.

(b) $\nabla^2 f(\bar{x}) = \begin{pmatrix} 3 & 0 \\ 0 & 5 \end{pmatrix} > 0$. Logo, $\bar{x}$ é minimizador local de f.

2.12. Temos que $L \neq \varnothing$, pois $a \in L$. Além disso, como f é contínua, L é fechado. Resta ver que é limitado. Como $\lim\limits_{\|x\| \to \infty} f(x) = \infty$, existe $r > 0$ tal que $f(x) > f(a)$, sempre que $\|x\| > r$. Portanto, se $x \in L$, então $\|x\| \leq r$, isto é, $L \subset B[0, r]$.

2.14. Considere $f : \mathbb{R}^n \to \mathbb{R}$ dada por $f(x) = \|Ax\|$ e $S = \{x \in \mathbb{R}^n \mid \|x\| = 1\}$. Como f é contínua e S é compacto, existe $x^* \in S$ tal que $f(x^*) \leq f(x)$, para todo $x \in S$. Como as colunas de A são linearmente independentes, temos $f(x^*) = \|Ax^*\| > 0$. Assim, definindo $c = \|Ax^*\|$, temos $\|Ax\| \geq c$, para todo $x \in S$. Dado $x \in \mathbb{R}^n \setminus \{0\}$, temos $\dfrac{x}{\|x\|} \in S$. Portanto, $\|Ax\| \geq c\|x\|$.

Capítulo 3

3.1. Provaremos que se $B(y, \varepsilon) \subset C$, $t \in (0, 1]$ e $z = (1 - t)x + ty$, então $B(z, t\varepsilon) \subset C$. Veja a Figura A.3. Tome $w \in B(z, t\varepsilon)$. Sabemos que existe $(x^k) \subset C$ tal que $x^k \to x$. Definindo $q^k = \frac{1}{t}w - \frac{1-t}{t}x^k$, temos $w = (1 - t)x^k + tq^k$ e $q^k \to \frac{1}{t}w - \frac{1-t}{t}x$. Além disso, $\left\|\frac{1}{t}w - \frac{1-t}{t}x - y\right\| = \frac{1}{t}\|w - (1 - t)x - ty\| < \varepsilon$. Portanto, existe $\bar{k} \in \mathbb{N}$ tal que $\|q^{\bar{k}} - y\| < \varepsilon$, o que implica $q^{\bar{k}} \in C$. Consequentemente, $w = (1 - t)x^{\bar{k}} + tq^{\bar{k}} \in C$.

A13

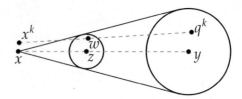

FIGURA A.3 Ilustração do Exercício 3.1.

3.2. Dados $a,b \in \text{int}(C)$ e $t \in [0,1]$, considere $c = (1-t)a + tb$. Vamos mostrar que $c \in \text{int}(C)$. Seja $\delta > 0$ tal que $B(a,\delta) \subset C$ e $B(b,\delta) \subset C$. Dado $z \in B(c,\delta)$, temos que $x = a + (z-c) \in B(a,\delta)$ e $y = b + (z-c) \in B(b,\delta)$. Veja a Figura A.4. Pela convexidade de C, temos que $z = (1-t)x + ty \in C$.

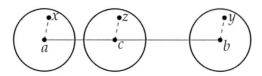

FIGURA A.4 Ilustração do Exercício 3.2.

3.3. Dados $u = T(x)$, $v = T(y) \in T(C)$ e $t \in [0,1]$, temos

$$(1-t)u + tv = T\big((1-t)x + ty\big) \in T(C),$$

pois $(1-t)x + ty \in C$.

3.4. Dados $x, y \in \overline{S}$ e $t \in [0,1]$, temos $x = \lim x^k$ e $y = \lim y^k$, com $x^k, y^k \in S$. Assim,

$$(1-t)x + ty = \lim\big((1-t)x^k + ty^k\big) \in \overline{S},$$

pois $(1-t)x^k + ty^k \in S$.

3.5. Denotando $\overline{z} = \text{proj}_S(z)$ e aplicando o Teorema 3.7, temos que

$$(x - \overline{x})^T(\overline{y} - \overline{x}) \leq 0 \quad \text{e} \quad (y - \overline{y})^T(\overline{x} - \overline{y}) \leq 0.$$

Dicas ou soluções dos exercícios

Apêndice A

Portanto,

$$\|\bar{x}-\bar{y}\|^2-(\bar{x}-\bar{y})^T(x-y)=(\bar{x}-\bar{y})^T(\bar{x}-x+y-\bar{y})\leq 0.$$

O resultado segue aplicando a desigualdade de Cauchy-Schwarz.

3.6. Dados $\bar{x}+d, \bar{x}+v \in L$ e $t \in [0,1]$, temos

$$(1-t)(\bar{x}+d)+t(\bar{x}+v)=\bar{x}+(1-t)d+tv \in L,$$

pois $(1-t)d+tv \in S$, provando que L é convexo. Considere agora $x^k=\bar{x}+d^k \in L$, com $x^k \to x$. Então, $d^k=x^k-\bar{x} \to x-\bar{x} \in S$ pois S é fechado. Assim, $x=\bar{x}+x-\bar{x} \in L$, o que prova que L é fechado. Finalmente, seja $\bar{x}+\bar{d}=\text{proj}_L(a)$. Assim,

$$\|\bar{d}-(a-\bar{x})\|=\|\bar{x}+\bar{d}-a\|\leq\|\bar{x}+d-a\|=\|d-(a-\bar{x})\|,$$

para todo $d \in S$, ou seja, $\text{proj}_S(a-\bar{x})=\bar{d}=\text{proj}_L(a)-\bar{x}$.

3.7. Como 0 e $2\bar{z}$ são elementos de S, pelo Teorema 3.7, temos que

$$(z-\bar{z})^T(0-\bar{z})\leq 0 \quad \text{e} \quad (z-\bar{z})^T(2\bar{z}-\bar{z})\leq 0,$$

o que implica $(z-\bar{z})^T\bar{z}=0$. Seja agora $d \in S$ arbitrário. Então,

$$(z-\bar{z})^T d=(z-\bar{z})^T(d-\bar{z}+\bar{z})=(z-\bar{z})^T(d-\bar{z})\leq 0.$$

Trocando d por $-d$, obtemos $(z-\bar{z})^T d=0$.

3.8. Note primeiro que dado $\bar{x} \in L$, temos $L=\bar{x}+\mathcal{N}(A)$. De fato, dado $x \in L$, temos $x-\bar{x} \in \mathcal{N}(A)$. Além disso, dado $d \in \mathcal{N}(A)$, temos $\bar{x}+d \in L$. Em particular, como A tem posto linha completo, $\bar{x}=-A^T(AA^T)^{-1}b \in L$. Portanto, usando o Exercício 3.6, temos que

$$\text{proj}_L(a)=\bar{x}+\text{proj}_{\mathcal{N}(A)}(a-\bar{x}). \tag{A.3}$$

A15

Para calcular a projeção no núcleo, note que se $\overline{z} = \text{proj}_{\mathcal{N}(A)}(z)$, então o Exercício 3.7 nos garante que

$$z - \overline{z} \in \mathcal{N}(A)^{\perp} = \text{Im}(A^T).$$

Assim, $z - \overline{z} = A^T\lambda$, o que resulta em $\overline{z} = z - A^T(AA^T)^{-1}Az$. Finalmente, por (A.3),

$$\text{proj}_L(a) = \overline{x} + a - \overline{x} - A^T(AA^T)^{-1}A(a - \overline{x}) = a - A^T(AA^T)^{-1}(Aa + b).$$

3.11. A função $f : \mathbb{R} \to \mathbb{R}$, dada por $f(x) = x^4$ é convexa, pois $f''(x) = 12x^2 \geq 0$. Portanto,

$$f(t_1 x_1 + t_2 x_2 + t_3 x_3 + t_4 x_4) \leq t_1 f(x_1) + t_2 f(x_2) + t_3 f(x_3) + t_4 f(x_4),$$

para todos $t_1, \ldots, t_4$ tais que $t_j \geq 0$ e $\sum_{j=1}^{4} t_j = 1$. Em particular, para $t_1 = \dfrac{1}{2}$, $t_2 = \dfrac{1}{3}$, $t_3 = \dfrac{1}{12}$ e $t_4 = \dfrac{1}{12}$, temos

$$\left(\frac{x_1}{2} + \frac{x_2}{3} + \frac{x_3}{12} + \frac{x_4}{12}\right)^4 \leq \frac{x_1^4}{2} + \frac{x_2^4}{3} + \frac{x_3^4}{12} + \frac{x_4^4}{12}.$$

3.13. Suponha primeiro f convexa e considere $\begin{pmatrix} x \\ y \end{pmatrix}$, $\begin{pmatrix} u \\ v \end{pmatrix} \in \text{epi}(f)$ e $t \in [0,1]$. Portanto,

$$(1-t)\begin{pmatrix} x \\ y \end{pmatrix} + t\begin{pmatrix} u \\ v \end{pmatrix} = \begin{pmatrix} (1-t)x + tu \\ (1-t)y + tv \end{pmatrix} \in \text{epi}(f),$$

pois

$$(1-t)y + tv \geq (1-t)f(x) + tf(u) \geq f\big((1-t)x + tu\big).$$

Reciprocamente, supondo agora que $\text{epi}(f)$ é convexo, considere $x, u \in C$ e $t \in [0,1]$. Como $\begin{pmatrix} x \\ f(x) \end{pmatrix}$, $\begin{pmatrix} u \\ f(u) \end{pmatrix} \in \text{epi}(f)$, temos que

Dicas ou soluções dos exercícios

Apêndice A

$$\begin{pmatrix} (1-t)x+tu \\ (1-t)f(x)+tf(u) \end{pmatrix} = (1-t)\begin{pmatrix} x \\ f(x) \end{pmatrix} + t\begin{pmatrix} u \\ f(u) \end{pmatrix} \in \text{epi}(f).$$

Isto significa que $f\big((1-t)x+tu\big) \le (1-t)f(x)+tf(u)$.

3.15. Temos $\nabla f(x) = \begin{pmatrix} 2x_1 - x_2 - 2 + e^u \\ -x_1 + 4x_2 + \dfrac{2}{3} + e^u \end{pmatrix}$ e $\nabla^2 f(x) = \begin{pmatrix} 2+e^u & -1+e^u \\ -1+e^u & 4+e^u \end{pmatrix}$,

onde $u = x_1 + x_2$. Assim, $\nabla^2 f(x)$ é definida positiva, para todo $x \in \mathbb{R}^2$, pois $2+e^u > 0$ e $\det\big(\nabla^2 f(x)\big) = 7+8e^u > 0$.

3.16. Temos $\nabla f(x) = \begin{pmatrix} -u^2 \\ 2u \end{pmatrix}$ e $\nabla^2 f(x) = \dfrac{2}{x_1}\begin{pmatrix} u^2 & -u \\ -u & 1 \end{pmatrix}$, onde $u = \dfrac{x_2}{x_1}$.

Tomando agora $d = \begin{pmatrix} s \\ t \end{pmatrix} \in \mathbb{R}^2$, temos

$$d^T \nabla^2 f(x)d = \frac{2}{x_1}d^T\begin{pmatrix} u^2 & -u \\ -u & 1 \end{pmatrix}d = \frac{2}{x_1}(u^2 s^2 - 2ust + t^2) = \frac{2}{x_1}(us-t)^2 \ge 0.$$

3.17. Note primeiro que se λ é um autovalor de A com autovetor v, então

$$f(tv) = \frac{1}{2}t^2\lambda v^T v + tb^T v.$$

Como f é limitada inferiormente, temos $\lambda \ge 0$. Para provar a outra afirmação, considere $w \in \mathcal{N}(A)$. Assim, $f(tw) = tb^T w$ e, portanto, usando novamente a limitação de f, concluímos que $b^T w = 0$. Isto significa que $b \in \mathcal{N}(A)^{\perp} = \text{Im}(A^T) = \text{Im}(A)$, ou seja, existe $y^* \in \mathbb{R}^n$ tal que $Ay^* = b$. Definindo $x^* = -y^*$, temos $\nabla f(x^*) = Ax^* + b = 0$. Portanto, usando o Teorema 3.13, segue que x^* é um minimizador global de f.

3.18. Como $\text{Im}(A^2) \subset \text{Im}(A)$ e $\dim\big(\text{Im}(A^2)\big) = \dim\big(\text{Im}(A^T A)\big) = \dim\big(\text{Im}(A)\big)$, temos que $\text{Im}(A^2) = \text{Im}(A)$. Pelo Exercício 3.17, $b \in \text{Im}(A) = \text{Im}(A^2)$.

Assim, existe $u \in \mathbb{R}^n$ tal que $A^2 u = b$. Isto significa que $A(-Au) + b = 0$, ou seja, $x^* = -Au \in \text{Im}(A)$ e $Ax^* + b = 0$. Para provar a unicidade, note que se $x^*, \overline{x} \in \text{Im}(A)$ são tais que $Ax^* + b = 0$ e $A\overline{x} + b = 0$, então $x^* - \overline{x} \in \text{Im}(A) = \text{Im}(A^T)$ e $A(x^* - \overline{x}) = 0$. Mas isto significa que $x^* - \overline{x} = 0$.

3.19. Considere primeiro $f(x) = x^2$. Como $y^2 - 2xy + x^2 \geq 0$, temos que

$$f(y) = y^2 \geq x^2 + 2x(y - x) = f(x) + f'(x)(y - x).$$

Isto garante que f é convexa pelo Teorema 3.13. Além disso, como $f''(x) = 2 > 0$, a convexidade de f também segue do Teorema 3.16. Agora vejamos a função $f(x) = e^x$. Temos que $e^d \geq 1 + d$, para todo $d \in \mathbb{R}$. Portanto, $e^{x+d} \geq e^x(1 + d)$. Assim,

$$f(y) = e^{x+(y-x)} \geq e^x + e^x(y - x) = f(x) + f'(x)(y - x),$$

provando que f é convexa pelo Teorema 3.13. Além disso, como $f''(x) = e^x > 0$, o Teorema 3.16 garante a convexidade de f.

Capítulo 4

4.2. Temos $\nabla f(\overline{x})^T d = d_1$. Caso $d_1 < 0$, podemos aplicar o Teorema 4.2 para concluir o que se pede. Para $d_1 = 0$ temos $f(\overline{x} + td) = f(1, td_2) = f(\overline{x}) + \frac{(td_2)^2}{2}$. Portanto, a função cresce ao longo de d.

4.3. (a) Note que $f(x + v) - f(x) = \frac{1}{2}v^T Av + \nabla f(x)^T v$. Assim, como $\nabla f(x)^T d = 0$, temos

$$f(x + td) - f(x) = \frac{t^2}{2}d^T Ad \geq 0,$$

para todo $t \in \mathbb{R}$. Portanto, a função cresce ao longo de d.

Dicas ou soluções dos exercícios

Apêndice A

(b) Considere $\varphi(t) = f(x+td)$. Então,

$$\varphi'(t) = \nabla f(x+td)^T d = \left(A(x+td)+b\right)^T d = \nabla f(x)^T d + td^T Ad.$$

Igualando a zero, temos o resultado desejado.

(c) Temos $f(x+td) - f(x) = \dfrac{t^2}{2} d^T Ad + t\nabla f(x)^T d$. Assim, a condição de Armijo pode ser reescrita como

$$\frac{(t^*)^2}{2} d^T Ad + t^* \nabla f(x)^T d \leq \eta t^* \nabla f(x)^T d.$$

Mas $t^* = -\dfrac{\nabla f(x)^T d}{d^T Ad}$, o que implica $(t^*)^2 d^T Ad = -t^* \nabla f(x)^T d$. Portanto,

$$\frac{1}{2} t^* \nabla f(x)^T d \leq \eta t^* \nabla f(x)^T d.$$

Como $t^* \nabla f(x)^T d < 0$, temos que $\eta \leq \dfrac{1}{2}$.

4.4. Seja λ o autovalor associado a v. Note que $d = -(Ax+b) = -Av = -\lambda v$. Assim, o passo ótimo é dado por $t^* = -\dfrac{\nabla f(x)^T d}{d^T Ad} = \dfrac{1}{\lambda}$ e o ponto obtido pela busca é

$$x + t^* d = x^* + v + \frac{1}{\lambda} d = x^*.$$

A interpretação deste exercício é que se fizermos uma busca exata, a partir de um vértice de um elipsoide (curva de nível de f), na direção oposta ao gradiente, obtemos o minimizador da quadrática em uma iteração.

4.5. Veja a demonstração do Teorema 2.16.

A19

Capítulo 5

5.1. Defina, para cada $j=1,\ldots,n$, $\varphi_j(t)=f(\overline{x}+td^j)$. Como $t=0$ é minimizador de φ_j, temos $\nabla f(\overline{x})^T d^j = \varphi'_j(0)=0$. Mas $d^1,\ldots,d^n \in \mathbb{R}^n$ são linearmente independentes, implicando $\nabla f(\overline{x})=0$. Tal condição não garante que f tem um mínimo local em $\overline{x}$. De fato, considere $f(x)=x_1^2-x_2^2$, $\overline{x}=0$, $d^1 = \begin{pmatrix} 1 \\ 0 \end{pmatrix}$ e $d^2 = \begin{pmatrix} 2 \\ 1 \end{pmatrix}$. Sabemos que $\overline{x}$ é um ponto de sela, mas $\varphi_1(t)=f(\overline{x}+td^1)=t^2$ e $\varphi_2(t)=f(\overline{x}+td^2)=3t^2$ tem mínimo em $t=0$. Reveja o Exemplo 2.13.

5.2. Temos $x^{k+1}\to \overline{x}$, donde segue que $t_k\nabla f(x^k)=x^k - x^{k+1}\to 0$. Por outro lado, a sequência $\left(\dfrac{1}{t_k}\right)$ é limitada, pois $0<\dfrac{1}{t_k}\le\dfrac{1}{t}$. Assim,

$$\nabla f(x^k)=\frac{1}{t_k}t_k\nabla f(x^k)\to 0.$$

Mas $\nabla f(x^k)\to \nabla f(\overline{x})$. Logo, $\nabla f(\overline{x})=0$.

5.3. Considere $f(x)=x^2$ e $d=-f'(x)=-2x$. A condição de Armijo com $\eta=\dfrac{1}{2}$ é dada por

$$(x+td)^2 < x^2 +\frac{1}{2}t(2x)(-2x) \tag{A.4}$$

ou, equivalentemente, $2txd+t^2d^2 <-2tx^2$. Como $d=-2x$ e t deve ser positivo, segue que qualquer $t<\dfrac{1}{2}$ satisfaz a relação (A.4). Definindo $x^0 =1$ e escolhendo $t_k =\dfrac{1}{2^{k+2}}$, obtemos

$$x^{k+1} = x^k +\frac{1}{2^{k+2}}(-2x^k)=x^k\left(1-\frac{1}{2^{k+1}}\right).$$

Note que $x^k = \left(1 - \dfrac{1}{2}\right)\left(1 - \dfrac{1}{2^2}\right)\cdots\left(1 - \dfrac{1}{2^k}\right)$ e (x^k) é uma sequência decrescente de números positivos. Vamos provar que $\bar{x} = \lim\limits_{k\to\infty} x^k > 0$, o que significa que $\bar{x}$ não é estacionário. Primeiramente note que por ser $g(x) = -\ln(x)$ uma função convexa, tomando $x \in \left[\dfrac{1}{2}, 1\right]$, temos $x = (1-s)\dfrac{1}{2} + s$, com $s \in [0,1]$, $1 - s = 2(1-x)$ e

$$g(x) \le (1-s)g\left(\frac{1}{2}\right) + sg(1) = 2(1-x)\ln 2 = (1-x)\ln 4.$$

Assim,

$$g(x^k) = \sum_{j=1}^{k} g\left(1 - \frac{1}{2^j}\right) < \sum_{j=1}^{k}\left(\frac{1}{2^j}\right)\ln 4 < \ln 4 \sum_{j=1}^{\infty}\frac{1}{2^j} = \ln 4$$

e, consequentemente, $x^k = \dfrac{1}{\exp g\big((x^k)\big)} > \dfrac{1}{4}$. Deste modo, $\bar{x} = \lim\limits_{k\to\infty} x^k \ge \dfrac{1}{4}$.

5.4. Temos $\nabla f(x) = \begin{pmatrix} 2x_1 - 4 \\ 8x_2 - 8 \end{pmatrix}$ e $\nabla^2 f(x) = \begin{pmatrix} 2 & 0 \\ 0 & 8 \end{pmatrix}$. Portanto, o minimizador de f é o ponto $x^* = \begin{pmatrix} 2 \\ 1 \end{pmatrix}$. Como $\nabla f(0) = \begin{pmatrix} -4 \\ -8 \end{pmatrix}$ e, pelo Lema 5.1, $\nabla f(x^{k+1})^T \nabla f(x^k) = 0$, temos que qualquer vetor $\nabla f(x^k)$ ou tem as duas componentes nulas ou as duas não nulas. Vamos ver que a primeira opção nunca ocorre. Suponha por absurdo que exista um índice $k \in \mathbb{N}$ tal que $\nabla f(x^{k+1}) = 0$. Sem perda de generalidade, vamos supor que este é o primeiro índice com tal propriedade. Assim, $x^k - t_k \nabla f(x^k) = x^{k+1} = x^*$, ou seja,

$$\begin{pmatrix} x_1^k - 2 \\ x_2^k - 1 \end{pmatrix} = \begin{pmatrix} 2t_k(x_1^k - 2) \\ 8t_k(x_2^k - 1) \end{pmatrix}.$$

Portanto, $x_1^k - 2 = 0$ ou $x_2^k - 1 = 0$, pois do contrário teríamos $2t_k = 1$ e $8t_k = 1$. Concluímos então que $\nabla f(x^k) = \begin{pmatrix} 2x_1^k - 4 \\ 8x_2^k - 8 \end{pmatrix}$ tem uma coordenada nula e, consequentemente, $\nabla f(x^k) = 0$, contradizendo o fato de k ser o primeiro índice tal que $\nabla f(x^{k+1}) = 0$. Isto prova que não temos convergência com um número finito de passos. Entretanto, se o ponto inicial for da forma $\begin{pmatrix} a \\ 1 \end{pmatrix}$ ou $\begin{pmatrix} 2 \\ b \end{pmatrix}$, então basta um passo para obter a solução. De fato, considerando $x = \begin{pmatrix} a \\ 1 \end{pmatrix}$, temos $\nabla f(x) = \begin{pmatrix} 2a - 4 \\ 0 \end{pmatrix}$ e, usando o Exercício 4.3, obtemos $t = \frac{1}{2}$. Desta forma, $x^+ = x - t\nabla f(x) = \begin{pmatrix} 2 \\ 1 \end{pmatrix} = x^*$. O outro caso é análogo. Veja a Figura A.5.

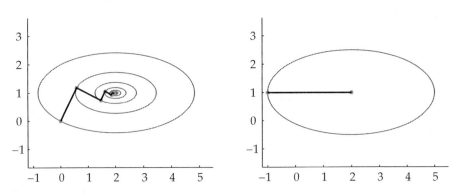

FIGURA A.5 Ilustração do Exercício 5.4.

5.5. Note primeiro que $v = x^1 - x^0 = -t\nabla f(x^0)$, com $t \neq 0$. Além disso, como x^1 é a solução, temos $Ax^1 + b = 0$. Assim,

$$Av = A(x^1 - x^0) = (Ax^1 + b) - (Ax^0 + b) = -\nabla f(x^0) = \frac{1}{t}v.$$

Dicas ou soluções dos exercícios

Apêndice A

5.6. Temos $\nabla f(x) = \nabla h(x + x^*)$ e $\nabla^2 f = \nabla^2 h = A$. Além disso,

$$x^{k+1} = x^k - \frac{\nabla f(x^k)^T \nabla f(x^k)}{\nabla f(x^k)^T A \nabla f(x^k)} \nabla f(x^k).$$

Somando x^* e notando que $\nabla f(x^k) = \nabla h(x^k + x^*) = \nabla h(y^k)$, obtemos

$$y^{k+1} = y^k - \frac{\nabla h(y^k)^T \nabla h(y^k)}{\nabla h(y^k)^T A \nabla h(y^k)} \nabla h(y^k).$$

5.8. Temos $\nabla f(x) = \begin{pmatrix} x_1 \\ x_2^3 - x_2 \end{pmatrix}$ e $\nabla^2 f(x) = \begin{pmatrix} 1 & 0 \\ 0 & 3x_2^2 - 1 \end{pmatrix}$.

(a) Os pontos estacionários de f são $\bar{x} = \begin{pmatrix} 0 \\ 0 \end{pmatrix}$, $x^* = \begin{pmatrix} 0 \\ 1 \end{pmatrix}$ e $\tilde{x} = \begin{pmatrix} 0 \\ -1 \end{pmatrix}$.

Além disso, $\nabla^2 f$ é indefinida em $\bar{x}$, o que significa que este é um ponto de sela, e definida positiva em x^* e $\tilde{x}$, donde segue que estes dois são minimizadores locais.

(b) No ponto x^0, a direção de Cauchy é $d^0 = -\nabla f(x^0) = \begin{pmatrix} -1 \\ 0 \end{pmatrix}$. Desta forma, o novo ponto é $x^1 = x^0 + t_0 d^0 = \begin{pmatrix} 1 - t_0 \\ 0 \end{pmatrix}$.

(c) Note que se $x = \begin{pmatrix} a \\ 0 \end{pmatrix}$, então $d = -\nabla f(x) = \begin{pmatrix} -a \\ 0 \end{pmatrix}$ e

$$f(x + td) = \frac{1}{2}(1 - t)^2 a^2.$$

Portanto, a busca exata fornece $t = 1$ e $x^+ = x + d = \bar{x}$. Ou seja, uma iteração do método de Cauchy encontra o ponto estacionário $\bar{x}$.

5.9. Sendo $f(x) = x^2 - a$, o método de Newton para resolver $f(x) = 0$ é dado por

$$x^{k+1} = x^k - \frac{1}{f'(x^k)} f(x^k) = x^k - \frac{1}{2x^k}\left((x^k)^2 - a\right) = \frac{1}{2}\left(x^k + \frac{a}{x^k}\right).$$

A23

Vamos agora calcular $\sqrt{5}$, partindo de $x^0 = 2$. Temos $x^1 = \frac{1}{2}\left(2 + \frac{5}{2}\right) = 2,25$, $x^2 = \frac{1}{2}\left(2,25 + \frac{5}{2,25}\right) \approx 2,2361$ e

$$x^3 = \frac{1}{2}\left(2,2361 + \frac{5}{2,2361}\right) \approx 2,23606.$$

5.10. Como $f(-x) = f(x)$, f é uma função par. Assim, seu gráfico é simétrico em relação ao eixo vertical. Portanto, para que ocorra a situação ilustrada, o ponto de Newton a partir de x deve ser $-x$, isto é, $x - \dfrac{f(x)}{f'(x)} = -x$. Tal equação se reduz a $7x^2 = 3$. Então, se o ponto inicial for $\sqrt{\dfrac{3}{7}}$ ou $-\sqrt{\dfrac{3}{7}}$, teremos a divergência do método de Newton ilustrada na Figura 5.12.

5.11. Temos

$$\nabla f(x) = \begin{pmatrix} 2x_1(x_1^2 - x_2) + x_1 - 1 \\ x_2 - x_1^2 \end{pmatrix} \text{ e } \nabla^2 f(x) = \begin{pmatrix} 6x_1^2 - 2x_2 + 1 & -2x_1 \\ -2x_1 & 1 \end{pmatrix}.$$

Assim, $\nabla f(x) = 0$ se, e somente se, $x_1 = 1$ e $x_2 = 1$. Isto significa que $x^* = \begin{pmatrix} 1 \\ 1 \end{pmatrix}$ é o único ponto estacionário de f. Além disso,

$\nabla^2 f(x^*) = \begin{pmatrix} 5 & -2 \\ -2 & 1 \end{pmatrix}$ é definida positiva, donde segue que x^* é minimizador local. O passo de Newton a partir de x^0 é dado por

$$d = -\left(\nabla^2 f(x^0)\right)^{-1} \nabla f(x^0) = -\begin{pmatrix} 21 & -4 \\ -4 & 1 \end{pmatrix}^{-1} \begin{pmatrix} 9 \\ -2 \end{pmatrix} = \frac{1}{5}\begin{pmatrix} -1 \\ 6 \end{pmatrix}$$

e o novo ponto é $x^1 = x^0 + d = \frac{1}{5}\begin{pmatrix} 9 \\ 16 \end{pmatrix}$. Note que $f(x^0) = \frac{5}{2}$ e $f(x^1) = \frac{401}{1250}$, ou seja, o passo produziu um ponto mais longe da solução, mas reduziu a função objetivo. Veja a Figura A.6.

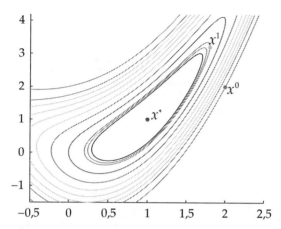

FIGURA A.6 Ilustração do Exercício 5.11.

5.12. Note primeiro que a convexidade estrita de f garante que

$$f(x^{k+1}) > f(x^k) + f'(x^k)(x^{k+1} - x^k) = 0 = f(x^*).$$

Portanto, $x^{k+1} > x^*$, para todo $k \geq 0$, pois f é crescente. Vejamos agora que a sequência decresce para $k \geq 1$. De fato, basta notar que

$$x^k - x^{k+1} = \frac{f(x^k)}{f'(x^k)} > 0.$$

Desta forma, a sequência é convergente, digamos $x^k \to \bar{x}$. Assim,

$$\frac{f(\bar{x})}{f'(\bar{x})} = \lim_{k \to \infty} \frac{f(x^k)}{f'(x^k)} = \lim_{k \to \infty}(x^k - x^{k+1}) = 0.$$

Isto significa que $f(\bar{x}) = 0$, o que implica $\bar{x} = x^*$.

5.14. Defina $\varphi : \mathbb{R}^r \to \mathbb{R}$ por $\varphi(\gamma) = f(\bar{x} + S\gamma)$. Um minimizador γ^+ de φ satisfaz

$$S^T \nabla f(\bar{x} + S\gamma^+) = \nabla \varphi(\gamma^+) = 0. \tag{A.5}$$

Substituindo a expressão de f, obtemos

$$S^T \nabla f(\bar{x}) + S^T AS\gamma^+ = S^T \left(A(\bar{x} + S\gamma^+) + b \right) = 0.$$

Note que para qualquer $\gamma \neq 0$ temos $S\gamma \neq 0$, pois as colunas de S são linearmente independentes. Como A é definida positiva, $S^T AS$ também é definida positiva e portanto inversível. Assim,

$$\gamma^+ = -(S^T AS)^{-1} S^T \nabla f(\bar{x}).$$

Além disso, a positividade de $S^T AS = \nabla^2 \varphi$ implica que φ é estritamente convexa, donde segue que γ^+ é o minimizador de φ. Portanto,

$$x^+ = \bar{x} + S\gamma^+$$

é o minimizador de f na variedade linear V. Isto prova a primeira afirmação. A outra afirmação segue diretamente de (A.5).

5.16. Como $x^k \in x^0 + [d^0, d^1, \ldots, d^{k-1}] \subset x^0 + [d^0, d^1, \ldots, d^k]$, o Exercício 5.15 garante que

$$x^k + [d^0, d^1, \ldots, d^k] = x^0 + [d^0, d^1, \ldots, d^k]$$

e portanto podemos tomar $\bar{x} = x^k$ no Exercício 5.14 e escrever

$$x^{k+1} = x^k - S_k (S_k^T AS_k)^{-1} S_k^T \nabla f(x^k).$$

Além disso, tomando $\bar{x} = x^{k-1}$, obtemos $S_{k-1}^T \nabla f(x^k) = 0$, donde segue que

$$S_k^T \nabla f(x^k) = \begin{pmatrix} 0 \\ (d^k)^T \nabla f(x^k) \end{pmatrix}.$$

Dicas ou soluções dos exercícios

5.17. Temos

$$S_k^T A S_k = \begin{pmatrix} (d^0)^T \\ \vdots \\ (d^k)^T \end{pmatrix} A(d^0 \cdots d^k) = \begin{pmatrix} (d^0)^T A d^0 & \cdots & 0 \\ \vdots & \ddots & \vdots \\ 0 & \cdots & (d^k)^T A d^k \end{pmatrix}.$$

Portanto, pela última parte do Exercício 5.16, obtemos

$$(S_k^T A S_k)^{-1} S_k^T \nabla f(x^k) = \begin{pmatrix} 0 \\ \dfrac{\nabla f(x^k)^T d^k}{(d^k)^T A d^k} \end{pmatrix} \in \mathbb{R}^{k+1}.$$

Assim, novamente aplicando o referido exercício,

$$x^{k+1} = x^k - (d^0 \cdots d^k) \begin{pmatrix} 0 \\ \dfrac{\nabla f(x^k)^T d^k}{(d^k)^T A d^k} \end{pmatrix} = x^k - \left(\dfrac{\nabla f(x^k)^T d^k}{(d^k)^T A d^k} \right) d^k.$$

Para concluir, definindo $\varphi : \mathbb{R} \to \mathbb{R}$ por $\varphi(t) = f(x^k + t d^k)$, temos

$$\varphi'(t_k) = \left(A(x^k + t_k d^k) + b \right)^T d^k = \nabla f(x^k)^T d^k + t_k (d^k)^T A d^k = 0,$$

donde segue que x^{k+1} é obtido por uma busca exata a partir de x^k, na direção d^k.

5.19. Temos $p = H_+ q = Hq + a u u^T q + b v v^T q$, o que significa que

$$a(u^T q)u + b(v^T q)v = p - Hq. \tag{A.6}$$

Uma possível escolha é $a(u^T q)u = p$ e $b(v^T q)v = -Hq$. Multiplicando por q^T, obtemos

A27

$$a(u^T q)^2 = p^T q \quad \text{e} \quad b(v^T q)^2 = -q^T H q.$$

Assim, considerando $a = 1$ e $b = -1$, temos que

$$u = \frac{p}{u^T q} = \frac{p}{\sqrt{p^T q}} \quad \text{e} \quad v = \frac{Hq}{v^T q} = \frac{Hq}{\sqrt{q^T H q}}.$$

Portanto,

$$H_+ = H + auu^T + bvv^T = H + \frac{pp^T}{p^T q} - \frac{Hqq^T H}{q^T H q}.$$

5.20. Vamos provar por indução em k. Como $H_0 = I$, temos

$$H_0 q^0 = q^0 = \nabla f(x^1) - \nabla f(x^0) \in [\nabla f(x^0), \nabla f(x^1)].$$

Supondo agora que o resultado é válido até $k - 1$, vamos provar que vale para k. Note que

$$H_k = I + \sum_{j=0}^{k-1} \frac{p^j (p^j)^T}{(p^j)^T q^j} - \sum_{j=0}^{k-1} \frac{H_j q^j (q^j)^T H_j}{(q^j)^T H_j q^j}.$$

Assim, utilizando o Teorema 5.33 (*iv*), obtemos

$$H_k q^k = q^k - \sum_{j=0}^{k-1} \sigma_j H_j q^j,$$

onde $\sigma_j = \dfrac{(q^j)^T H_j q^k}{(q^j)^T H_j q^j}$. Como $q^k = \nabla f(x^{k+1}) - \nabla f(x^k)$, segue da hipótese de indução que

$$H_k q^k \in [\nabla f(x^0), \nabla f(x^1), \ldots, \nabla f(x^{k+1})].$$

Dicas ou soluções dos exercícios

Apêndice A

5.21. Vejamos primeiro que

$$[d^0, d^1, \ldots, d^k] \subset [\nabla f(x^0), \nabla f(x^1), \ldots, \nabla f(x^k)]. \qquad \textbf{(A.7)}$$

Também faremos por indução em k. Para $k=0$, temos

$$d^0 = -H_0 \nabla f(x^0) = -\nabla f(x^0) \in [\nabla f(x^0)].$$

Suponha agora que a inclusão é válida para k. Vamos provar que vale para $k+1$. Temos

$$H_{k+1} = I + \sum_{j=0}^{k} \frac{p^j (p^j)^T}{(p^j)^T q^j} - \sum_{j=0}^{k} \frac{H_j q^j (q^j)^T H_j}{(q^j)^T H_j q^j}.$$

Portanto, utilizando o Teorema 5.33 (ii), obtemos

$$d^{k+1} = -H_{k+1} \nabla f(x^{k+1}) = -\nabla f(x^{k+1}) + \sum_{j=0}^{k} \xi_j H_j q^j,$$

onde $\xi_j = \dfrac{(q^j)^T H_j \nabla f(x^{k+1})}{(q^j)^T H_j q^j}$. Pelo que provamos no Exercício 5.20,

$$H_j q^j \in [\nabla f(x^0), \nabla f(x^1), \ldots, \nabla f(x^{k+1})],$$

para todo $j = 0, 1, \ldots, k$. Assim,

$$d^{k+1} \in [\nabla f(x^0), \nabla f(x^1), \ldots, \nabla f(x^{k+1})].$$

Finalmente, pelo Teorema 5.33 (iii), temos que os vetores $d^0, d^1, \ldots, d^k$ são A-conjugados e consequentemente

$$\dim\left([d^0, d^1, \ldots, d^k]\right) = k+1,$$

A29

que junto com (A.7) nos fornece

$$[d^0, d^1, \ldots, d^k] = [\nabla f(x^0), \nabla f(x^1), \ldots, \nabla f(x^k)].$$

5.22. Temos que provar que dado $x^0 \in \mathbb{R}^n$, vale

$$x_D^j = x_G^j,$$

para todo $j = 1, \ldots, k$, onde $x_D^1, \ldots, x_D^k$ são os pontos obtidos pelo método DFP (com $H_0 = I$) e $x_G^1, \ldots, x_G^k$ são os pontos obtidos pelo algoritmo de gradientes conjugados (GC). Novamente vamos usar indução em k. Como $d^0 = -\nabla f(x^0)$ tanto para DFP quanto para GC, temos $x_D^1 = x_G^1$, o que prova o resultado para $k = 1$. Suponha agora que a afirmação é válida para k. Vamos provar que vale para $k + 1$. Para simplificar a notação vamos escrever para $j = 1, \ldots, k$,

$$x^j = x_D^j = x_G^j.$$

Pelo Exercício 5.21, as direções (conjugadas) geradas pelo método DFP satisfazem

$$[d_D^0, d_D^1, \ldots, d_D^k] = [\nabla f(x^0), \nabla f(x^1), \ldots, \nabla f(x^k)]$$

e as geradas pelo algoritmo de gradientes conjugados cumprem

$$[d_G^0, d_G^1, \ldots, d_G^k] = [\nabla f(x^0), \nabla f(x^1), \ldots, \nabla f(x^k)],$$

em virtude do Teorema 5.22. Portanto, pelo Teorema 5.18, temos que x_D^{k+1} e x_G^{k+1} minimizam f na variedade

$$x^0 + [\nabla f(x^0), \nabla f(x^1), \ldots, \nabla f(x^k)].$$

Como f é estritamente convexa, temos que

$$x_D^{k+1} = x_G^{k+1}.$$

5.23. Note primeiro que a matriz

$$Q = B + \frac{qq^T}{p^T q}$$

é inversível, pois é soma de uma matriz definida positiva com uma semidefinida positiva. Aplicando a fórmula de Sherman-Morrison que vimos no Exercício 1.24 e lembrando que $B^{-1} = H$, obtemos

$$Q^{-1} = B^{-1} - \frac{B^{-1}qq^T B^{-1}}{p^T q + q^T B^{-1} q} = H - \frac{Hqq^T H}{p^T q + q^T H q}. \qquad \textbf{(A.8)}$$

Assim, fazendo $r = p^T q + q^T H q$, temos

$$Q^{-1}B = I - \frac{Hqq^T}{r} \quad , \quad BQ^{-1} = I - \frac{qq^T H}{r} \quad \text{e} \quad BQ^{-1}B = B - \frac{qq^T}{r}. \qquad \textbf{(A.9)}$$

Considere agora $u = -\dfrac{Bp}{p^T B p}$ e $v = Bp$. Desta forma,

$$B_+ = Q + uv^T. \qquad \textbf{(A.10)}$$

Usando (A.9), segue que

$$1 + v^T Q^{-1} u = \frac{p^T Bp - p^T BQ^{-1} Bp}{p^T Bp} = \frac{(p^T q)^2}{r(p^T Bp)} \neq 0,$$

o que nos permite aplicar a fórmula de Sherman-Morrison em (A.10) para obter

$$H_+ = Q^{-1} - \frac{Q^{-1}uv^TQ^{-1}}{1+v^TQ^{-1}u} = Q^{-1} + \frac{r(Q^{-1}Bpp^TBQ^{-1})}{(p^Tq)^2}. \qquad \textbf{(A.11)}$$

Por (A.9), temos

$$r(Q^{-1}Bpp^TBQ^{-1}) = rpp^T - p^Tq\left(pq^TH + Hqp^T\right) + \frac{(p^Tq)^2}{r}Hqq^TH,$$

que substituindo junto com (A.8) em (A.11), nos fornece

$$H_+ = H + \left(1 + \frac{q^THq}{p^Tq}\right)\frac{pp^T}{p^Tq} - \frac{pq^TH + Hqp^T}{p^Tq}.$$

5.24. Pelo teorema do valor médio, existe $\theta_k \in (0,1)$, tal que

$$f(x^k + d^k) = f(x^k) + \nabla f(x^k + \theta_k d^k)^T d^k.$$

Portanto,

$$ared - pred = \frac{1}{2}(d^k)^T B_k d^k - \left(\nabla f(x^k + \theta_k d^k) - \nabla f(x^k)\right)^T d^k.$$

Usando a desigualdade de Cauchy-Schwarz e as Hipóteses H3 e H4, obtemos

$$|ared - pred| \le \gamma\Delta_k\left(\frac{\beta}{2}\gamma\Delta_k + \sup_{t\in[0,1]}\left\{\|\nabla f(x^k + td^k) - \nabla f(x^k)\|\right\}\right).$$

Notando que $|\rho_k - 1| = \left|\dfrac{ared - pred}{pred}\right|$ e usando H2, obtemos o resultado.

Dicas ou soluções dos exercícios

Apêndice A

5.25. Suponha por absurdo que isto seja falso. Então existe $\varepsilon > 0$ tal que $\|\nabla f(x^k)\| \geq \varepsilon$, para todo $k \in \mathbb{N}$. Pela continuidade uniforme de ∇f, existe $\delta > 0$ tal que se $\|d^k\| \leq \delta$, então

$$\sup_{t \in [0,1]} \left\{ \|\nabla f(x^k + td^k) - \nabla f(x^k)\| \right\} \leq \frac{c_1 \varepsilon}{4\gamma}. \tag{A.12}$$

Considere $\tilde{\Delta} = \min\left\{ \dfrac{\varepsilon}{\beta}, \dfrac{\delta}{\gamma}, \dfrac{c_1 \varepsilon}{2\beta\gamma^2} \right\}$, onde c_1, γ e β são as constantes das Hipóteses H2, H3 e H4, respectivamente. Se $\Delta_k \leq \tilde{\Delta}$, então

$$\Delta_k \leq \frac{\varepsilon}{\beta} \leq \frac{\|\nabla f(x^k)\|}{\beta}, \quad \gamma\Delta_k \leq \delta \quad e \quad \frac{\gamma^2 \beta \Delta_k}{2c_1 \varepsilon} \leq \frac{1}{4}. \tag{A.13}$$

Portanto, pelo Exercício 5.24 e pelas relações (A.12) e (A.13),

$$|\rho_k - 1| \leq \frac{\gamma}{c_1 \varepsilon}\left(\frac{\beta}{2}\gamma\Delta_k + \frac{c_1 \varepsilon}{4\gamma} \right) = \frac{\gamma^2 \beta \Delta_k}{2c_1 \varepsilon} + \frac{1}{4} \leq \frac{1}{2}.$$

Assim, $\rho_k \geq \dfrac{1}{2} > \dfrac{1}{4}$ e pelo Algoritmo 5.7 temos $\Delta_{k+1} \geq \Delta_k$. Isto significa que o raio é reduzido somente se $\Delta_k > \tilde{\Delta}$, caso em que $\Delta_{k+1} = \dfrac{\Delta_k}{2} > \dfrac{\tilde{\Delta}}{2}$. Podemos então concluir que

$$\Delta_k \geq \min\left\{ \Delta_0, \frac{\tilde{\Delta}}{2} \right\}, \tag{A.14}$$

para todo $k \in \mathbb{N}$. Considere agora o conjunto

$$\mathcal{K} = \left\{ k \in \mathbb{N} \mid \rho_k \geq \frac{1}{4} \right\}.$$

A33

Dado $k \in \mathcal{K}$, pelo mecanismo do Algoritmo 5.7 e pela Hipótese H2 temos

$$
\begin{aligned}
f(x^k) - f(x^{k+1}) &= f(x^k) - f(x^k + d^k) \\
&\geq \frac{1}{4}\left(m_k(0) - m_k(d^k)\right) \\
&\geq \frac{1}{4}c_1\varepsilon\min\left\{\Delta_k, \frac{\varepsilon}{\beta}\right\}.
\end{aligned}
$$

Em vista de (A.14), temos que existe uma constante $\tilde{\delta} > 0$ tal que

$$
f(x^k) - f(x^{k+1}) \geq \tilde{\delta}, \tag{A.15}
$$

para todo $k \in \mathcal{K}$. Por outro lado, a sequência $\left(f(x^k)\right)$ é não crescente e, por H5, limitada inferiormente, donde segue que $f(x^k) - f(x^{k+1}) \to 0$. Portanto, de (A.15), podemos concluir que o conjunto $\mathcal{K}$ é finito. Assim, $\rho_k < \frac{1}{4}$, para todo $k \in \mathbb{N}$ suficientemente grande e então Δ_k será reduzido à metade em cada iteração. Isto implica $\Delta_k \to 0$, o que contradiz (A.14). Deste modo, a afirmação feita no exercício é verdadeira.

Capítulo 7

7.5. Suponha por absurdo que existe $u \in P(S)$, $u \neq 0$. Como $0 \in \text{int}(S)$, existe $\delta > 0$ tal que $v = \delta u \in S$. Como $u \in P(S)$, v também pertence, pois $P(S)$ é um cone. Por outro lado, $v \in S$, donde segue que $v^T v \leq 0$ o que é uma contradição.

7.7. Pelo Lema 7.10, basta mostrar que $P\left(P(C)\right) \subset C$. Para isso, considere $c \in P\left(P(C)\right)$, $A = B^T$ e $x \in \mathbb{R}^n$ tal que

$$
Ax \leq 0. \tag{A.16}
$$

Dicas ou soluções dos exercícios

Apêndice A

Portanto, $x^T(A^T y)=(Ax)^T y \leq 0$, para todo $y \geq 0$, donde segue que $x \in P(C)$. Como $c \in P(P(C))$, obtemos

$$c^T x \leq 0,$$

que junto com (A.16) significa que o primeiro sistema no Lema 7.13 não tem solução. Então o segundo sistema do lema é possível, ou seja, $c \in C$.

7.8. Dado $d \in C$, temos $d = By$, para algum $y \geq 0$. Caso $\text{posto}(B) = m$, temos $d \in \bigcup_{J \in \mathcal{J}} C_J$, pois $J = \{1, \dots, m\} \in \mathcal{J}$. Caso contrário, existe $\gamma \in \mathbb{R}^m \setminus \{0\}$ tal que $B\gamma = 0$. Assim, $d = By = B(y + t\gamma)$, para todo $t \in \mathbb{R}$. Escolhendo $\bar{t}$ tal que $\bar{y} = y + \bar{t}\gamma \geq 0$ e $\bar{y}_j = 0$ para algum j (veja os detalhes na demonstração do Lema 7.12), obtemos $d = B\bar{y} = B_J \bar{y}_J$, onde $J = \{1, \dots, m\} \setminus \{j\}$. Repetindo este argumento até que $J \in \mathcal{J}$, concluímos o exercício.

7.9. Considere primeiro o caso em que $\text{posto}(B) = m$. Seja $(d^k) \subset C$, tal que $d^k \to d \neq 0$. Então, $d^k = By^k$, com $y^k \geq 0$. Sem perda de generalidade, podemos supor que $\dfrac{y^k}{\|y^k\|} \to u$, com $\|u\| = 1$. Deste modo,

$$\frac{1}{\|y^k\|} d^k = B \frac{y^k}{\|y^k\|} \to Bu \neq 0. \qquad \textbf{(A.17)}$$

Como (d^k) é convergente, temos que (y^k) é limitada (se não fosse, o limite em (A.17) seria nulo) e, novamente sem perda de generalidade, vamos supor que $y^k \to y$. Assim, $d^k = By^k \to By$, com $y \geq 0$. Portanto, $d = By \in C$. O caso em que $\text{posto}(B) < m$ decorre imediatamente do que fizemos acima e do Exercício 7.8, tendo em vista que a união finita de fechados é um conjunto fechado.

A35

Otimização contínua: Aspectos teóricos e computacionais

7.10. Considere $(d^k) \subset T(\overline{x})$, com $d^k \to d$. Vamos mostrar que $d \in T(\overline{x})$. Isto é imediato se $d=0$. Suponha então que $d \neq 0$ e que sem perda de generalidade, $d^k \neq 0$, para todo $k \in \mathbb{N}$. Fixado $k \in \mathbb{N}$, como $d^k \in T(\overline{x})$, existe sequência $(x^{k,j})_{j \in \mathbb{N}} \subset \Omega$ tal que

$$x^{k,j} \xrightarrow{j} \overline{x} \quad e \quad q^{k,j} = \frac{x^{k,j} - \overline{x}}{\|x^{k,j} - \overline{x}\|} \xrightarrow{j} \frac{d^k}{\|d^k\|}.$$

Assim, existe $j_k \in \mathbb{N}$ tal que

$$\|x^k - \overline{x}\| < \frac{1}{k} \quad e \quad \left\| q^k - \frac{d^k}{\|d^k\|} \right\| < \frac{1}{k},$$

onde $x^k = x^{k,j_k}$ e $q^k = q^{k,j_k}$. Passando o limite em k, obtemos $x^k \to \overline{x}$ e

$$\left\| q^k - \frac{d}{\|d\|} \right\| \leq \left\| q^k - \frac{d^k}{\|d^k\|} \right\| + \left\| \frac{d^k}{\|d^k\|} - \frac{d}{\|d\|} \right\| \to 0.$$

Portanto, $\dfrac{x^k - \overline{x}}{\|x^k - \overline{x}\|} = q^k \to \dfrac{d}{\|d\|}$, donde segue que $d \in T(\overline{x})$.

7.16. O problema proposto é equivalente a

$$\text{minimizar} \quad (x_1 - 3)^2 + (x_2 - 3)^2$$

$$\text{sujeito a} \quad x_1^2 - 3x_1 + x_2 = 0.$$

Note primeiro que o problema tem uma solução (global), em virtude do Lema 3.5. Tal minimizador deve satisfazer

$$2\begin{pmatrix} 3 - x_1 \\ 3 - x_2 \end{pmatrix} = \lambda \begin{pmatrix} 2x_1 - 3 \\ 1 \end{pmatrix}$$

Dicas ou soluções dos exercícios

e também a condição de viabilidade $x_2 = 3x_1 - x_1^2$. Por substituição de variáveis, chegamos em $2x_1^3 - 9x_1^2 + 16x_1 - 12 = 0$, cuja única raiz real é $x_1^* = 2$. Assim, o único ponto estacionário, e portanto a solução do problema, é $x^* = \begin{pmatrix} 2 \\ 2 \end{pmatrix}$. A Figura A.7 ilustra este exercício.

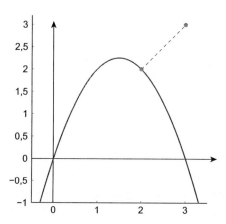

FIGURA A.7 Ilustração do Exercício 7.16.

7.17. O problema proposto pode ser formulado como

$$\text{Minimizar} \quad \frac{1}{2}\|x - a\|^2$$

$$\text{sujeito a} \quad Ax + b = 0.$$

Este problema tem solução (global e única) em virtude do Lema 3.6. Tal minimizador deve satisfazer

$$x^* - a + A^T \lambda^* = 0$$
$$Ax^* + b = 0,$$

fornecendo $\lambda^* = (AA^T)^{-1}(Aa + b)$ e

$$x^* = a - A^T \lambda^* = a - A^T (AA^T)^{-1}(Aa+b),$$

exatamente o que foi obtido no Exercício 3.8.

7.20. Seja x^* um minimizador global do problema

$$\begin{aligned}
\text{minimizar} \quad & f(x) = x_1^2 + x_2^2 + x_3^2 \\
\text{sujeito a} \quad & x_1 x_2 x_3 = 1 \\
& x_1^2 + x_2^2 + x_3^2 \le 3.
\end{aligned}$$

A existência de x^* é garantida, pois o conjunto viável deste problema é compacto. Como $\tilde{x} = \begin{pmatrix} 1 \\ 1 \\ 1 \end{pmatrix}$ cumpre as restrições acima, temos que $f(x^*) \le f(\tilde{x}) = 3$. Afirmamos que x^* é solução global do problema original. De fato, seja $x \in \mathbb{R}^3$ tal que $x_1 x_2 x_3 = 1$. Caso $x_1^2 + x_2^2 + x_3^2 \le 3$, temos $f(x^*) \le f(x)$. Por outro lado, se $x_1^2 + x_2^2 + x_3^2 > 3$, então $f(x^*) \le 3 < x_1^2 + x_2^2 + x_3^2 = f(x)$.

7.21. Vamos primeiro encontrar os pontos críticos. Note que a equação

$$-2 \begin{pmatrix} x_1 \\ x_2 - 1 \end{pmatrix} = \mu \begin{pmatrix} -2\alpha x_1 \\ 1 \end{pmatrix}$$

implica $\mu \ne 0$, pois do contrário obteríamos o ponto $\begin{pmatrix} 0 \\ 1 \end{pmatrix}$, que não é viável. Então, a restrição é ativa, ou seja, $x_2 = \alpha x_1^2$. Caso $x_1 = 0$, obtemos o ponto $\bar{x} = 0$, com multiplicador $\mu = 2$. Se $x_1 \ne 0$, então $\mu = \dfrac{1}{\alpha}$, $x_2 = 1 - \dfrac{1}{2\alpha}$ e $x_1^2 = \dfrac{2\alpha - 1}{2\alpha^2}$. Para que existam outras soluções, devemos ter $\alpha > \dfrac{1}{2}$. Neste caso, os outros dois pontos críticos são

Dicas ou soluções dos exercícios

Apêndice A

$$x^* = \frac{1}{2\alpha}\begin{pmatrix} -\sqrt{4\alpha-2} \\ 2\alpha-1 \end{pmatrix} \text{ e } \tilde{x} = \frac{1}{2\alpha}\begin{pmatrix} \sqrt{4\alpha-2} \\ 2\alpha-1 \end{pmatrix}.$$ Vamos agora verificar se

são minimizadores. Caso $\alpha > \frac{1}{2}$, temos três pontos críticos, $\bar{x}$, x^*

e $\tilde{x}$. O ponto $\bar{x}$ não é nem minimizador nem maximizador local de f. De fato, para todo $t > 0$, suficientemente pequeno, temos $1 + \alpha^2 t^2 - 2\alpha < 0$. Portanto,

$$f(t, \alpha t^2) = t^2 + \alpha^2 t^4 - 2\alpha t^2 + 1 < 1 = f(\bar{x}).$$

Além disso, $f(t,0) = t^2 + 1 > 1 = f(\bar{x})$. Os pontos x^* e $\tilde{x}$ são mini-

mizadores globais pois $f(x^*) = f(\tilde{x}) = \frac{4\alpha-1}{4\alpha^2}$ e dado $x \in \Omega$, temos

$x_1^2 \geq \frac{x_2}{\alpha}$. Assim,

$$f(x) = x_1^2 + (x_2 - 1)^2 \geq x_2^2 + \left(\frac{1}{\alpha} - 2\right)x_2 + 1 \geq \frac{4\alpha-1}{4\alpha^2}.$$

Caso $\alpha \leq \frac{1}{2}$, o único ponto crítico é $\bar{x} = 0$. Este ponto é mi-

nimizador global, pois dado $x \in \Omega$, temos $x_1^2 \geq 2x_2$. Assim, $f(x) = x_1^2 + (x_2 - 1)^2 \geq x_2^2 + 1 \geq 1 = f(\bar{x})$. A Figura A.8 ilustra este exercício.

Salientamos que os fatos de x^* e $\tilde{x}$ serem minimizadores globais

no caso $\alpha > \frac{1}{2}$ e de $\bar{x} = 0$ ser minimizador global no caso $\alpha \leq \frac{1}{2}$

poderiam ser obtidos com o argumento usado no Exercício 7.16, que utiliza o Lema 3.5. De fato, o problema aqui é equivalente a

encontrar o(s) ponto(s) de Ω mais próximo(s) de $\begin{pmatrix} 0 \\ 1 \end{pmatrix}$.

A39

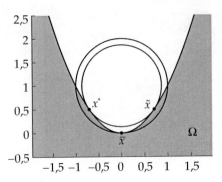 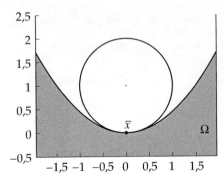

FIGURA A.8 Ilustração do Exercício 7.21.

7.23. Este exercício estabelece, via teoria de KKT, uma importante relação entre os problemas primal e dual de programação linear.

(a) Dados x e y viáveis temos

$$b^T y = (Ax)^T y = x^T A^T y \leq x^T c = c^T x.$$

(b) As condições de KKT para o problema primal podem ser escritas como

$$-c = -\mu^* - A^T \lambda^*$$
$$\mu^* \geq 0$$
$$(\mu^*)^T x^* = 0.$$

Além disso, pela viabilidade de x^*, temos $Ax^* = b$ e $x^* \geq 0$. Portanto,

$$c^T x^* = (\mu^* + A^T \lambda^*)^T x^* = b^T \lambda^*.$$

(c) Para ver que λ^* é solução do problema dual, note primeiro que $A^T \lambda^* = c - \mu^* \leq c$, o que significa que λ^* é viável. Considere agora um ponto y viável para o dual. Usando o que já foi provado, temos

$$b^T y \leq c^T x^* = b^T \lambda^*.$$

(d) Pelo que foi provado nos itens anteriores, o valor ótimo primal, $c^T x^*$ coincide com o valor ótimo dual, $b^T \lambda^*$.

7.24. Como o conjunto viável é compacto, existe um minimizador global x^*. Suponha, por absurdo, que $\|x^*\| < \Delta$. Então, $Ax^* + b = \nabla f(x^*) = 0$. Sejam $\lambda < 0$ o menor autovalor de A e $v \in \mathbb{R}^n$ um autovetor associado tal que $\|x^* + v\| \leq \Delta$. Assim,

$$f(x^* + v) - f(x^*) = \frac{1}{2}\lambda \|v\|^2 < 0,$$

o que contradiz o fato de x^* ser um minimizador global.

7.25. As condições de KKT para o problema são

$$x^* + A^T \lambda^* = 0$$
$$Ax^* + b = 0.$$

Como $A^T = A$, temos que $x^* \in \text{Im}(A)$.

7.26. As condições de KKT para o problema são

$$Bx + b + A^T \xi = 0$$
$$Ax + c = 0.$$

Pelo que vimos no Exercício 1.20, o sistema acima, que pode ser escrito como

$$\begin{pmatrix} B & A^T \\ A & 0 \end{pmatrix} \begin{pmatrix} x \\ \xi \end{pmatrix} = \begin{pmatrix} -b \\ -c \end{pmatrix},$$

tem uma única solução (x^*, ξ^*). Como as condições suficientes de segunda ordem são satisfeitas para este problema, podemos concluir que a solução é um minimizador local. Para ver que é global, note que dado $x \in \mathbb{R}^n$, tal que $Ax + c = 0$, temos $x - x^* \in \mathcal{N}(A)$. Assim, $x = x^* + d$, para algum $d \in \mathcal{N}(A)$. Além disso,

$$f(x) - f(x^*) = \frac{1}{2} d^T B d + d^T (B x^* + b) = \frac{1}{2} d^T B d - d^T (A^T \xi^*)$$

Como $d \in \mathcal{N}(A)$, obtemos $f(x) \geq f(x^*)$.

7.27. Vamos apresentar duas maneiras de resolver este exercício. Ambas mostram primeiro a limitação de μ e depois de λ. Vejamos a primeira delas. Para cada $l \in \{1, \ldots, q\}$, temos

$$d^T w = \sum_{j=1}^{q} \mu_j d^T v^j \leq \mu_l d^T v^l.$$

Portanto, $\mu_l \leq \dfrac{d^T w}{d^T v^l}$, o que prova a limitação de μ. Para verificar que a componente λ também é limitada, considere as matrizes

$$A = (u^1 \; u^2 \cdots u^m) \quad \text{e} \quad B = (v^1 \; v^2 \cdots v^q)$$

Usando o Exercício 1.23, obtemos, para uma certa constante $c > 0$,

$$c \|\lambda\| \leq \|A\lambda\| = \|w - B\mu\|,$$

provando assim que a componente λ também é limitada. Para ver que o conjunto é fechado, basta considerar

$$\begin{pmatrix} \lambda^k \\ \mu^k \end{pmatrix} \to \begin{pmatrix} \lambda \\ \mu \end{pmatrix}$$

e passar o limite na igualdade

$$A\lambda^k + B\mu^k = w.$$

Dicas ou soluções dos exercícios

O segundo modo de resolver o exercício consiste no seguinte. Provamos inicialmente que a componente μ é limitada. Para isto, suponha por absurdo que $\|\mu^k\| \to \infty$. Sem perda de generalidade, podemos supor que a sequência (γ^k) definida por $\gamma^k = \dfrac{\mu^k}{\|\mu^k\|}$ é convergente para um vetor (unitário) γ. Como

$$\sum_{j=1}^{q} \mu_j^k d^T v^j = d^T w,$$

dividindo por $\|\mu^k\|$ e passando o limite, obtemos

$$\sum_{j=1}^{q} \gamma_j d^T v^j = 0,$$

o que é uma contradição, uma vez que $\gamma \geq 0$ é um vetor não nulo e $d^T v^j < 0$, para todo $j \in \{1,\ldots,q\}$. Finalmente, supondo agora que $\|\lambda^k\| \to \infty$ e considerando a sequência (ξ^k) definida por $\xi^k = \dfrac{\lambda^k}{\|\lambda^k\|}$, obtemos

$$\sum_{i=1}^{m} \frac{\lambda_i^k}{\|\lambda^k\|} u^i + \sum_{j=1}^{q} \frac{\mu_j^k}{\|\lambda^k\|} v^j = \frac{w}{\|\lambda^k\|}.$$

Aqui também podemos supor que (ξ^k) é convergente, digamos $\xi^k \to \xi \neq 0$, o que fornece, depois de passar o limite na relação acima,

$$\sum_{i=1}^{m} \xi_i u^i = 0,$$

contradizendo a independência linear dos vetores $u^1, u^2, \ldots, u^m$.

Otimização contínua: Aspectos teóricos e computacionais

7.28. Considere o problema linear

$$\text{minimizar} \quad \varphi\begin{pmatrix} d \\ z \end{pmatrix} = z$$

$$\text{sujeito a} \quad (v^j)^T d - z \leq 0 \,, j = 1, \ldots, q.$$

Afirmamos que o vetor nulo não é minimizador deste problema. De fato, se fosse, teríamos satisfeitas as condições de KKT, uma vez que problemas lineares satisfazem MFCQ. Desta forma, existiria $\mu \geq 0$ tal que

$$\begin{pmatrix} 0 \\ 1 \end{pmatrix} + \sum_{j=1}^{q} \mu_j \begin{pmatrix} v^j \\ -1 \end{pmatrix} = \begin{pmatrix} 0 \\ 0 \end{pmatrix}.$$

Mas isto significa

$$\sum_{j=1}^{q} \mu_j v^j = 0 \quad \text{e} \quad \sum_{j=1}^{q} \mu_j = 1,$$

contradizendo a hipótese sobre os vetores. Portanto, existe $\begin{pmatrix} d \\ z \end{pmatrix} \in \mathbb{R}^{n+1}$, satisfazendo as restrições do problema acima, tal que

$$z = \varphi\begin{pmatrix} d \\ z \end{pmatrix} < 0.$$

Portanto, $d^T v^j < 0$, para todo $j = 1, \ldots, q$.

7.29. Considere $d \in \hat{D}(x^*)$ arbitrário e defina $J = \mathcal{E} \cup I^+ \cup \{i \in I^0 \mid \nabla c_i(x^*)^T d = 0\}$. Aplicando os Lemas 7.41 e 7.42, com J no lugar de $\mathcal{E}$, concluímos que existe uma sequência (x^k) tal que $c_J(x^k) = 0$, $x^k \to x^*$ e

$$\frac{x^k - x^*}{\|x^k - x^*\|} \to \frac{d}{\|d\|}.$$

Dicas ou soluções dos exercícios

Apêndice A

Afirmamos que x^k é viável, a partir de um certo índice. De fato, se $i \in \mathcal{I} \setminus I(x^*)$, então $c_i(x^*) < 0$. Por outro lado, se $i \in I(x^*) \setminus J$, então $\nabla c_i(x^*)^T d < 0$. Portanto,

$$\frac{c_i(x^k)}{\|x^k - x^*\|} = \nabla c_i(x^*)^T \frac{x^k - x^*}{\|x^k - x^*\|} + \frac{o(\|x^k - x^*\|)}{\|x^k - x^*\|} \to \nabla c_i(x^*)^T \frac{d}{\|d\|} < 0.$$

Em qualquer caso, $c_i(x^k) < 0$, para todo k suficientemente grande. Assim, fazendo $y^k = x^k - x^*$ e usando o fato de que x^* é um minimizador local para o problema (7.1), obtemos

$$\nabla f(x^*)^T y^k + \frac{1}{2}(y^k)^T \nabla^2 f(x^*) y^k + o(\|y^k\|^2) = f(x^k) - f(x^*) \geq 0. \qquad \textbf{(A.18)}$$

Além disso, para cada $i \in \mathcal{E} \cup I^+$, temos

$$\nabla c_i(x^*)^T y^k + \frac{1}{2}(y^k)^T \nabla^2 c_i(x^*) y^k + o(\|y^k\|^2) = c_i(x^k) - c_i(x^*) = 0,$$

donde segue que

$$\left(A_{\mathcal{E}}(x^*)^T \lambda^*\right)^T y^k + \frac{1}{2}(y^k)^T \sum_{i \in \mathcal{E}} \lambda_i^* \nabla^2 c_i(x^*) y^k + o(\|y^k\|^2) = 0 \qquad \textbf{(A.19)}$$

e

$$\left(A_{I^+}(x^*)^T \mu_{I^+}^*\right)^T y^k + \frac{1}{2}(y^k)^T \sum_{i \in I^+} \mu_i^* \nabla^2 c_i(x^*) y^k + o(\|y^k\|^2) = 0 \qquad \textbf{(A.20)}$$

Somando (A.18) – (A.20) e usando a condição de otimalidade $\nabla f(x^*) + A_{\mathcal{E}}(x^*)^T \lambda^* + A_{I^+}(x^*)^T \mu_{I^+}^* = 0$, obtemos

$$(y^k)^T \nabla_{xx}^2 \ell(x^*, \lambda^*, \mu^*) y^k + o(\|y^k\|^2) \geq 0. \qquad \textbf{(A.21)}$$

Dividindo (A.21) por $\|y^k\|^2$ e passando o limite, obtemos

$$d^T \nabla^2_{xx}\ell(x^*,\lambda^*,\mu^*)d \geq 0.$$

7.30 A prova é praticamente a mesma do Teorema 7.48, observando apenas que se $d \in D(x^*)\setminus\hat{D}(x^*)$, então existe $i \in I^+$, tal que $\nabla c_i(x^*)^T d < 0$.

Capítulo 8

8.1. Temos

$$\mathcal{L}(\bar{x}) = \{\bar{x} + d \in \mathbb{R}^2 \mid 4 + 4d_1 - 2d_2 = 0\} = \{x \in \mathbb{R}^2 \mid x_2 = 2x_1 - 3\}$$

e

$$\mathcal{L}(\tilde{x}) = \left\{x \in \mathbb{R}^2 \mid x_2 = 2x_1 - \frac{21}{8}\right\}.$$

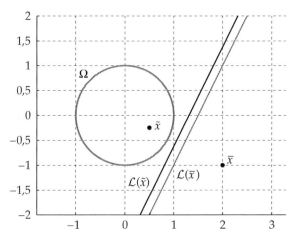

FIGURA A.9 Ilustração do Exercício 8.1.

8.2. (a) Desprezando a constante, o subproblema quadrático (8.5) fica neste caso

Dicas ou soluções dos exercícios

minimizar $\quad -3d_2 + 2d_1^2 + d_2^2$

sujeito a $\quad 4d_1 - d_2 + 5 = 0.$

As condições de KKT ficam

$$\begin{pmatrix} 4d_1 \\ 2d_2 - 3 \end{pmatrix} + \mu \begin{pmatrix} 4 \\ -1 \end{pmatrix} = \begin{pmatrix} 0 \\ 0 \end{pmatrix}$$

e $d_2 = 4d_1 + 5$, cuja solução é $d^k = \dfrac{1}{9}\begin{pmatrix} -7 \\ 17 \end{pmatrix}$. Assim, o novo ponto é dado por

$$x^{k+1} = x^k + d^k = \frac{1}{9}\begin{pmatrix} 11 \\ 8 \end{pmatrix}.$$

(b) As condições de KKT do problema (8.18) são

$$\begin{pmatrix} 2x_1 - 4 \\ 2x_2 - 1 \end{pmatrix} + \lambda \begin{pmatrix} 2x_1 \\ -1 \end{pmatrix} = \begin{pmatrix} 0 \\ 0 \end{pmatrix}$$

e $x_2 = x_1^2$, cuja solução é $x^* = \begin{pmatrix} 1 \\ 1 \end{pmatrix}$. Além disso,

$$\frac{\left\| x^{k+1} - x^* \right\|}{\left\| x^k - x^* \right\|^2} = \frac{\sqrt{5}}{45}.$$

(c) Na Figura A.10 representamos o conjunto viável, o linearizado, a curva de nível ótimo da função objetivo (tracejada) e a do modelo quadrático do Lagrangiano (elipse). Também vemos os pontos envolvidos.

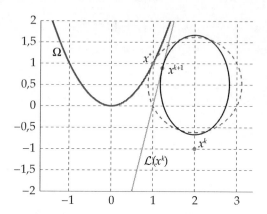

FIGURA A.10 Ilustração do Exercício 8.2.

8.3. As condições de KKT para o subproblema (8.2) são dadas por

$$\begin{cases} B(x^k,\lambda^k)d + A(x^k)^T\xi &= -\nabla_x \ell(x^k,\lambda^k) \\ A(x^k)d &= -c(x^k). \end{cases} \quad \textbf{(A.22)}$$

Desta forma, se (x^k,λ^k) é um ponto KKT para o problema (8.1), então $\nabla_x \ell(x^k,\lambda^k)=0$ e $c(x^k)=0$. Portanto, $(d,\xi)=(0,0)$ cumpre (A.22). Reciprocamente, se $d = 0$ é um ponto estacionário para o subproblema (8.2), então existe $\xi \in \mathbb{R}^m$ tal que

$$A(x^k)^T\xi = -\nabla_x \ell(x^k,\lambda^k) \quad \text{e} \quad c(x^k)=0.$$

Assim, $\nabla f(x^k) + A(x^k)^T(\lambda^k+\xi)=0$, isto é, x^k é um ponto KKT para o problema (8.1).

8.5. Temos $x^k = \lambda^k$, se k é par, e $x^k = (\lambda^k)^2 < \lambda^k$, se k é ímpar. Além disso, $\lambda^{k+1} = (\lambda^k)^2$, para todo $k \geq 1$ e, portanto,

$$\frac{\|(x^{k+1},\lambda^{k+1})\|_\infty}{\|(x^k,\lambda^k)\|_\infty^2} = \frac{\lambda^{k+1}}{(\lambda^k)^2} = 1.$$

Por outro lado, temos $\dfrac{x^{k+1}}{x^k}=1$, se k é ímpar.

Roteiro para o Capítulo 6

Apêndice B

Apresentamos aqui uma sugestão para trabalhar o capítulo de implementação computacional no laboratório. Os programas para serem utilizados com este roteiro estão disponíveis para download na página deste livro no site da Cengage, na pasta Apêndice B. Os comandos são para o Matlab, mas podem ser adaptados para outros pacotes.

1. Rotina 6.1: Abrir e discutir o arquivo `rotina61.m`

2. Exemplo 6.1: Editar o arquivo `rotina61.m` com a função dada e suas derivadas, renomeando como `exquad.m`

   Avaliar a função, o gradiente e a Hessiana no ponto dado:

   ```
   >> f=exquad([1;2],0)
   >> g=exquad([1;2],1)
   >> H=exquad([1;2],2)
   ```

3. Exemplo 6.2: Abrir e discutir o arquivo `quadratica.m`

   Avaliar a função, o gradiente e a Hessiana da função do Exemplo 6.1:

   ```
   >> global AA
   >> AA=[2 4;4 12]
   >> x=[1;2]
   >> f=quadratica(x,0)
   >> g=quadratica(x,1)
   >> H=quadratica(x,2)
   ```

Gerar uma matriz em $\mathbb{R}^{4\times 4}$ e um vetor em $\mathbb{R}^4$ para avaliar a função definida em (6.1), o seu gradiente e a Hessiana:

```
>> AA=[2 -1 0 4;1 2 4 2;0 1 -3 4;7 6 3 1]
>> x=[1;2;-1;1]
>> f=quadratica(x,0)
>> g=quadratica(x,1)
>> H=quadratica(x,2)
```

4. Exemplo 6.3: Abrir e discutir o arquivo `matriz_simetrica.m`. Gerar uma matriz conforme solicitado:

```
>> matriz_simetrica(4,1,100)
```

5. Exemplo 6.4: Abrir, discutir e rodar o arquivo `exmgh.m`

```
>> exmgh
```

6. Rotina 6.3: Abrir e discutir o arquivo `mgh.m`

7. Exemplo 6.5: Abrir, discutir e rodar o arquivo `exmghinterface.m`

```
>> exmghinterface
```

8. Rotina 6.4: Abrir e discutir o arquivo `aurea.m`

9. Rotina 6.5: Abrir e discutir o arquivo `armijo.m`

10. Exemplo 6.6: Busca exata e de Armijo para o Exemplo 6.1

```
>> fun=´exquad´
>> x=[1;2],  d=[-1;0]
>> t1=aurea(fun,x,d)
>> x1=x+t1*d,  f1=feval(fun,x1,0)
>> t2=armijo(fun,x,d)
>> x2=x+t2*d,  f2=feval(fun,x2,0)
```

11. Rotina 6.6: Abrir e discutir o arquivo `grad_aurea.m`

12. Exemplo 6.7: Método do gradiente com busca exata para o Exemplo 6.1

```
>> fun=´exquad´
```

Roteiro para o Capítulo 6

Apêndice B

```
>> x0=[1;2]
>> eps1=1e-5, kmax=1000
>> grad_aurea
```

13. Exemplo 6.8: Método do gradiente com busca de Armijo para o Exemplo 6.1

Abrir, discutir e rodar o arquivo grad_armijo.m

```
>> fun='exquad'
>> x0=[1;2]
>> eps1=1e-5, kmax=1000
>> grad_armijo
```

14. Exemplo 6.9: Método do gradiente com busca exata para a coleção MGH

Abrir e discutir os arquivos problemas_mgh.m e resolve_problemas.m

Rodar o arquivo resolve_problemas.m

```
>> resolve_problemas
```

15. Exemplo 6.10: Perfil de desempenho para o método do gradiente com busca de Armijo para a coleção MGH

Abrir, discutir e rodar os arquivos roda_metodos.m e perfil desempenho.m

```
>> roda_metodos
>> perfil_desempenh
```

16. Exercício 6.5: Método do gradiente com busca exata e de Armijo para a função Freudenstein e Roth

```
>> global FUNC mm
>> fun='mgh'
>> FUNC='froth', mm=2
>> x0=[0.5;-1], eps1=1e-3, kmax=1000
>> grad_aurea
>> grad_armijo
```